"十四五"职业教育国家规划教材

北大青鸟文教集团研究院 出品

新技术技能人才培养系列教程

Web 全栈工程师系列

JavaScript +jQuery

开发实战

戴雯惠 李家兵 / 主编

吴亚林 刘杰 张菁 / 副主编

人民邮电出版社

北 京

图书在版编目（CIP）数据

JavaScript+jQuery开发实战 / 戴雯惠，李家兵主编
. -- 北京：人民邮电出版社，2019.1
新技术技能人才培养系列教程
ISBN 978-7-115-49749-9

Ⅰ. ①J… Ⅱ. ①戴… ②李… Ⅲ. ①JAVA语言—网页
制作工具—教材 Ⅳ. ①TP312.8②TP393.092.2

中国版本图书馆CIP数据核字(2018)第240092号

内 容 提 要

本书紧密围绕互联网行业发展对网站开发人员技术与能力的要求进行编写，主要介绍如何使用
JavaScript、jQuery编写网页特效，最终制作出界面美观大方、具备动态效果、面向企业应用的商业
级网站。全书共10章，主要内容包括JavaScript基础，使用JavaScript操作BOM、DOM对象，jQuery
基础，jQuery中的事件与DOM操作，表单校验及AJAX数据请求等。

为保证最优的学习效果，本书配套教学PPT、案例素材、学习交流社区、讨论组等辅助学习内
容，为读者带来全方位的学习体验。

本书可作为前端开发相关从业人员的学习教程，也可作为计算机相关专业的教材和参考书。

◆ 主　编　戴雯惠　李家兵
　　副主编　吴亚林　刘　杰　张　菁
　　责任编辑　祝智敏
　　责任印制　马振武

◆ 人民邮电出版社出版发行　　北京市丰台区成寿寺路11号
　　邮编　100164　　电子邮件　315@ptpress.com.cn
　　网址　http://www.ptpress.com.cn
　　北京市鑫霸印务有限公司印刷

◆ 开本：787×1092　1/16
　　印张：18　　　　　　　　　　2019年1月第1版
　　字数：386千字　　　　　　2024年12月北京第20次印刷

定价：49.80元

读者服务热线：(010)81055256　印装质量热线：(010)81055316
反盗版热线：(010)81055315
广告经营许可证：京东工商广登字20170147号

序 言

丛书设计

随着"互联网+"上升到国家战略,互联网行业与国民经济的联系越来越紧密,几乎所有行业的快速发展都离不开互联网行业的推动。而随着软件技术的发展以及市场需求的变化,现代软件项目的开发越来越复杂,特别是受移动互联网影响,任何一个互联网项目中用到的技术,都涵盖了产品设计、UI 设计、前端、后端、数据库、移动客户端等各方面。而项目越大、参与的人越多,就代表着开发成本和沟通成本越高,为了降低成本,企业对于全栈工程师这样的复合型人才越来越青睐。目前,Web 全栈工程师已是重金难求。在这样的大环境下,根据企业人才的实际需求,课工场携手 BAT 一线资深全栈工程师一起设计开发了这套"Web 全栈工程师系列"教材,旨在为读者提供一站式实战型的全栈应用开发学习指导,帮助读者踏上由入门到企业实战的 Web 全栈开发之旅!

丛书特点

1. 以企业需求为设计导向

满足企业对人才的技能需求是本丛书的核心设计原则,为此课工场全栈开发教研团队,通过对数百位 BAT 一线技术专家进行访谈、上千家企业人力资源情况进行调研、上万个企业招聘岗位进行需求分析,从而实现对技术的准确定位,达到课程与企业需求的强契合度。

2. 以任务驱动为讲解方式

丛书中的知识点和技能点都以任务驱动的方式讲解,使读者在学习知识时不仅可以知其然,而且可以知其所以然,帮助读者融会贯通、举一反三。

3. 以边学边练为训练思路

本丛书提出了边学边练的训练思路:在有限的时间内,读者能合理地将知识点和练习融合,在边学边练的过程中,对每一个知识点做到深刻理解,并能灵活运用,固化知识。

4. 以"互联网+"实现终身学习

本丛书可配合使用课工场 App 进行二维码扫描,观看配套视频的理论讲解、PDF 文档,以及项目案例的炫酷效果展示。同时课工场在线开辟教材配套版块,提供案例代码及作业素材下载。此外,课工场也为读者提供了体系化的学习路径、丰富的在线学习资源以及活跃的学习交流社区，欢迎广大读者进入学习。

读者对象

1. 大中专院校学生
2. 编程爱好者
3. 初级程序开发人员
4. 相关培训机构的老师和学员

致谢

本丛书由课工场全栈开发教研团队编写。课工场是北京大学优秀校办企业，作为国内互联网人才教育生态系统的构建者，课工场依托北京大学优质的教育资源，重构职业教育生态体系，以学员为本，以企业为基，构建"教学大咖、技术大咖、行业大咖"三咖一体的教学矩阵，为学员提供高端、实用的学习内容！

读者服务

读者在学习过程中如遇疑难问题，可以访问课工场在线，也可以发送邮件到ke@kgc.cn，我们的客服专员将竭诚为您服务。

感谢您阅读本丛书，希望本丛书能成为您踏上全栈开发之旅的好伙伴！

"Web 全栈工程师系列"丛书编委会

前　言

随着互联网的飞速发展，网站已经成为网络购物、企业办公、产品宣传、信息资讯展示的主要渠道。一个好的网站设计，能够使浏览者快速找到需要的网页内容，并且整个访问过程轻松无阻碍。因此，如何吸引浏览者、提高用户体验，自然成为网站设计与开发的关键，这些都体现在如何设计网站的整体架构、如何进行页面布局、如何制作网页特效、如何增加用户体验上。二十大报告中指出"建设现代化产业体系"，本书的编写始终以"加快发展数字经济，促进数字经济和实体经济深度融合，打造具有国际竞争力的数字产业集群"的思想为指导，以新时代前端技术发展和应用为抓手，以为国育才、服务行业发展为目标，完成内容的编写和案例的组织。通过讲解 JavaSript+jQuery 的使用场景、解决方案和使用方法，展现使用该框架能够为企业在互联网业务上做出的贡献，为国家数字经济的发展提供人才支撑。

本书的重点是利用 JavaScript 和 jQuery 操作 HTML 标签、CSS 样式来制作网页特效，最终制作出界面美观大方、具备动态效果、面向企业应用的商业级网站。具体内容分为3 个部分，共 10 个章节，具体安排如下。

第一部分（第 1 章～第 3 章）：侧重于 JavaScript 基础知识的学习。介绍 JavaScript 的基础语法，使用 JavaScript 操作 BOM 和 DOM，实现一些简单的界面内容切换和简单的页面特效，让页面变得生动。

第二部分（第 4 章～第 7 章）：侧重于动态网站的制作和提高开发效率。介绍 jQuery 的常用技能，包括选择器、事件处理及动画特效，利用 jQuery 操作 DOM 等，可以实现一些复杂的动画特效。

第三部分（第 8 章～第 10 章）：介绍表单验证，综合应用 jQuery、正则表达式和 HTML5 新增属性、方法等实现 1 号店登录、注册、用户数据验证等，并使用 AJAX 无刷新技术实现 1 号店网站与后端数据间的交互。

读者只有勤加练习，才能熟练使用 JavaScript 和 jQuery 操作 HTML 标签和 CSS 样式属性及对应的属性值等，制作出符合企业实际需求的动态网页。书中提供了很多实用的经验分享，让读者在学会知识点的同时还能掌握更多企业的实际需求，不断提升自己的实战开发经验。

学习方法

初学编程技术，要养成好的学习习惯、掌握正确的学习方法，然后持之以恒，定能学有所成。以下是一些学习方法。

课前：

➢ 浏览预习作业，带着问题读教材，并记录疑问。

➢ 即使看不懂也要坚持看完。

➢ 提前将下一章的示例自己动手做一遍，记下问题。

课上：

➢ 认真听讲，做好笔记。

➢ 完成上机练习或项目案例。

课后：

➢ 及时总结，完成教材布置的作业。

➢ 多模仿，多练习。

➢ 多浏览技术论坛、博客，获取他人的开发经验。

　　本书还提供了更加便捷的学习体验，读者可以通过扫描二维码的方式下载书中所有的上机练习素材及作业素材。

　　本书由课工场全栈开发教研团队组织编写，参与编写的还有戴雯惠、李家兵、吴亚林、刘杰、张菁等院校老师。尽管编者在写作过程中力求准确、完善，但书中不妥之处仍在所难免，殷切希望广大读者批评指正！

智慧教材使用方法

扫一扫查看视频介绍

由课工场"大数据、云计算、全栈开发、互联网 UI 设计、互联网营销"等教研团队编写的系列教材，配合课工场 App 及在线平台的技术内容更新快、教学内容丰富、教学服务反馈及时等特点，结合二维码、在线社区、教材平台等多种信息化资源获取方式，形成独特的"互联网+"形态——智慧教材。

智慧教材为读者提供专业的学习路径规划和引导，读者还可体验在线视频学习指导，按如下步骤操作可以获取案例代码、作业素材及答案、项目源码、技术文档等教材配套资源。

1. 下载并安装课工场 App。

（1）方式一：访问网址 www.ekgc.cn/app，根据手机系统选择对应课工场 App 安装，如图1 所示。

图1　课工场App

（2）方式二：在手机应用商店中搜索"课工场"，下载并安装对应 App，如图 2、图 3 所示。

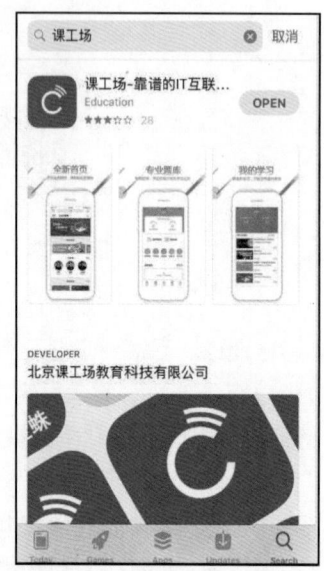

图2　iPhone版手机应用下载

图3　Android版手机应用下载

2．登录课工场 App，注册个人账号，使用课工场 App 扫描书中二维码，获取教材配套资源，依照如图 4 至图 6 所示的步骤操作即可。

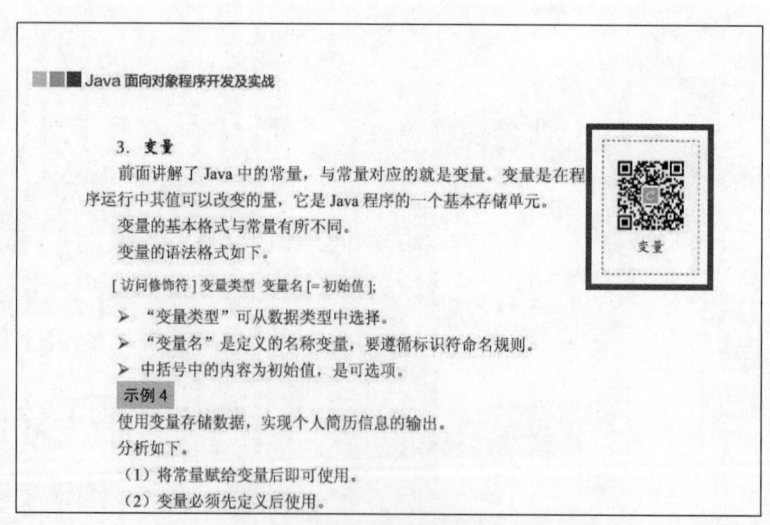

图4　定位教材二维码

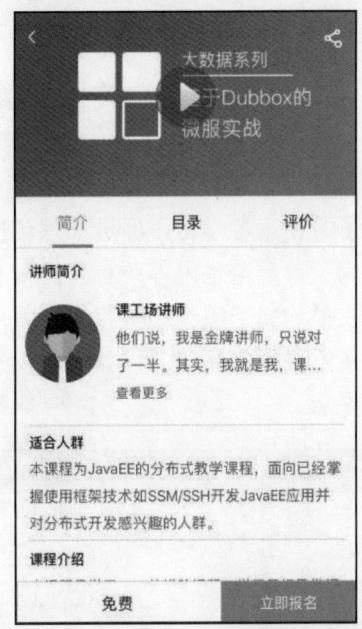

图5 使用课工场App"扫一扫"扫描二维码　　图6 使用课工场App免费观看教材配套视频

3．获取专属的定制化扩展资源。

（1）普通读者请访问 http://www.ekgc.cn/bbs 的"教材专区"版块，获取教材所需开发工具、教材中示例素材及代码、上机练习素材及源码、作业素材及参考答案、项目素材及参考答案等资源（注：图 7 所示网站会根据需求有所改版，下图仅供参考）。

图7 从社区获取教材资源

（2）高校老师请添加高校服务 QQ 群：1934786863（如图 8 所示），获取教材所需开发工具、教材中示例素材及代码、上机练习素材及源码、作业素材及参考答案、项目素材及参考答案、教材配套及扩展 PPT、PPT 配套素材及代码、教材配套线上视频等资源。

图8 高校服务QQ群

关于引用作品的版权声明

目 录

第 1 章

初识 JavaScript

技能目标

- ❖ 掌握 JavaScript 的组成
- ❖ 掌握 JavaScript 的基本语法
- ❖ 掌握函数的定义和使用
- ❖ 掌握调试工具的使用方法

价值目标

我国互联网发展速度迅猛，HTML 和 CSS 技术已经成为支撑国内各大网站的基础技术，而客户端动态效果的关键技术是 JavaScript 语言。本章对基础语法的介绍不仅能让读者牢固掌握标准语法知识，更能培养读者在工作中遵守语法规则的好习惯。

本章知识梳理

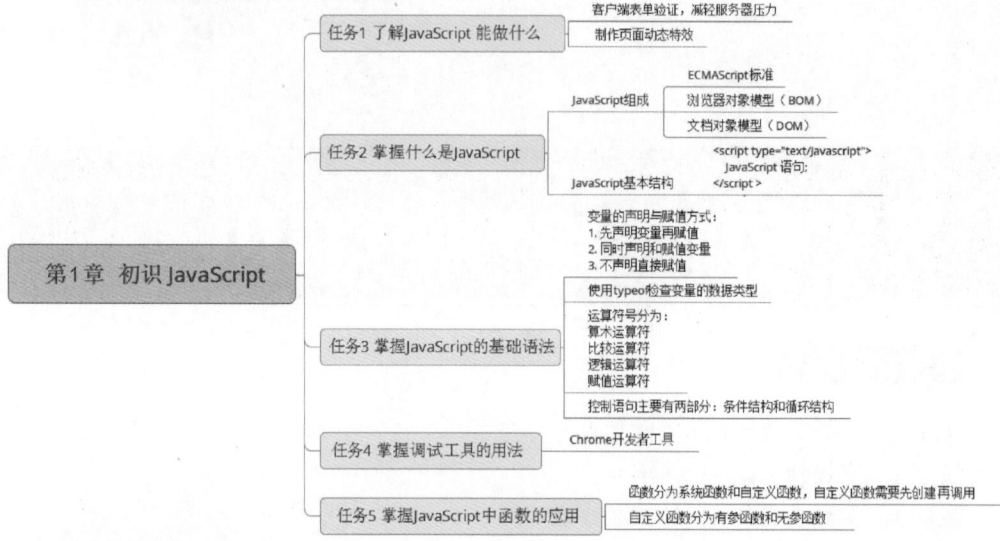

本章简介

利用 HTML 和 CSS，我们已经能够做出一个精美、完整的网站了。若想网站还能减轻服务器端的负担，增加客户端的体验，具有动感效果，给浏览者留下深刻的印象，还需要学习客户端验证、页面特效等知识，这些内容将在本书中学习。

本章首先介绍为什么要学习 JavaScript，让读者对 JavaScript 语言有基本的了解，然后讲解 JavaScript 是什么和 JavaScript 的结构组成，最后讲解 JavaScript 的基本语法。掌握 JavaScript 的基本语法尤为重要，因为它是学习后续章节要介绍的 jQuery 的基础。

预习作业

1. 简答题

（1）在 html 页面中如何引入 JavaScript 脚本代码？

（2）在 JavaScript 脚本文件中如何声明变量 a 并给变量 a 赋值？

2. 编码题

使用 for 循环、if 判断、运算符号实现如下要求。

（1）使用 JavaScript 脚本在页面中打印 10 次 "您好 JavaScript！"。

（2）每打印两次 "您好 JavaScript！"，在页面中打印一次 "Hello world！"。

任务 1 了解 JavaScript 能做什么

我们为什么要学习 JavaScript 呢？主要基于以下两点原因。

1. 客户端表单验证，减轻服务器端的压力

网站中常见到会员注册，在会员填写注册信息时，如果某项信息格式输入错误（例如：密码位数不够等），表单页面将及时给出错误提示。这些错误在没有提交到服务器前，由客户端提前进行验证，称为客户端表单验证。这样，用户得到了即时的交互（反馈填写情况），网站服务器端也减轻了压力，这是 JavaScript 最常用的场合。

2. 制作页面动态特效

在 JavaScript 中，可以编写响应鼠标单击等事件的代码，创建动态页面特效，从而高效地控制页面的内容。例如，表单验证效果（见图 1.1）或者网页 Tabs 切换效果（见图 1.2）等，都可以在有限的页面空间里展现更多的内容，从而增加客户端的体验，进而使网站更加有动感、有魅力，吸引更多的浏览者。

图1.1　表单验证效果

图1.2　Tabs切换效果

这里要说明一点，虽然 JavaScript 可以实现许多动态效果，但要实现一个特效往往需要十几行，甚至几十行代码，而使用 jQuery（JavaScript 程序库）只需要几行代码就可以实现同样的效果。jQuery 技术会在后面讲解，而 JavaScript 是学习 jQuery 的基础，打好基础至关重要。

任务 2　掌握什么是 JavaScript

那么什么是 JavaScript 呢？JavaScript 是一种描述性语言，是一种基于对象（Object）和事件驱动（Event Driven）的、具有安全性能的脚本语言。它与 HTML（超文本标记语言）一起，在一个 Web 页面中链接多个对象，与 Web 客户实现交互。无论是在客户端还是在服务器端，JavaScript 应用程序都要下载到浏览器的客户端执行，从而减轻服务器端的负担。其特点总结如下。

➢ JavaScript 主要用于向 HTML 页面中添加交互行为。

➢ JavaScript 是一种脚本语言。

> JavaScript 一般用来编写客户端脚本。
> JavaScript 是一种解释性语言，边执行边解释。

1.2.1　JavaScript 的结构组成

尽管 ECMAScript 是一个重要的标准，但它并不是 JavaScript 唯一的部分，当然，它也不是唯一被标准化的部分。实际上，一个完整的 JavaScript 由以下三个不同的部分组成，如图 1.3 所示。

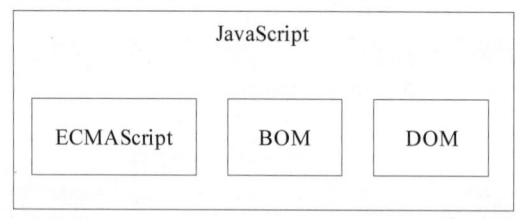

图1.3　JavaScript的结构组成

1. ECMAScript

ECMAScript 是一种开放的、国际上广为接受的、标准的脚本语言规范，它不与任何具体的浏览器绑定。ECMAScript 标准主要描述了以下内容。

> 语法。
> 变量和数据类型。
> 运算符。
> 逻辑控制语句。
> 关键字、保留字。
> 对象。

ECMAScript 是一个描述，规定了脚本语言的所有属性、方法和对象的标准，因此在使用 Web 客户端脚本语言编码时一定要遵循 ECMAScript 标准。

2. BOM

BOM 是 Browser Object Model（浏览器对象模型）的英文缩写，提供了可独立于内容与浏览器窗口进行交互的对象，使用浏览器对象模型可以实现与 HTML 的交互。

3. DOM

DOM 是 Document Object Model（文档对象模型）的简称，是 HTML 文档对象模型（HTML DOM）定义的一套标准方法，用来访问和操纵 HTML 文档。

关于 BOM 和 DOM 的内容将在后面章节中详细讲解，本章着重讲解 ECMAScript 标准。

1.2.2　JavaScript 的基本结构

通常，JavaScript 代码是用<script>标签嵌入 HTML 文档中的。如果需要将多条 JavaScript 代码嵌入一个文档中，只需将每条 JavaScript 代码都封装在<script>标签中即可。浏览器在遇到\<script\>标签时，将逐行读取内容，直到遇到\</script\>结束标签为止。然后，浏览器检查 JavaScript 语句的语法。如果有任何错误，则会在警告框中显示；如果没有错误，则浏览器将编译并执行语句。

JavaScript 的基本结构如下。

```
<script type="text/Javascript">
    JavaScript 语句;
</script >
```

其中 type 是\<script\>标签的属性，用于指定文本使用的语言类别为 text/JavaScript。

注意

有的网页中默认用 type="text/Javascript"，这种写法是正确的，因为 HTML5 中可省略 type 属性，默认为 text/Javascript。

下面通过一个示例来深入学习 JavaScript 的基本结构，代码如示例 1 所示。

示例 1

```
<!DOCTYPE html>
<html>
<head lang="en">
    <meta charset="UTF-8">
    <title>初识 JavaScript</title>
</head>
<body>
<script type="text/javascript">
    document.write("初识 JavaScript");
    document.write("<h1>您好，JavaScript</h1>");
</script>
</body>
</html>
```

示例 1 在浏览器中的运行结果如图 1.4 所示。

图1.4　使用JavaScript输出

代码中，document.write( )用来向页面输出可以包含 HTML 标签的内容。把 document.write( )

语句包含在<script>与</script>之间，浏览器就会把它当作一条 JavaScript 命令来执行，这样浏览器就会向页面输出内容。

> **经验**
>
> ➤ 如果不使用<script>标签，浏览器就会将 document.write（"<h1>您好，JavaScript </h1>"）当作纯文本来处理，也就是说会把这条命令本身写到页面上。
> ➤ <script>...</script>的位置并不是固定的，可以包含在文档中的任何地方，只要保证这些代码在被使用前已读取并加载到内存即可。

1.2.3　JavaScript 的执行原理

了解了 JavaScript 的基本结构，下面再来深入了解一下 JavaScript 的执行原理。

在 JavaScript 的执行过程中，浏览器客户端与应用服务器端采用请求/响应模式进行交互，如图 1.5 所示。

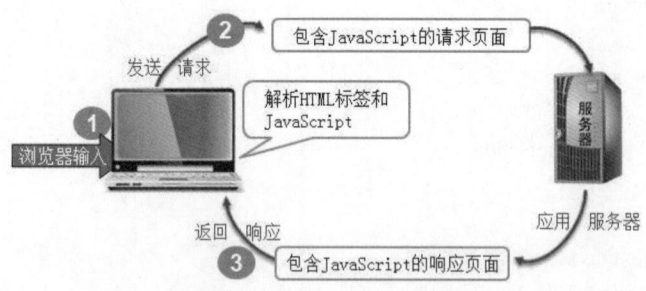

图1.5　JavaScript的执行原理

现在，逐步分解一下这个执行过程。

（1）浏览器客户端向服务器端发送请求：一个用户在浏览器的地址栏中输入要访问的页面（页面中包含 JavaScript 程序）。

（2）数据处理：服务器端处理某个包含 JavaScript 的页面。

（3）发送响应：服务器端将含有 JavaScript 的 HTML 文件处理页面发送到浏览器客户端，然后由浏览器客户端从上至下逐条解析 HTML 标签和 JavaScript，并将页面效果呈现给用户。

使用客户端脚本的好处有以下两点。

➤ 包含 JavaScript 的页面只要下载一次即可，这样能减少不必要的网络通信。

➤ JavaScript 程序由浏览器客户端执行，而不是由服务器端执行，因此能减轻服务器端的压力。

1.2.4　JavaScript 页面的引用

前面已经学习了 JavaScript 的基本结构和执行原理，那么如何在网页中引用 JavaScript

呢？JavaScript 作为客户端程序，嵌入网页时可以采取以下三种方式。

> 内部 JavaScript 文件
> 外部 JavaScript 文件
> 直接在 HTML 标签中

1．内部 JavaScript 文件

示例 1 就直接使用<script>标签将 JavaScript 代码加入 HTML 文档中。这是最常用的方式，但适合 JavaScript 代码较少，并且网站中的每个页面使用的 JavaScript 代码均不相同的情况。

2．外部 JavaScript 文件

在实际工作中，有时会希望在若干个页面中实现相同的 JavaScript 效果，针对这种情况，使用外部 JavaScript 引入就显得尤为重要。外部 JavaScript 文件是将 JavaScript 代码写入一个外部文件中，以*.js 为扩展名保存，然后将该文件指定给<script>标签中的 src 属性，这样就可以使用这个外部文件了，如示例 2 所示。

示例 2

index.js 文件代码：

```
document.write("初识 JavaScript");
document.write("<h1>您好，JavaScript</h1>");
```

index.html 页面代码：

```
......//省略部分 HTML 代码
<body>
<script type="text/javascript" src="js/index.js"></script>
</body>
......//省略部分 HTML 代码
```

index.js 就是外部 JavaScript 文件，src 属性指定外部 JavaScript 文件的路径，在浏览器中运行示例 2，运行结果与示例 1 的运行结果相同。

 注意

> 外部文件不能包含<script>标签，通常将扩展名为.js 的文件放到网站目录中单独存放脚本的子目录中（一般为 js），这样容易管理和维护。

3．直接在 HTML 标签中

有时需要在页面中加入简短的 JavaScript 代码来实现一个简单的页面效果，如单击按钮时弹出一个对话框等，通常会在按钮事件中加入 JavaScript 处理程序。下面就是单击按钮弹出提示对话框的例子。

关键代码如下所示。

```
<input name="btn" type="button" value="弹出消息框" onclick="javascript:
alert('您好 JavaScript ');"/>
```

当单击"弹出消息框"按钮时，弹出提示对话框，如图 1.6 所示。

图1.6　提示对话框

代码中，onclick 是单击的事件处理程序，当用户单击按钮时，就会执行"javascript:"后面的 JavaScript 命令，alert( )是一个函数，作用是向页面弹出一个对话框。

通过以上介绍可以了解这三种方式的应用场合。

➤ 内部 JavaScript 文件适用于 JavaScript 特效代码量少的单个页面。

➤ 外部 JavaScript 文件则适用于代码较多，可重复应用于多个页面。

➤ 直接在标签中写 JavaScript 则适合于极少代码，仅用于当前标签，但是这种方式增加了 HTML 代码，在实际开发中应用较少。

任务3　掌握 JavaScript 的基础语法

JavaScript 是一门编程语言，它包含变量的声明、赋值、运算符号、逻辑控制语句等基本语法，下面就来学习 JavaScript 的基本语法。

1.3.1　变量的声明和赋值

JavaScript 是一种弱类型语言，没有明确的数据类型。也就是说，在声明变量时，不需要指定变量的类型，变量的类型由赋给变量的值决定。在 JavaScript 中，变量是使用关键字 var 声明的。语法格式如下。

　var 合法的变量名；

其中，var 是声明变量使用的关键字；"合法的变量名"是遵循 JavaScript 变量命名规则的变量名。JavaScript 中的变量名可以由数字、字母、下划线和"$"符号组成，但首字符不能是数字，并且不能用关键字命名。为变量赋值有三种方法。

➤ 先声明变量再赋值

➤ 同时声明和赋值变量

➤ 不声明直接赋值

例如，声明变量的同时为变量赋值。

var width = 20;　　　//在声明变量 width 的同时,将数值 20 赋给了变量 width

var x, y, z = 10;　　　//在一行代码中声明多个变量时,各变量之间用逗号分隔

不声明变量直接使用：

x=88;　//没有声明变量 x,直接使用

规范

> ➤ JavaScript 区分大小写，变量的命名、语句的关键字等尤其要注意，这种错误有时很难查找。
>
> ➤ 变量可以不经过声明而直接使用，但这种方法很容易出错，也很难查找排错，因此不推荐使用。在使用变量之前，应先声明后使用，养成良好的编程习惯。

1.3.2　数据类型

尽管在声明变量时可以不声明变量的数据类型，而由赋给变量的值决定。但 JavaScript 提供了常用的基本数据类型，这些数据类型如下所示。

- ➤ undefined（未定义类型）。
- ➤ null（空类型）。
- ➤ number（数值类型）。
- ➤ String（字符串类型）。
- ➤ boolean（布尔类型）。

1．typeof

ECMAScript 提供了 typeof 运算符来判断一个值或变量究竟属于哪种数据类型。语法格式如下。

typeof(变量或值)

其返回结果有以下几种。

- ➤ undefined：如果变量是 undefined 类型的，则返回 undefined 类型的结果。
- ➤ number：如果变量是 number 类型的，则返回 number 类型的结果。
- ➤ string：如果变量是 string 类型的，则返回 string 类型的结果。
- ➤ boolean：如果变量是 boolean 类型的，则返回 boolean 类型的结果。
- ➤ object：如果变量是 null 类型，或者变量是一种引用类型，如对象、函数、数组，则返回 object 类型的结果。

下面通过示例 3 来学习 typeof 运算符的用法。

示例 3

```
......//省略部分 HTML 代码
<body>
<script   type="text/javascript">
    document.write("<h2>对变量或值调用 typeof 运算符返回值：</h2>");
    var width,height=10,name="rose";
    var date=new Date();     //获取时间日期对象
    var arr=new Array();     //定义数组
    document.write("width: "+typeof(width)+"<br/>");
    document.write("height: "+typeof(height)+"<br/>");
    document.write("name: "+typeof(name)+"<br/>");
```

```
        document.write("date: "+typeof(date)+"<br/>");
        document.write("arr: "+typeof(arr)+"<br/>");
        document.write("true: "+typeof(true)+"<br/>");
        document.write("null: "+typeof(null));
    </script>
```

示例 3 的运行结果如图 1.7 所示。

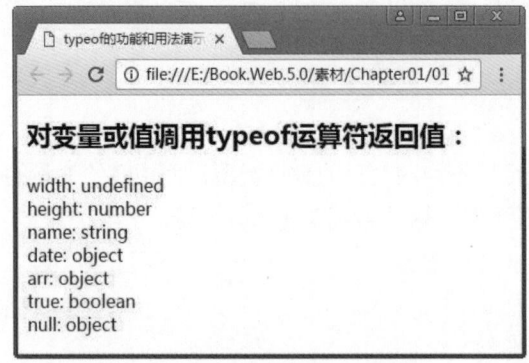

图1.7　typeof运算符的返回值

2．undefined 类型

如前面的示例一样，undefined 类型只有一个值，即 undefined。当声明的变量未初始化时，该变量的默认值就是 undefined。例如：

```
    var width;
```

这行代码声明了变量 width，没有初始值，将被赋予值 undefined。

3．null 类型

null 是一个表示"什么都没有"的占位符，可以用来检测某个变量是否被赋值。值 undefined 实际上是从值 null 派生来的，因此 JavaScript 将它们定义为相等的。例如：

```
    alert(null==undefined);    //返回值为 true
```

尽管这两个值相等，但它们的含义不同，undefined 表示声明了变量但未对变量赋值，null 则表示对变量赋予了一个空值。

4．number 类型

JavaScript 中最特殊的类型是 number 类型，既可以表示 32 位的整数，又可以表示 64 位的浮点数。下面的代码分别声明了存放整数值和浮点数值的变量。

```
    var iNum=23;
    var iNum=23.0;
```

整数也可以表示为八进制或十六进制形式。八进制数以 0 开头，其后可以是任何八进制数字（0～7）；十六进制数以 0x 开头，后面是任意的十六进制数字和字母（0～9 和 A～F）。例如：

```
    var iNum=070;        //070 等于十进制的 56
    var iNum=0x1f;       //0x1f 等于十进制的 31
```

对于非常大或非常小的浮点数，可以用科学计数法表示，也属于 number 类型。另外一个特殊值 NaN（Not a Number）表示非数，它也是 number 类型。例如：

```
typeof(NaN);          //返回值为 number
```

5. String 类型

（1）字符串定义

在 JavaScript 中，字符串是一组用引号（单引号或双引号）括起来的文本。例如：

```
var string1="This is a string";     //定义了一个字符串 string1
```

JavaScript 对"字符"或"字符串"不加区别，因此下面的语句也定义了一个字符串。

```
var oneChar="a";     //定义了只有一个字符"a"的字符串
```

（2）字符的属性与方法

JavaScript 中的 String 也是一种对象，有一个 length 属性，表示字符串的长度（包括空格等）。调用 length 的语法格式如下。

```
字符串对象.length;
var str="this is JavaScript";
var strLength=str.length;
```

strLength 返回的 str 字符串的长度是 18。

在 JavaScript 中，使用字符串对象的语法格式如下。

```
字符串对象.方法名( );
```

JavaScript 中的 String 对象有许多方法用来处理和操作字符串，常用的方法如表 1-1 所示。

表 1-1　String 对象常用方法

方　　法	描　　述
indexOf(str,index)	查找某个指定的字符串在字符串中首次出现的位置
charAt(index)	返回指定位置的字符
toLowerCase( )	把字符串转化为小写
toUpperCase( )	把字符串转化为大写
substring(index1,index2)	返回位于指定索引 index1 和 index2 之间的字符串，并且包括索引 index1 对应的字符，不包括索引 index2 对应的字符
split(str)	将字符串分割为字符串数组

其中，最常用的是 indexOf(str,index)方法，如果找到了指定字符串，则返回索引位置；否则返回-1。

index 是可选的整数参数，表示从第几个字符开始查找，index 的值为 0~(字符串对象.length-1)，如果省略该参数，则从字符串的首字符开始查找。例如：

```
var str="this is JavaScript";
var selectFirst=str.indexOf("Java");
var selectSecond=str.indexOf("Java",12);
```

selectFirst 返回的值为 8，selectSecond 返回的值为-1。

6. boolean 类型

boolean 类型数据被称为布尔型数据或逻辑型数据。boolean 类型是 ECMAScript 中常用的类型之一，它只有两个值：true 和 false。例如：

```
var flag=true;
var cars=false;
```

1.3.3 数组

JavaScript 中的数组是具有相同数据类型的一个或多个值的集合。数组用一个名称存储一系列的值，并用下标区分，数组的下标从 0 开始。

数组需要先创建、赋值，才能访问其中的数组元素，通过一些方法和属性可以对数组元素进行处理。

1．创建数组

在 JavaScript 中创建数组的语法格式如下。

```
var   数组名称  = new Array(size);
```

其中，new 是用来创建数组的关键字，Array 是表示数组的关键字，而 size 表示数组中可存放的元素总数，因此 size 必须是整数。

例如，var fruit=new Array(5); 表示创建了一个名称为 fruit、有 5 个元素的数组。

2．为数组元素赋值

在声明数组时，可以直接为数组元素赋值。语法格式如下。

```
var fruit= new Array("apple", "orange", "peach","banana");
```

也可以分别为数组元素赋值。例如：

```
var fruit = new Array(4);
fruit [0] = "apple";
fruit [1] = "orange";
fruit [2] = "peach";
fruit [3] = "banana";
```

另外，数组还可以使用方括号"["和"]"来定义。例如：

```
var fruit= ["apple","orange","peach","banana"];
```

3．访问数组元素

可以通过数组的名称和下标直接访问数组的元素：数组名[下标]。例如，fruit [0]表示访问数组中的第一个元素，fruit 是数组名，0 表示下标。

4．数组的常用属性和方法

数组是 JavaScript 中的一个对象，它有一组属性和方法。表 1-2 所示为数组的常用方法和属性。

表 1-2　数组的常用方法和属性

类　　别	名　　称	描　　述
属性	length	设置或返回数组中元素的数目
方法	join( )	把数组的所有元素放入一个字符串，并通过一个分隔符进行分隔
	sort( )	对数组排序
	push( )	向数组末尾添加一个或多个元素，并返回新的长度

（1）length

数组的 length 属性用于返回数组中元素的个数，返回值为整型。如果在创建数组时就指定了数组的 size 值，那么无论数组元素中是否存储了实际数据，该数组的 length 值都是这个指定的 size 值。例如，var score = new Array(6);不管数组中是否存储了实际数据，score.length 的值总是 6。

（2）join( )

join( )方法通过一个指定的分隔符把数组元素放在一个字符串中，语法格式如下。

join(分隔符);

示例 4 使用了 String 对象的 split( )方法，将一个字符串分割成数组元素，再使用 join( )方法将数组元素放入一个字符串中，并使用符号"-"分隔，最后显示在页面中。

示例 4

```
......//省略部分 HTML 代码
<body>
<script type="text/javascript">
    var str = "Hello,Java,Script,!";
    var arrStr= str.split(",");
    var outStr= arrStr.join("-");
    document.write("分割前： "+ str +"<br/>");
    document.write("使用\"-\"重新连接后"+ outStr);
    </script>
```

示例 4 的运行结果如图 1.8 所示。

图1.8 分割数组与连接字符串

（3）sort( )

sort( )方法对数组中的数据进行排序操作，以下是 sort()方法的实际使用。

var fruit= new Array("apple", "orange", "peach","banana");// 定义一个乱序的数组

fruit.sort();// 输出结果为 ["apple", "banana", "orange", "peach"]

（4）push( )

push( )方法向数组末尾添加一个或多个元素，并返回新的数组长度。语法格式如下。

push(值);

以下是 push()方法的实际使用。

var fruit= new Array("apple", "orange", "peach");// 定义一个数组

fruit.push("banana");//   返回的数据值是 4

1.3.4　运算符

在 JavaScript 中，常用的运算符包括算术运算符、比较运算符、逻辑运算符和赋值

运算符，如表 1-3 所示。

表 1-3 常用的运算符

类　别	运　算　符　号
算术运算符	+、−、*、/、%、++、−−
比较运算符	>、<、>= 、<= 、==、!=、===、!==
逻辑运算符	&&、‖、!
赋值运算符	=、+=、−=

1．算术运算符

算术运算符主要用于数值计算，比如 1+2=3，加号运算符（+）可以对数值进行相加操作。要注意的是，在算术运算符中，"++、−−"运算符输出的值是有所不同的。例如：

```
var a=12,b=6; // a、b 初始值
document.write("算术运算符<br>");
document.write("变量初始值:a="+a+"; b="+b+"<br>");
document.write("a+b="+(a+b)+"<br>");
document.write("a-b="+(a-b)+"<br>");
document.write("a*b="+(a*b)+"<br>");
document.write("a/b="+(a/b)+"<br>");
document.write("a%b="+(a%b)+"<br>");
document.write("++a="+(++a)+"<br>");
document.write("a++="+(a++)+"<br>");
document.write("a="+(a)+"<br>");
document.write("--b="+(--b)+"<br>");
document.write("b--="+(b--)+"<br>");
document.write("b="+(b)+"<br>");
```

输出结果如图 1.9 所示。

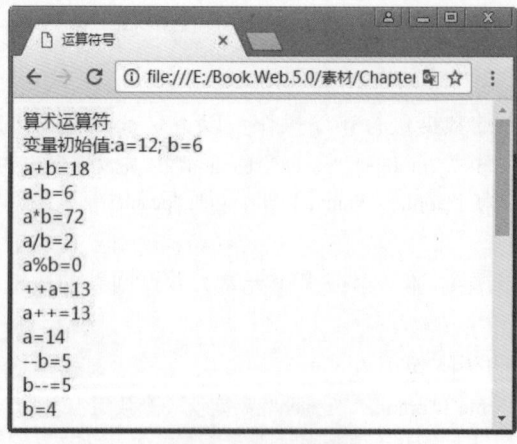

图1.9　算术运算符

2．比较运算符

比较运算符用于比较数据，主要应用在条件判断语句中。其中，==表示等于，===表

示恒等，都是比较，但==用于一般比较，===用于严格比较，==在比较时可以转换数据类型，===则是严格比较，只要数据类型不匹配就返回 false。例如：

```
var a=12,b=6,c="12"; // a、b、c 初始值
document.write("<br>比较运算符:a="+a+"; b="+b+"; c=\""+c+"\"<br>");
document.write("a&gt;b：  "+(a>b)+"<br>");
document.write("a&lt;b：  "+(a<b)+"<br>");
document.write("a&gt;=b：  "+(a>=b)+"<br>");
document.write("a&lt;=b：  "+(a<=b)+"<br>");
document.write("a==c：  "+(a==b)+"<br>");
document.write("a!=b：  "+(a!=b)+"<br>") ;
document.write("a===c：  "+(a===c)+"<br>");
document.write("a!==12：  "+(a!==12)+"<br>");
```

输出结果如图 1.10 所示。

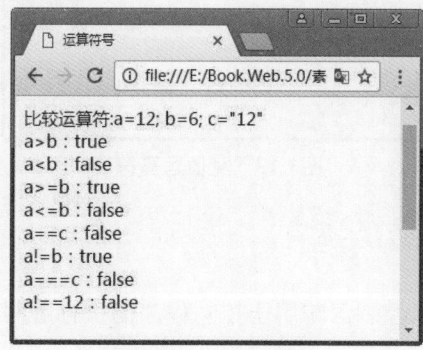

图1.10　比较运算符

3．逻辑运算符

逻辑运算符用于布尔型值之间的逻辑运算，结果也返回一个布尔型值。例如：

```
var a=true,b=false; // a、b 初始值
document.write("<br>逻辑运算符:a="+a+"; b="+b+"<br>");
document.write("a&&b="+(a&&b)+"<br>");
document.write("a||b="+(a||b)+"<br>");
document.write("!a="+(!a)+"<br>");
```

输出结果如图 1.11 所示。

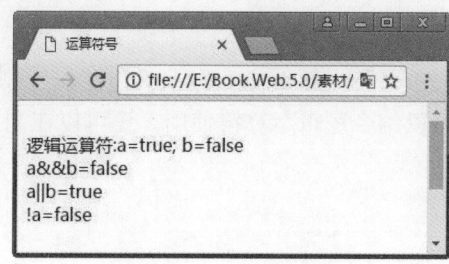

图1.11　逻辑运算符

4．赋值运算符

赋值运算符是基于右值给左值赋值的（即把一个值赋值给一个变量），左右值的类型

相互之间不影响，但是赋值完成之后右值会变为左值的数据类型和左值的数据。例如：

```
var a=12,b=6;// a、b 初始值
document.write("<br>赋值运算符:a="+a+"; b="+b+"<br>");
a=b;
document.write("a=b; a= "+(a)+"<br>");
a+=b;
document.write("a+=b; a= "+(a)+"<br>");
a-=b;
document.write("a-=b; a= "+(a)+"<br>");
```

输出结果如图 1.12 所示。

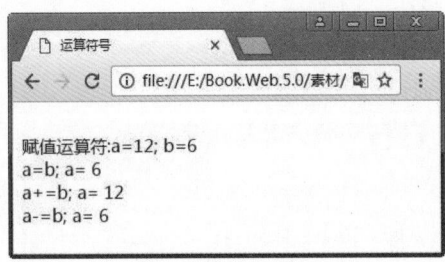

图1.12　赋值运算符

1.3.5　逻辑控制语句

在 JavaScript 中，逻辑控制语句用于控制程序的执行顺序，分为两类：条件结构和循环结构。

1．条件结构

JavaScript 的条件结构有 if 结构和 switch 结构。

（1）if 结构

基本语法格式如下。

```
if(表达式){
    //JavaScript 语句 1;
}
else{
    //JavaScript 语句 2;
}
```

其中，当表达式的值为 true 时，执行 JavaScript 语句 1；否则执行 JavaScript 语句 2。如果遇到复杂条件判断，可以结合逻辑运算符使用，还可以在 else 后面继续增加 if 判断，示例代码如下。

```
if(表达式){
    //JavaScript 语句 1;
}
else if（表达式）
    //JavaScript 语句 2;
}
```

```
else if（表达式）
    //JavaScript 语句 3;
}   else if  ……
  else{
//JavaScript 语句 n;


}
```

根据以上语法来完成一个数据判断。现有 a、b 两个变量，a=4，b=-1，判断 a、b 大小，如果 a>b 输出 a 值，如果 a<b 输出 b 值，否则输出"a=b"，如示例 5 所示。

示例 5

```
<script>
    document.write("定义三个变量:a=4,b=-1<br>");
    var a=4,b=-1;
    document.write("使用 if 判断 a、b 值大小，如果 a&gt;b 输出 a 值，如果 a&lt;b 输出 b 值，否则
输出"a=b"，输出值为: ");
    if(a>b){
        document.write(a)
    }else if(a<b) {
        document.write(b)
    }else{
        document.write("a=b")
    }
</script>
```

显示效果如图 1.13 所示。

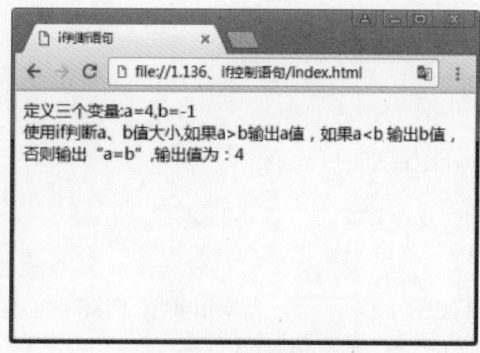

图1.13　if判断语句

 注意

> 如果 if 或 else 后只有一条语句，则可以省略大括号；如果 if 或 else 后有多条语句，则必须放在大括号内。

（2）switch 结构

基本语法格式如下。

```
switch(表达式){
    case 值 1:
        //JavaScript 语句 1;
        break;
    case 值 2:
        //JavaScript 语句 2;
        break;
    ……
    default:
        //JavaScript 语句 n;
        break;
}
```

JavaScript 中的 switch 语句和 if 语句都用于条件判断，当用于等值的多分支比较时，使用 switch 语句可以使程序的结构更加清晰。case 表示条件判断，关键字 break 使代码能跳出 switch 语句，如果没有关键字 break，代码会继续执行，进入下一个 case；关键字 default 表示表达式的结果不等于任何一个 case 值，可参照示例 6 理解。示例 6 根据 width 值的不同输出不同的数据。

示例 6

```
<script>
    var width=88;
    switch (width){
        case 100:
            document.write("width:"+width);
            break;
        case 101:
            document.write("width101:"+width);
            break;
        default:
            document.write("default:"+width);
            break;
    }
</script>
```

以上示例的输出结果如图 1.14 所示。当 width 等于 88 时，输出值为："default:88"；当 width 等于 100 时，输出值为："width:100"。

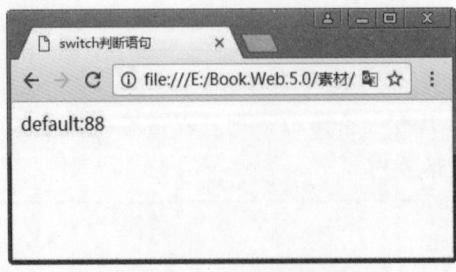

图1.14　switch判断语句

在 JavaScript 中，switch 语句不仅可以用于判断数值、布尔值，还可以用于判断字符串。如以下代码所示。

```
var weekday="星期一";
   switch(weekday){
       case "星期一":
           document.write("开始新的一周工作！");
           break;
       case "星期五":
           document.write("今天是本周最后一天，明天就可以休息了！");
           break;
       default:
           document.write("努力、努力再努力");
           break;
       }
```

2．循环结构

JavaScript 中的循环结构有 for 循环、while 循环、do-while 循环、for-in 循环，接下来就学习一下这些循环的用法。

（1）for 循环语句

基本语法格式如下。

```
for(初始化;条件;增量或减量){
    //JavaScript 语句;
}
```

其中："初始化"参数设置循环的开始值，必须赋予循环控制变量初值；"条件"用于判断循环是否终止，若满足条件，则继续执行循环体中的语句，否则跳出循环；"增量或减量"定义循环控制变量在每次循环时怎么变化；三个条件之间使用分号（;）隔开。

如果想在页面上输出 10 次"您好，JavaScript！"，按照之前的语法要在页面上写 10 遍代码"document.write（"您好，JavaScript！"）"，如果要输出 20 次、30 次甚至上千、上万次时又该如何操作？示例 7 的显示结果如图 1.15 所示，如果想在页面上输出 1000 次"您好，JavaScript！"，只需要将条件 i<10 改成 i<1000 即可。

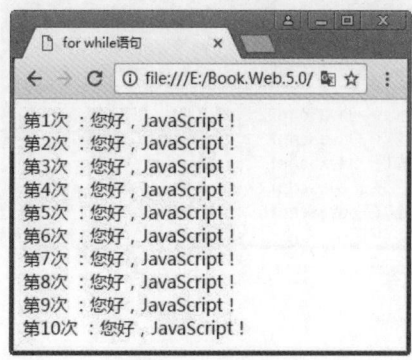

图1.15　for循环

示例 7

```
<script>
    // 传统方式在页面输出 10 次"您好，JavaScript！"需要写 10 遍以下语句
    // document.write("您好，JavaScript！")
    // 使用 for 循环实现输出 10 次"您好，JavaScript！"代码如下
    for(var i=0;i<10;i++){
        document.write("第"+(i+1)+"次 ：您好，JavaScript！ <br/>")
    }
</script>
```

 注意

如果 i 值设置为 1，循环从 1 开始计数，需要将条件 i<10 改成 i<11 或者 i<=10，这样才能在页面上输出 10 次"您好，JavaScript！"。

（2）while 循环语句

基本语法格式如下。

```
while(条件){
    //JavaScript 语句;
}
```

while 循环语句的特点是先判断后执行。当条件为真时，就执行 JavaScript 语句；当条件为假时，就退出循环。接下来使用 while 循环在页面上输出 5 次"您好，JavaScript！"，示例代码如下所示。

```
var i=10;
    while (i>5){
        document.write("您好，JavaScript！ <br/>");
        i--;
    }
```

页面上的输出结果如图 1.16 所示，需要注意的是，i 值一定要记得修改，如果在循环过程中，忘记修改 i 值会造成死循环，不停地输出"您好，JavaScript！"，最终导致页面崩溃。

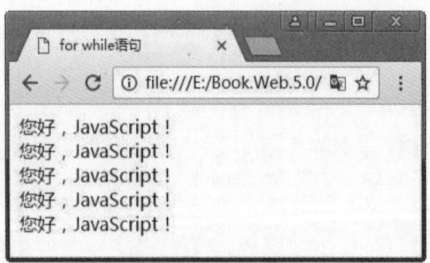

图1.16　while循环

（3）do-while 循环语句

基本语法格式如下。

```
do{
    //JavaScript 语句;
}while(条件);
```

do-while 循环语句表示反复执行 JavaScript 语句，直到条件为假时才退出循环。与 while 循环语句的区别是，do-while 循环语句先执行后判断。示例代码如下。

```
var i =0 ;
    do{
        document.write("您好，JavaScript！<br/>");
        i++;
    }while(i<5)
```

输出结果如图 1.17 所示，跟 while 循环的输出结果是一致的。

图1.17　do-while循环

（4）for-in 循环

for-in 循环常用于对数组或者对象的属性进行循环，基本语法格式如下。

```
for(变量 in 对象){
    //JavaScript 语句;
}
```

其中，"变量"为指定的变量，可以是数组元素，也可以是对象的属性，例如：

```
var fruit=[ "apple", "orange", "peach","banana"];
for(var i in fruit)
    document.write(fruit[i]+"<br/>");
```

运行结果如图 1.18 所示。

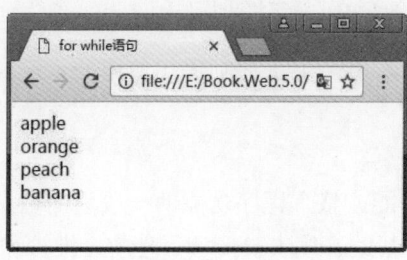

图1.18　使用for-in循环遍历数组

（5）中断循环

在 JavaScript 标准语法中，有两种特殊的语句用于在循环内部终止循环：break 和 continue。具体应用如示例 8 所示。

> break：立即退出整个循环。

> continue：只退出当前循环，根据判断条件来决定是否进入下一次循环。

示例 8

```
<script>
 document.write("break 中断操作输出结果：<br/>")
  for(var i=0;i<5;i++){
     if(i==3){
        break;
     }
     document.write("这个数字是："+i+"<br/>")
  }
 document.write("<br/>")
 document.write("continue 中断操作输出结果：<br/>")
  for(var i=0;i<5;i++){
     if(i==2){
        continue;
     }
     document.write("这个数字是："+i+"<br/>")
  }
</script>
```

运行结果如图 1.19 所示。

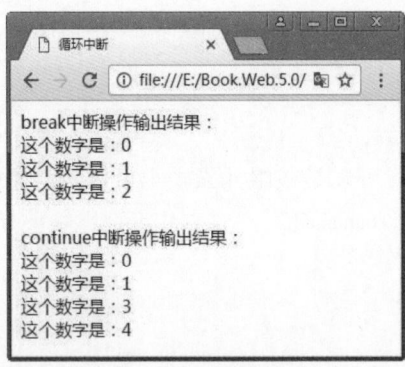

图1.19　循环终止操作

控制语句

请读者扫描二维码，查看更多关于控制语句使用的示例。

1.3.6　注释

注释是描述部分程序功能或整个程序功能的一段说明性文字，注释不会被解释器执行，而会被直接跳过，用于帮助开发人员阅读、理解、维护和调试程序。JavaScript 语言的注释分为单行注释和多行注释两种。

单行注释以"//"开始，在行末结束，例如：

alert("恭喜你!注册会员成功"); //在页面上弹出注册会员成功的提示对话框

多行注释以"/*"开始，以"*/"结束，例如：

```
/*
    在页面上输出五次"Hello World"
    显示样式和 h3 标签显示的样式一样
*/
for(var i=0;i<5;i++){
    document.write("<h3>Hello World</h3>");
}
```

1.3.7　常用的输入/输出

在网上冲浪时，页面上经常会弹出一些信息提示框，如注册时弹出的提示输入信息的提示框，或者等待用户输入数据的对话框等，这样的输入/输出在 JavaScript 中称为警告框（alert）和提示框（prompt）。

1．警告框

alert( )方法前面曾使用过，此方法会创建一个特殊的对话框，包括一个字符串和一个"确定"按钮，如图 1.20 所示。

图1.20　警告框

alert( )方法的基本语法格式如下。

```
alert("提示信息");
```

该方法将弹出一个警告框，内容可以是一个变量的值，也可以是一个表达式的值。如果要显示其他类型的值，则需要将其强制转换为字符串类型。例如，以下代码都是合法的。

```
var name="Lucy";
var str="我的名字叫 Lucy";
alert("您好 JavaScript！");
alert("我的名字叫"+name);
alert(str);
```

警告框是当前运行的网页弹出的，在对其做出处理前，当前网页将不可用，后面的代码也不会被执行，只有对警告框进行处理后（单击"确定"按钮或直接关闭），当前网页才会继续显示后面的内容。

2．提示框

prompt( )方法会弹出一个提示框，用于等待用户输入一行数据。基本语法格式如下。

```
prompt("提示信息","输入框的默认信息");
```

该方法的返回值也可以被引用或存储到变量中，例如：

```
var color=prompt("请输入你喜欢的颜色","红色");
```
运行结果如图 1.21 所示。

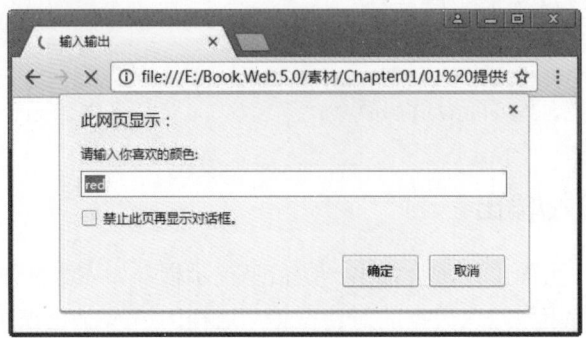

图1.21 提示框

prompt( )方法的第一个参数显示在对话框上，通常是一些提示信息；第二个参数出现在用户输入的文本框中，并且被选中，作为默认值使用。如果省略第二个参数，则提示框的输入文本框中会出现"undefined"。也可以将第二个参数设置为空字符串，例如：

```
var color=prompt("请输入你喜欢的颜色","");
```
用户单击"取消"按钮或直接关闭提示框，该方法将返回 null；用户单击"确定"按钮，该方法将返回一个字符串型数据。

1.3.8 上机训练

上机练习1——统计包含"a"或"A"的字符串的个数

需求说明

使用数组存储一组字符串，统计其中包含"a"或"A"的字符串的个数，运行结果如图 1.22 所示。

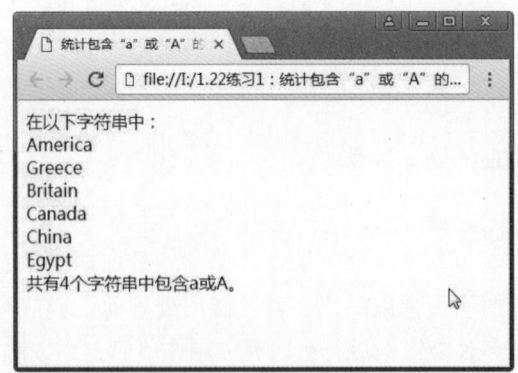

图1.22 统计包含"a"或"A"的字符串的个数

提示

使用 String 对象的 indexOf( )方法可以判断字符串中是否包含特定字符。

任务 4 掌握调试工具的用法

程序调试是程序设计中的重要一环，在 JavaScript 中，可以使用 Chrome 调试工具和 alert( )方法两种方式来调试程序。具体应用见示例 9。

示例 9

```
......//省略部分 HTML 代码
<script type="text/javascript">
    var t=prompt("请输入一个整数","");
    if(t>6){
        for(var i= t;i>0;i--){
            for(var j=1;j<=i;j++){
                document.write(j+"  ");
            }
            document.write("<br />");
        }}
    else{
            for(var i=t;i>0;i--){
                for(var j=1;j<=i;j++){
                    document.write(j+"  ");
                }
                document.write("<br />");
            }
            for(var i=1;i<=t;i++){
                for(var j=1;j<=i;j++){
                    document.write(j+"  ");
                }
                document.write("<br />");
            }
        }
</script>
```

示例 9 的预期功能：当输入的值大于 6 时，在页面上输出一个倒三角形数字矩阵，例如输入 7 时，输出如图 1.23 所示的倒三角形数字矩阵；当输入的值小于或等于 6 时，在页面上输出倒正三角形数字矩阵，例如输入 3 时，输出如图 1.24 所示的倒正三角形。

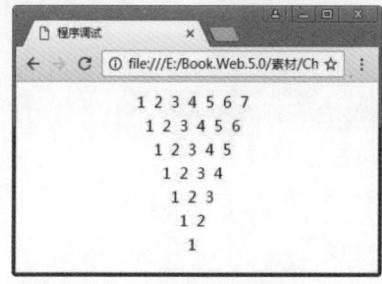

图1.23　倒三角形数字矩阵

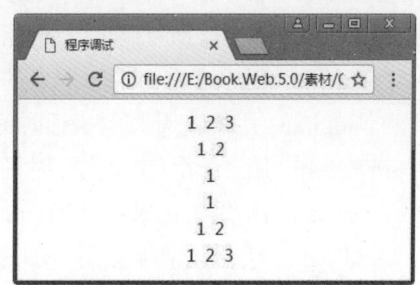

图1.24　倒正三角形数字矩阵

在浏览器中运行示例 9 时，发现未能达到预期的效果，页面空白，并且提示框也没有弹出。下一节使用 Chrome 开发者工具来调试程序，排除程序中的所有错误。

1.4.1 Chrome 开发者工具

Chrome 自带了 JavaScript 调试工具，即 Chrome 开发者调试工具，具有强大的代码调试功能。使用方法是在浏览器中打开网页，按 F12 键即可进入调试界面。下面就以示例 9 的代码为例，介绍如何排除语法错误和逻辑错误。

1. 语法错误的排除

使用 Chrome 浏览器打开示例 9，按 F12 键进入脚本调试界面，如图 1.25 所示。"自动暂停"按钮⑪表示开启运行时错误自动暂停功能，能准确定位出错脚本的位置，供开发人员进一步查找该段代码运行时异常产生的原因；"自动暂停"按钮下方有一个选项：Pause On Caught Exceptions，如果选中，即使发生运行时异常的代码在 try/catch 范围内，Chrome 开发者工具也能够定位到错误处。

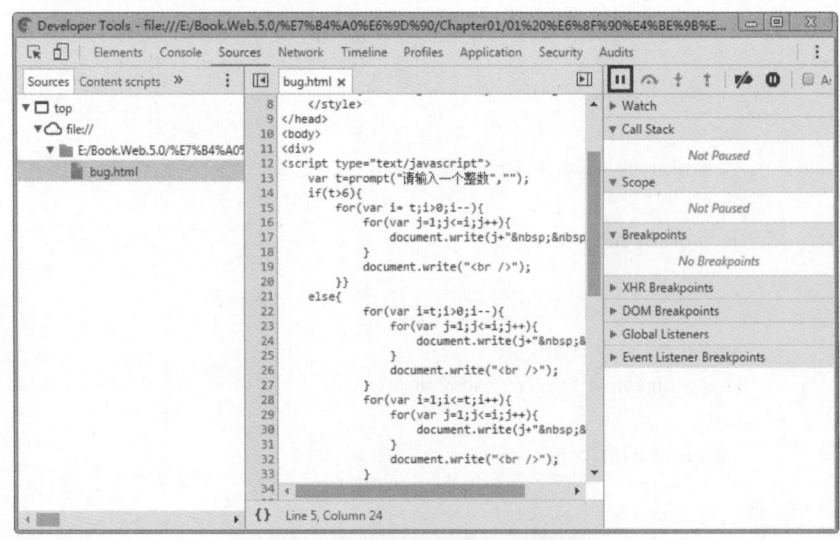

图1.25　Chrome开发者工具调试界面

Chrome 开发者工具常用的八个模块及其功能介绍如下。

- ➢ Elements：用于查看和编辑当前页面中的 HTML 和 CSS 元素。
- ➢ Console：用于显示脚本中输出的调试信息或运行测试脚本等。
- ➢ Sources：用于查看和调试当前页面加载的脚本的源文件。
- ➢ Network：用于查看 HTTP 请求的详细信息，如请求头、响应头及返回内容等。
- ➢ TimeLine：用于查看脚本执行时间、页面元素渲染时间等信息。
- ➢ Profiles：用于查看 CPU 执行时间与内存占用等信息。
- ➢ Application：用于记录网站加载的所有资源信息，包括存储数据。
- ➢ Audits：用于优化前端页面，加速网页加载速度等。

在图 1.25 中，选择 Sources 选项卡，开始调试页面中加载的脚本，按 F5 键显示代码错误，在第 15 行停住，表示此行有错，并且显示错误图标 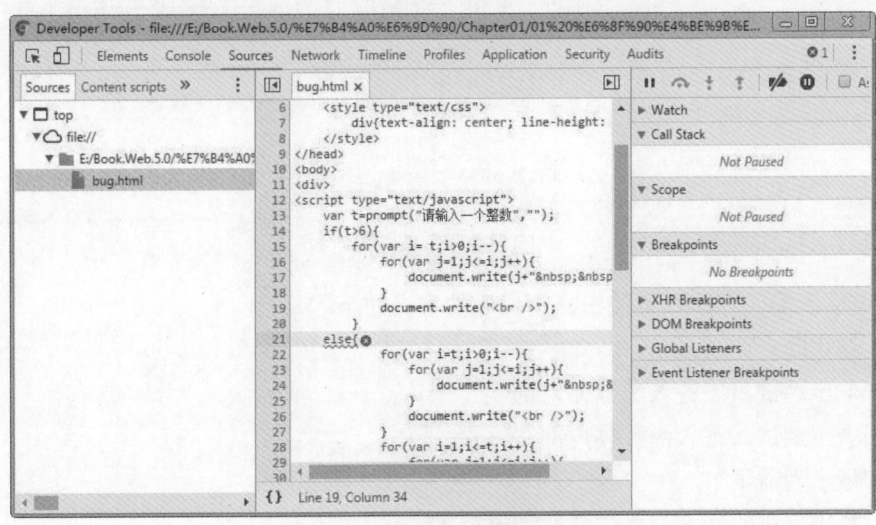，如图 1.26 所示。

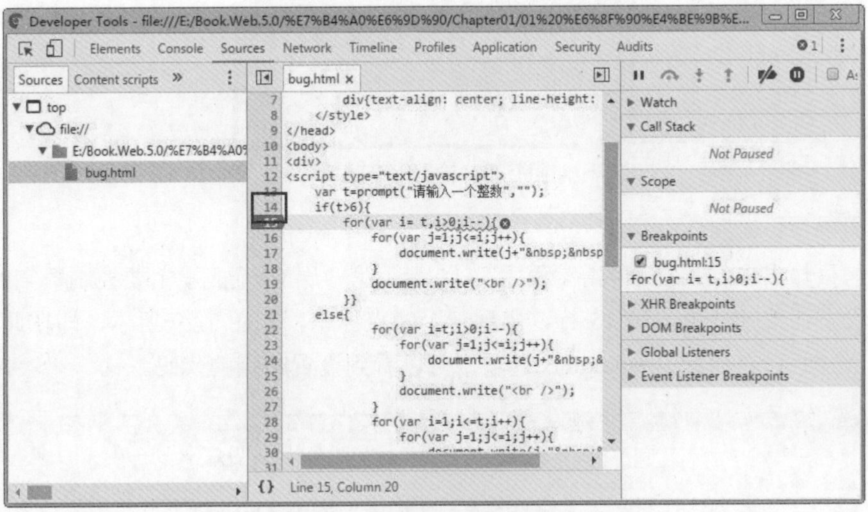

图1.26　代码错误提示（一）

经检查，"i=t" 后的逗号错误，应为分号，修改后此处错误消失，出现如图 1.27 所示的错误，查看第 21 行前后的代码，发现 else 之前少了一个 "}"。

图1.27　代码提示错误（二）

2. 逻辑错误的排除

根据提示依次排除程序中的所有错误，然后重新运行程序。当弹出需要输入数字的输入框时，输入数字 7，此时在页面上输出七个数字，如图 1.28 所示。

按照预想的，应该是输出一个倒三角形，现在却只输出了一部分，这很明显是编写的程序出现了逻辑错误。如何才能排除逻辑错误呢？

Chrome 开发者工具提供了设置断点、单步调试的方式调试程序，下面通过设置断点的方式调试程序。

图1.28　输出七个数字

（1）确定设置断点的位置

当前只输出一行共七个数字，程序第 15 行是第一层 for 循环，主要控制数字的行数，将断点设置在此行。单击第 15 行，出现一个断点标识，如图 1.29 所示，即在此行设置了断点，并且在右面的 Breakpoints 选项中可以看到设置断点的代码。

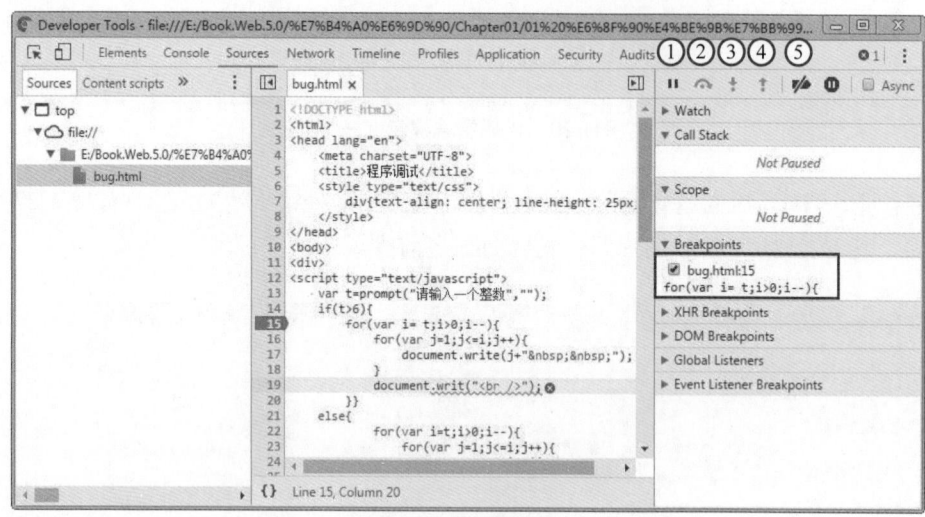

图1.29　设置断点

图中标示①～⑤的五个按钮分别代表的含义如下。

① 停止断点调试。

② 单步调试，不进入函数体内部。

③ 单步调试，进入函数体内部。

④ 跳出当前函数。

⑤ 禁用所有的断点，不做任何调试。

下面进行单步调试，看看代码到底哪里出错了。

（2）单步调试

重新运行程序，并在弹出的输入框中输入 7，当程序运行到第 15 行时停止，如图 1.30 所示。可以看到在页面右侧面板中提供了两个按钮，分别是停止断点调试和单步调试，这里选择单步调试；可以看到程序在第 16 行和第 17 行来回跳转，直到在页面上输出 7 个数字后，停止在第 19 行，如图 1.31 所示，这表示在输出
时出现错误，经分析发现 writ 拼写错误，应为 document.write("<br />")。

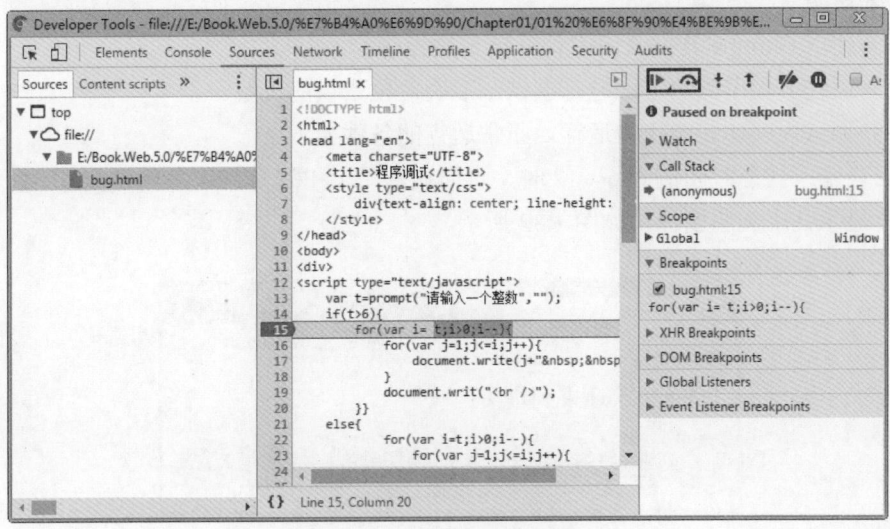

图1.30　程序在断点处停止

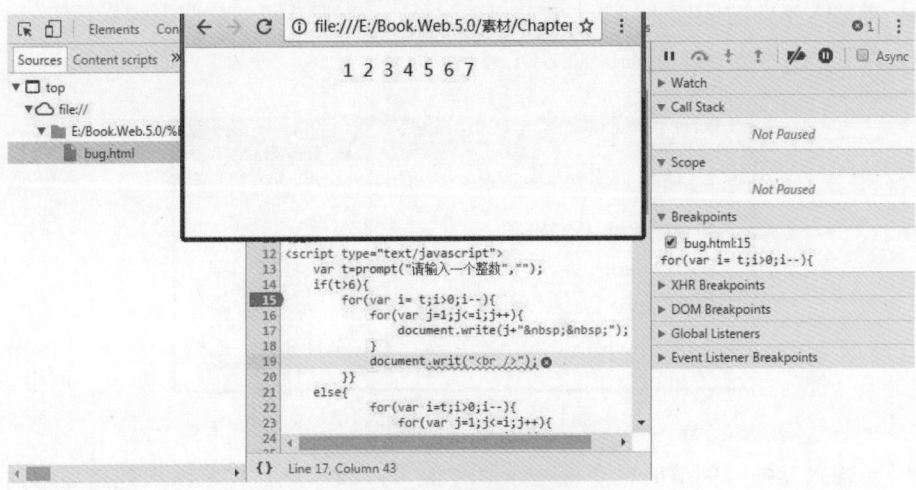

图1.31　变量i被赋值

（3）修改错误

修改程序错误，并重新在浏览器中运行程序，依然输入 7，页面上正确地输出一个倒三角形数字矩阵。现在输入大于 6 可以正确地输出倒三角形数字矩阵，再检查另一种情况，即输入小于或等于 6 的情况，如果有问题就按照以上步骤进行修改，这里就不赘述了。

1.4.2　上机训练

上机练习 2——调试程序

训练要点

➢ 使用 Chrome 开发者工具调试程序。

➢ 会使用 if 条件结构和 for 循环语句编写程序。

需求说明

（1）使用 Chrome 开发者工具调试给定的程序。

（2）通过单步调试的方法进行调试，准确定位错误的位置。

（3）调试程序使其能正常运行，正常运行的条件如下。

➢ 当输入当前时间值为 6～12 时，页面显示"上午好！欢迎来到贵美"，输入几点显示几个笑脸图标，如图 1.32 所示。

图1.32　输入时间值为9

➢ 当输入当前时间值为 13～20 时，页面显示"下午好！欢迎来到贵美"，输入几点显示几个小喇叭图标，如图 1.33 所示。

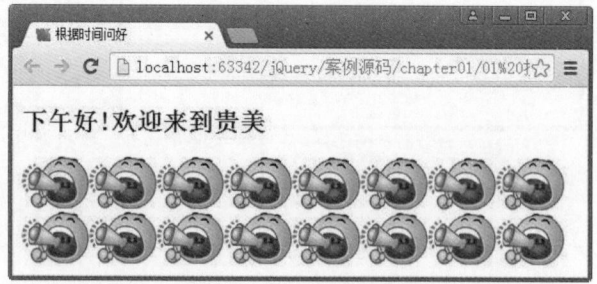

图1.33　输入时间值为16

➢ 当输入其他时间值时，页面显示"夜深了，该休息了！"，输入几点显示几个月亮图标，如图 1.34 所示。

图1.34　输入时间值为5

实现思路及关键代码

（1）使用 Chrome 调试 if 语句和条件设置是否正确。

（2）使用 Chrome 调试 for 循环结构和语法的正确性。

任务 5 掌握 JavaScript 中函数的应用

在 JavaScript 中，函数是执行特定功能的 JavaScript 代码块。但是使用起来更简单，不用定义函数属于哪个类，即不需要用"对象名.方法名( )"的方式调用，直接使用函数名称来调用即可。

JavaScript 中的函数有两种：一种是 JavaScript 自带的系统函数，另一种是用户自行创建的自定义函数。下面来分别学习这两种函数。

1.5.1 系统函数

JavaScript 提供了两个把非数字的原始值转换成数字的函数，即 parseInt( )和 parseFloat( )。另外，还提供了一个检查是否非数字的函数 isNaN( )，通常用于逻辑判断。

1. parseInt( )

parseInt( )函数可解析一个字符串，并返回一个整数，语法格式如下。

parseInt("字符串")

在判断字符串是否为数字之前，parseInt( )和 parseFloat( )都会先分析该字符串。

parseInt( )函数首先查看位置 0 处的字符，判断它是否为一个有效数字，如果不是则返回 NaN，并不再继续执行其他操作。如果该字符是有效数字，则继续查看位置 1 处的字符，进行同样的测试，这一过程将一直持续到发现非有效数字的字符为止，此时 parseInt( )将该字符之前的字符串转换成数字，例如：

```
var num1=parseInt("78.89");        //返回值为 78
var num2=parseInt("4567color");    //返回值为 4567
var num3=parseInt("this36");       //返回值为 NaN
```

下面通过一个示例来掌握 parseInt( )函数的用法。首先使用 prompt( )方法获得两个数，然后使用 parseInt( )函数将这两个数转换为整数，最后相加并输出到页面中，实现代码如示例 10 所示。

示例 10

```
......//省略部分代码
<script type="text/javascript">
    var op1=prompt("请输入第一个数:","");
    var op2=prompt("请输入第二个数:","");
    var p1=parseInt(op1);
    var p2=parseInt(op2);
    var result=p1+p2;
    document.write(p1+"+"+p2+"="+result);
</script>
```

在浏览器中运行上面的代码，在页面中弹出两个需要输入数字的提示框，输入数值后在页面上显示两个数相加的结果，如图 1.35 所示。

图1.35　parseInt( )函数的应用

2．parseFloat( )

parseFloat( )函数可解析一个字符串，并返回一个浮点数，语法格式如下。

parseFloat("字符串")

parseFloat( )函数与 parseInt( )函数的处理方式相似，都是从位置 0 开始查看每个字符，直到找到第一个非有效数字的字符为止，然后把该字符之前的字符串转换为浮点数。

对于 parseFloat( )函数来说，第一个出现的小数点将视为有效字符，如果有两个小数点，第二个小数点将被看作无效。例如：

```
var num1=parseFloat("4567color");      //返回值为 4567
var num1=parseFloat("45.58");          //返回值为 45.58
var num1=parseFloat("45.58.25");       //返回值为 45.58
var num1=parseFloat("color4567");      //返回值为 NaN
```

3．isNaN( )

isNaN( )函数用于检查参数是否为非数字，语法格式如下。

isNaN(x)

如果 x 是特殊的非数字值，则返回 true；否则返回 false。例如：

```
var flag1=isNaN("12.5");        //返回值为 false
var flag2=isNaN("12.5s");       //返回值为 true
var flag3=isNaN(45.8);          //返回值为 false
```

 经验

　　isNaN( )函数通常用于检测 parseFloat( )和 parseInt( )函数的结果，以判断它们是否为合法的数字；也可以用 isNaN( )函数来检测算式是否错误，如用 0 作除数的情况。

1.5.2　定义函数

JavaScript 需要先定义函数，然后才能调用函数。下面学习如何定义及调用函数。

1．定义函数

在 JavaScript 中，自定义函数由关键字 function、函数名、一组参数及置于括号中的待执行的 JavaScript 语句组成，语法格式如下。

```
function 函数名(参数 1,参数 2,参数 3,…){
    //JavaScript 语句;
    [return  返回值]
}
```

➢ function 是定义函数的关键字，必须有。

> 参数 1、参数 2 等是函数的参数。因为 JavaScript 本身是弱类型，所以它的参数也没有类型检查和类型限定。函数中的参数是可选的，根据函数是否带参数，可分为不带参数的无参函数和带参数的有参函数。例如，无参函数：

```
function 函数名( ){
    //JavaScript 语句;
}
```

> "{"和"}"定义了函数的开始和结束。
> return 语句用来规定函数的返回值。

2.　调用函数

要执行一个函数，必须先调用这个函数，当调用函数时，必须指定函数名及参数（如果有参数）。函数的调用一般和元素的事件结合使用，语法格式如下。

事件名="函数名( )";

下面通过示例 11 和示例 12 来学习如何定义和调用函数。

示例 11

```
......//省略部分代码
<body>
<input name="btn" type="button" value="显示 5 次欢迎学习 JavaScript" onclick=
    "study( )" />
<script type="text/javascript">
    function study( ){
        for(var i=0;i<5;i++){
            document.write("<h4>欢迎学习 JavaScript</h4>");
        }
    }
</script>
</body>
```

study( )是创建的无参函数，onclick 表示按钮的单击事件，当单击按钮时调用函数 study( )。

在浏览器中运行示例 11，如图 1.36 所示，单击"显示 5 次欢迎学习 JavaScript"按钮，调用无参函数 study( )，在页面中循环输出五行"欢迎学习 JavaScript"。

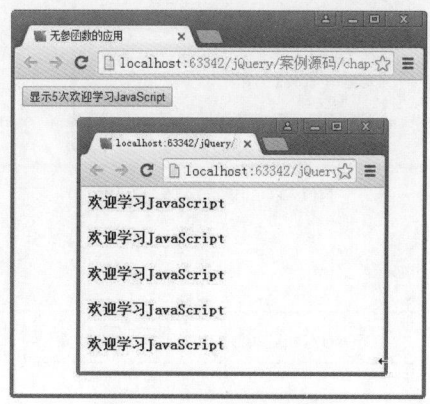

图1.36　调用无参函数

在示例 11 中使用的是无参函数，运行一次，页面只能输出五行"欢迎学习 JavaScript"。如果需要根据用户的要求每次输出不同行数，该怎么办呢？有参函数可以实现这样的功能。

下面修改示例 11，把函数 study( )修改成一个有参函数，使用 prompt( )提示用户输入"欢迎学习 JavaScript"的输出行数，然后将 prompt( )方法的返回值作为参数传递给函数 study( )。

示例 12

```
......//省略部分代码
<body>
<input name="btn" type="button" value="请输入显示欢迎学习 JavaScript 的次数" onclick=
    "study(prompt('请输入显示欢迎学习 JavaScript 的次数:',"))" />
<script type="text/javascript">
    function study(count){
        for(var i=0;i<count;i++){
            document.write("<h4>欢迎学习 JavaScript</h4>");
        }
    }
</script>
</body>
```

count 表示传递的参数，不需要定义数据类型，将 prompt( )方法的返回值作为参数传递给函数 study(count)。

在浏览器中运行示例 12，单击页面上的按钮，弹出提示用户输入显示"欢迎学习 JavaScript"次数的对话框，用户输入值后，根据用户输入在页面上输出"欢迎学习 JavaScript"，如图 1.37 所示。

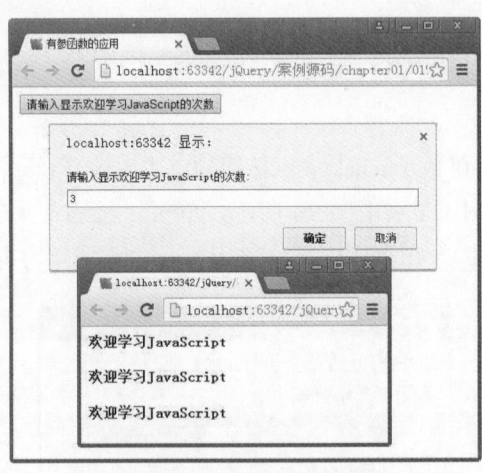

图1.37　调用有效函数

1.5.3　上机训练

上机练习 3——编写一个带两个变量和一个运算符的四则运算函数

需求说明

（1）单击页面上的按钮，调用函数，使用 prompt( )方法获取两个变量的值和一个运算符，如图 1.38 所示。

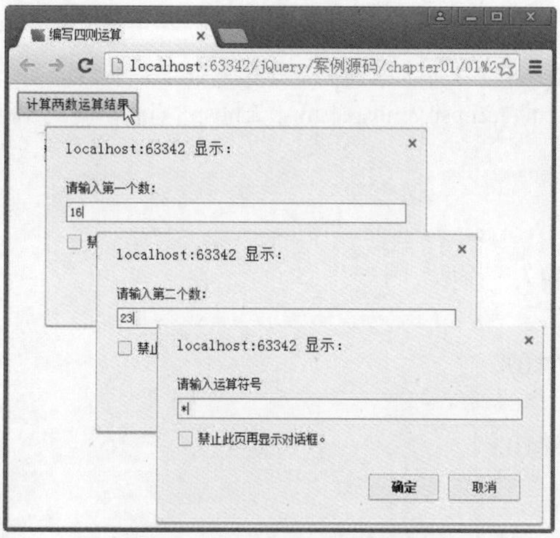

图1.38　输入数值和运算符

（2）运算结果使用 alert( )方法显示出来，如图 1.39 所示。

图1.39　显示两数的运算结果

（3）使用 switch 结构判断获取的运算符号。

1.5.4　变量作用域

在 JavaScript 中，根据变量作用域范围的不同，可分为全局变量和局部变量。

全局变量是在所有函数之外的脚本中声明的变量，作用范围是该变量定义后的所有语句，包括其后定义的函数中的代码，以及其后的<script>与</script>标签中的代码，如示例 13 代码中声明的变量 i(var i=20;)。

局部变量是在函数内声明的变量，如示例 13 代码中 first( )函数中声明的变量 i（var i=5;)，只有在该函数中且位于该变量之后的代码中才可以使用这个变量，如果在之后的其他函数中也声明了与这个局部变量同名的变量，则后声明的变量与这个局部变量毫无关系。

请使用断点调试的方式运行示例 13，分析全局变量和局部变量的作用域。

示例 13

```
......//省略部分代码
<body onload="second( )">
<script type="text/javascript">
```

```
        var i=20;
        function first( ){
            var i=5;
            for(var j=0;j<i;j++){
                document.write("    "+j);
            }
        }
        function second( ){
            var t=prompt("输入一个数","")
            if(t>i)
                document.write(t);
            else
                document.write(i);
            first( );
        }
    </script>
    </body>
```

运行示例 13，在 prompt( )方法弹出的输入框中输入 67，单击"确定"按钮，运行结果如图 1.40 所示。

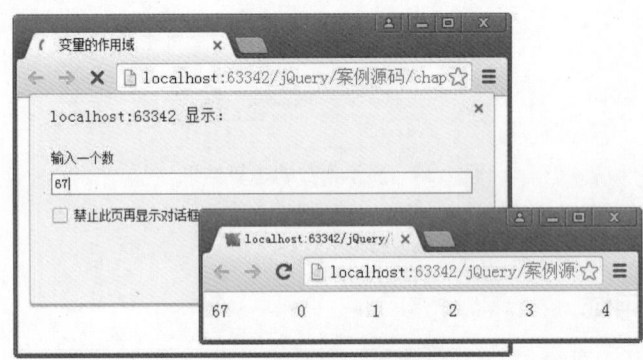

图1.40　变量的作用域

这里使用了 onload 事件，onload 事件会在页面加载完成时立即发生。将断点设置在"var i=20;"这一行，单步调试。先执行 var i=20，设置 i 为全局变量，再运行 onload 事件调用 second( )函数，在函数中，因为输入的值 67 大于 20，所以执行 if 语句，即在页面中输出 67。然后执行函数 first( )，在函数中，声明 i 为局部变量，它只作用于函数 first( )，for 循环输出了 0、1、2、3、4。

1.5.5　页面中的事件

前面已经接触了事件，那么什么是事件呢？事件在 JavaScript 中的作用又是什么呢？

事件是使用 JavaScript 实现网页特效的灵魂，当与浏览器交互的时候浏览器会触发各种事件，来完成网页中的各种特效，常见的事件如表 1-4 所示。

表 1-4　常见的事件

名　　称	说　　明
onload	一个页面或一幅图像完成加载
onlick	鼠标单击某个对象
onmouseover	鼠标指针移到某个元素上
onkeydown	某个键盘按键被按下
onchange	域的内容被改变

在 JavaScript 中，事件通常用于处理函数，如示例 12 中单击按钮触发的 onclick 事件调用函数在页面输出内容。示例 13 中，加载页面时触发的 onload 事件，以及注册、登录时单击按钮验证输入内容的合法性，在线通过全屏来观看视频等功能都是通过事件来触发函数实现的各种各样炫酷页面效果。

1.5.6　上机训练

上机练习 4——统计考试科目的成绩

需求说明

（1）使用 prompt( )方法输入考试科目的数量，要求必须非零、非负数，否则给出相应提示并退出程序，如图 1.41 和图 1.42 所示。

（2）单击"确定"按钮调用函数，统计考试成绩。

图1.41　输入不正确的科目数量　　　　图1.42　输入不正确科目数量的提示信息

（3）根据考试科目的数量，使用 prompt( )方法输入各科的考试成绩并累加，要求成绩必须为非负数，否则给出相应提示并退出程序，如图 1.43 和图 1.44 所示。

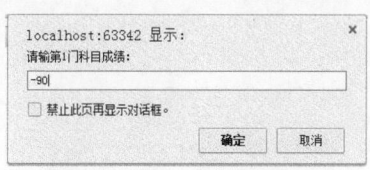

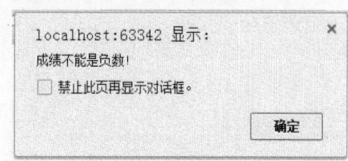

图1.43　输入不正确的成绩　　　　　图1.44　输入不正确成绩后的提示信息

（4）如果各项输入正确，则输出科目总成绩，如图 1.45 所示。

图1.45　科目总成绩

本章作业

一、选择题

1. 以下（　　）变量名是非法的。

　　A．num_1　　　　B．2_num　　　C．sum　　　D．de2$f

2. 下列语句中，（　　）语句根据表达式的值进行匹配，然后执行其中的一个语句块。如果找不到匹配项，则执行默认语句块。

　　A．switch　　　　B．if-else　　　C．for　　　D．字符串运算符

3. 在 JavaScript 中，运行以下代码后的返回值是（　　）。

```
var flag=true;
document.write(typeof(flag));
```

　　A．undefined　　　B．null　　　C．number　　D．boolean

4. 下面的代码（　　）能在页面中弹出如图 1.46 所示的提示框，并且输入框中默认无任何内容。

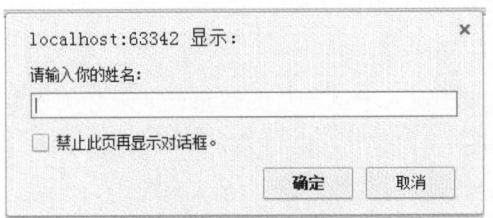

图1.46　提示框

　　A．prompt（"请输入你的姓名："）;

　　B．alert（"请输入你的姓名："）;

　　C．prompt（"请输入你的姓名：",""）;

　　D．alert（"请输入你的姓名：",""）;

5. 在 JavaScript 中，运行以下代码后，sum 的值是（　　）。

```
var sum=0;
for(i=1;i<10;i++){
    if(i%5==0)
        break;
    sum=sum+i;
}
```

　　A．40　　　　　B．50　　　　　C．5　　　　D．10

二、简答题

1. 简述 JavaScript 的执行原理。

2. 简述 JavaScript 的组成及各部分的作用。

3. 使用 JavaScript 输出如图 1.47 所示的倒正金字塔直线。

图1.47　打印倒正金字塔直线

4. 验证邮箱地址的有效性，要求如下。

➢ 定义一个有参函数来验证邮箱地址的有效性。

➢ 使用 prompt( )方法输入邮箱地址，默认值是 susan@sohu.com，如图 1.48 所示。

➢ 邮箱地址输入正确，给出如图 1.49 所示的提示。

图1.48　正确的邮箱地址　　　　图1.49　邮箱地址正确的提示

➢ 正确的邮箱地址必须包含"@"和"."，输入不正确的提示如图 1.50 所示。

➢ 邮箱地址为空的提示如图 1.51 所示。

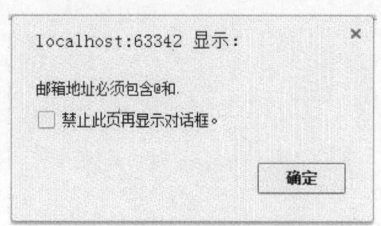
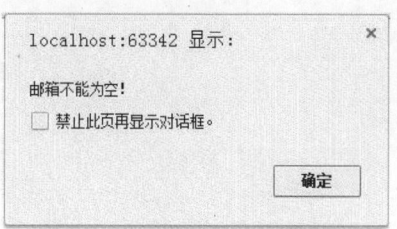

图1.50　邮箱地址不正确的提示　　　　图1.51　邮箱地址为空的提示

5. 使用 prompt( )方法在页面中弹出提示框，根据用户输入的不同，弹出不同的信息提示框，要求使用函数实现，具体要求如下。

➢ 输入"星期一"时，弹出"新的一周开始了"。

➢ 输入"星期二""星期三""星期四"时，弹出"努力工作"。

➢ 输入"星期五"时，弹出"明天就是周末了"。

➢ 输入其他内容，如图 1.52 所示，弹出"放松的休息"，如图 1.53 所示。

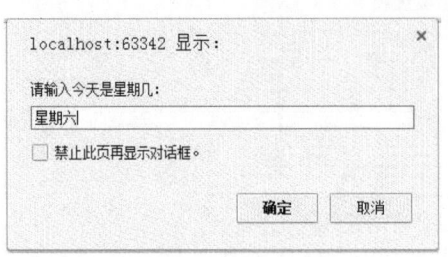

图1.52　输入信息

图1.53　弹出提示框

说明

为了方便读者验证作业答案，提升专业技能，请扫描二维码获取本章作业答案。

第 2 章

JavaScript 中的 BOM 对象操作

任务 1: 了解 BOM 及构成
任务 2: 掌握 history 对象和 location 对象的使用
任务 3: 掌握 document 对象的使用
任务 4: 掌握系统函数的应用

❖ 掌握 getElementById( )的使用方法
❖ 掌握 getElementsByName( )的使用方法
❖ 掌握 getElementsByTagName( )的使用方法
❖ 熟练使用定时函数和 Date 对象制作时钟特效

BOM 中包含 Windows、document、location 和 history 等。学习本章知识，将锻炼读者对理论知识的学习和分析能力，培养读者积极探索的求知精神。

本章知识梳理

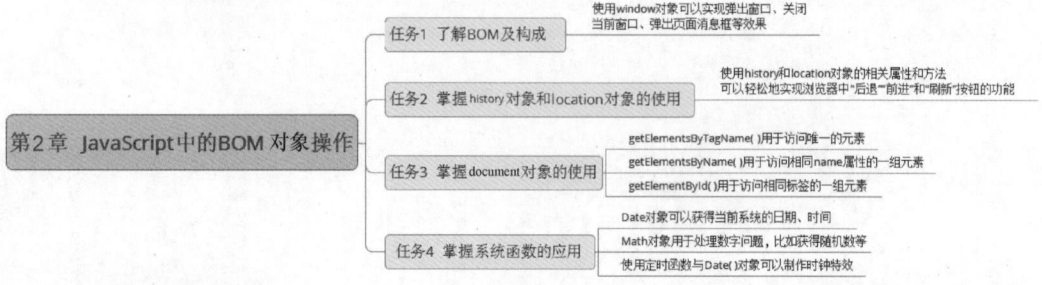

本章简介

第 1 章学习了 JavaScript 的主要作用，JavaScript 的基本语法、函数、事件等，还学习了在网页引入 JavaScript 的三种方式，并通过编写 JavaScript 程序实现了一些简单的效果。

本章开始讲解与 BOM 相关的一些对象，包括 window、document、location 和 history 等，同时还要使用 Date 对象和常用的定时函数来制作时钟特效。

预习作业

1．简答题

（1）使用 JavaScript 中的哪个方法可以在页面中打印出对应的时间？

（2）如何修改当前浏览器地址？

2．编码题

使用 Date 对象、定时函数实现时钟特效，要求如下。

（1）在页面中显示当前时间，格式：17 时 28 分 39 秒。

（2）显示的时钟会根据时间的变化不断改变。

任务 1　了解 BOM 及构成

2.1.1　认识 BOM

BOM 是浏览器对象模型（Browser Object Model）的简称，是 JavaScript 的组件之一，用来控制浏览器的各种操作。BOM 提供了独立于内容的、可以与浏览器窗口交互的一系列对象，这些对象可以分别对浏览器进行不同的交互操作，主要功能如下。

➢ 弹出新的浏览器窗口

➢ 移动、关闭浏览器窗口及调整窗口大小

➢ 实现页面的前进和后退功能

➢ 提供显示 Web 浏览器详细信息的导航对象

> ➢ 提供显示用户屏幕分辨率详细信息的屏幕对象
> ➢ 支持 Cookies

由于 BOM 还没有统一的标准，导致每种浏览器都有自己对 BOM 的实现方式，W3C 组织目前正在致力于促进 BOM 的标准化。

BOM 最直接的作用是将相关的元素组织和包装起来，提供给程序设计人员使用，从而减少开发人员的代码编写量，提高他们设计 Web 页面的能力。BOM 是一个分层结构，如图 2.1 所示。

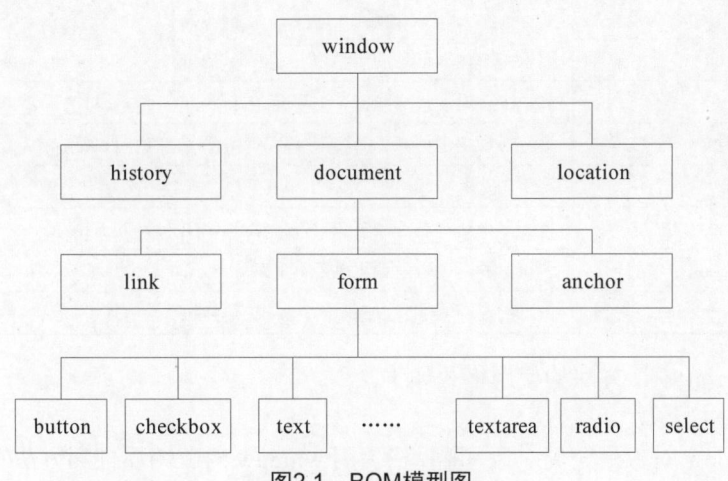

图2.1　BOM模型图

接下来，就来详细地介绍各个 BOM 核心对象的用法。

从图 2.1 可以看出，window 对象是整个 BOM 的核心，在浏览器中打开网页后，首先看到的就是浏览器窗口，即顶层的 window 对象；其次是网页文档内容，即 document（文档），包括超链接（link）、表单（form）、锚（anchor）等，表单由文本框（text）、单选按钮（radio）、按钮（button）等表单元素组成。除了 document 对象外，window 对象之下还有两个对象：地址对象（location）和历史对象（history），它们分别对应于 IE 中的地址栏和前进/后退按钮，利用这些对象的方法，可以实现类似的功能。

2.1.2　浏览器对象

window 对象也称浏览器对象。当在浏览器中打开一个 HTML 文档时，通常会创建一个 window 对象。如果文档定义了一个或多个框架，浏览器将为原始文档创建一个 window 对象，同时为每个框架创建一个 window 对象。下面就来学习 window 对象的常用属性和方法。

1. 常用属性

window 对象的常用属性如表 2-1 所示。

表 2-1　window 对象的常用属性

名　　称	说　　明
history	有关用户访问过的 URL 的信息
location	有关当前 URL 的信息

在 JavaScript 中，属性的使用格式如下。

window.属性名="属性值"

例如，window.location="http://www.sohu.com"；表示跳转到 sohu 主页。

这两个常用属性就是前面提到的 BOM 模型中的对象，后面会详细介绍。

2. 常用方法

window 对象的常用方法如表 2-2 所示。

表 2-2　window 对象的常用方法

名　　称	说　　明
prompt( )	提示用户输入信息的对话框
alert( )	显示带有提示信息和一个"确定"按钮的警示对话框
confirm( )	显示带有提示信息、"确定"和"取消"按钮的对话框
close( )	关闭浏览器窗口
open( )	打开一个新的浏览器窗口，加载给定 URL 指定的文档
setTimeout( )	在指定的毫秒数后调用函数或计算表达式
setInterval( )	按照指定的周期（以毫秒计）来调用函数或表达式

在 JavaScript 中，方法的使用格式如下。

window.方法名();

因为 window 对象是全局对象，所以在使用 window 对象的属性和方法时，可以省略 window。例如，之前直接使用的 alert( )，完整的写法是 window.alert( )。

在此之前已经学习了 prompt( )方法和 alert( )方法的使用，接下来学习一下 confirm( )方法、close( )方法、open( )方法的使用，setTimeout ( )和 setInterval( )方法的使用会在后面的章节中讲到。

（1）confirm( )

confirm( )方法将弹出一个确认框，语法格式如下。

window.confirm("对话框中显示的纯文本");

例如，window.confirm("确认要删除此条信息吗？")；，在页面上弹出如图 2.2 所示的确认框。

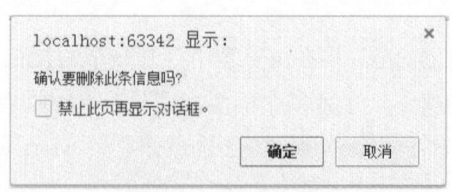

图2.2　弹出确认框

在 confirm( )方法弹出的确认框中，有一条提示信息、一个"确定"按钮和一个"取消"按钮。如果单击"确定"按钮，则 confirm( )返回 true；如果单击"取消"按钮，则 confirm( )返回 false。

在用户单击"确定"按钮或"取消"按钮将对话框关闭之前，将阻止用户对浏览器的所有操作。也就是说，当调用 confirm( ) 方法时，在用户做出应答（单击按钮或关闭对话框）之前，不会执行下一条语句，如示例 1 所示。

示例 1

```
......//省略部分代码
<body>
    <script type="text/javascript">
    var flag=confirm("确认要删除此条信息吗?");
    if(flag==true){
        alert("删除成功!");
    }else{
        alert("你取消了删除");
    }
</script>
</body>
......//省略部分代码
```

在浏览器中运行示例 1，如果单击"确定"按钮，则弹出如图 2.3 所示的对话框；如果单击"取消"按钮，则弹出如图 2.4 所示的对话框。

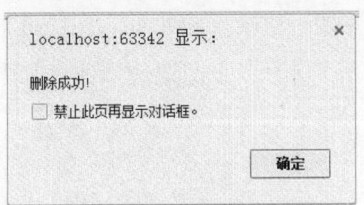

图2.3　单击"确定"按钮

图2.4　单击"取消"按钮

之前已经学习了 prompt( ) 方法和 alert( ) 方法的用法，与 confirm( ) 方法相比，它们都是在页面上弹出对话框，作用却不相同。

➢ alert( ) 方法只有一个参数，仅显示警告框的消息，无返回值，不能对脚本产生任何改变。

➢ prompt( ) 方法有两个参数，显示提示框，用来提示用户输入一些信息，单击"取消"按钮，则返回 null，单击"确定"按钮，则返回用户输入的值，常用于收集用户关于特定问题反馈的信息。

➢ confirm( ) 方法只有一个参数，显示确认框，包括提示消息、"确定"按钮和"取消"按钮，单击"确定"按钮返回 true，单击"取消"按钮返回 false，常与 if-else 语句搭配使用。

（2）close( )

close( ) 方法用于关闭浏览器窗口，语法格式如下。

```
window.close();
```

（3）open( )

open( ) 方法用于在页面上弹出一个新的浏览器窗口，语法格式如下。

```
window.open("弹出窗口的 url","窗口名称","窗口特征")
```

窗口的特征属性如表 2-3 所示。

表 2-3　窗口的特征属性

名　称	说　明
height、width	窗口文档显示区的高度、宽度，以像素计
left、top	窗口的 x 坐标、y 坐标，以像素计
toolbar=yes | no |1 | 0	是否显示浏览器的工具栏，默认是 yes
scrollbars=yes | no |1 | 0	是否显示滚动条，默认是 yes
location=yes | no | 1 | 0	是否显示地址栏，默认是 yes
status=yes | no |1 | 0	是否添加状态栏，默认是 yes
menubar=yes | no | 1 | 0	是否显示菜单栏，默认是 yes
resizable=yes | no |1 | 0	窗口是否可调节尺寸，默认是 yes
titlebar=yes | no | 1 | 0	是否显示标题栏，默认是 yes
fullscreen=yes | no |1 | 0	是否使用全屏模式显示浏览器，默认是 no

通常在打开一个网页时会弹出广告页面或网站的信息声明页面等，并且很多网站的页面中都有关闭当前窗口的按钮，这些都是使用 open( )方法和 close( )方法实现的，但是各浏览器对窗口的特征属性参数的支持存在巨大差异，使用时需要小心，这里不讲解浏览器的兼容性，有兴趣的读者可以查阅相关资料进行学习。下面通过示例 2 来了解一下 open( )方法和 close( )方法的应用。

示例 2

```
<html>
    <head>
        <meta http-equiv="Content-Type" content="text/html; charset=gb2312" />
        <title>window 对象操作窗口</title>
        <script type="text/javascript">
            /*弹出窗口*/
            function open_adv(){
                window.open("adv.html");
            }
            /*弹出固定大小窗口,并且无菜单栏等*/
            function open_fix_adv(){
                window.open("adv.html","","height=380,width=320,toolbar=0,scrollbars=0,
                location=0, status=0, menubar=0,resizable=0");
            }
            /*全屏显示*/
            function fullscreen(){
                window.open("plan.html","","fullscreen=yes");
            }
            /*弹出确认消息对话框*/
            function confirm_msg(){
                if(confirm("你相信自己是最棒的吗?")){
```

```
                    alert("有信心必定会赢,没信心一定会输!");
                }
            }
            /*关闭窗口*/
            function close_plan(){
                window.close();
            }
        </script>
    </head>
    <body>
        <form action="" method="post">
            <p><input name="open1" type="button" value="弹出窗口" onclick= "open_adv()" /></p>
            <p><input  name="open2"  type="button"  value="弹出固定大小窗口,且无菜单栏等
"onclick="open_fix_adv()"/></p>
            <p><input name="full" type="button" value="全屏显示" onclick= "fullscreen()" /></p>
            <p><input name="con" type="button" value="打开确认窗口" onclick= "confirm_msg()" /></p>
            <p><input name="c" type="button" value="关闭窗口" onclick= "close_plan()" /></p>
        </form>
    </body>
</html>
```

示例 2 将 window 对象的事件、方法与前面学习的函数结合起来,实现了弹出窗口、全屏显示页面、打开确认窗口和关闭窗口等功能。

首先创建不同的函数实现各个功能,然后通过各个按钮的单击事件来调用对应的函数,实现弹出窗口、全屏显示等功能。在浏览器中运行示例 2,运行结果如图 2.5 所示。

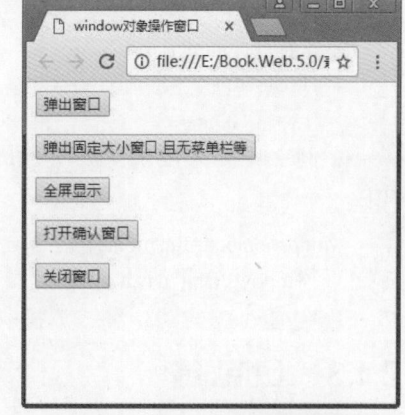

图2.5　window对象操作窗口

> 单击"弹出窗口"按钮,调用 open_adv() 函数,这个函数会调用 window.open()方法弹出新窗口,显示广告页面(已预先保存,名称为 adv.html)。由于 open()方法只设定了打开窗口的页面,没有对窗口名称和窗口特征进行设置,因此弹出的窗口和通常使用浏览器时弹出的窗口一样。

> 单击"弹出固定大小窗口,且无菜单栏等"按钮,同样调用了 open()方法,但是此方法对弹出窗口的大小,是否有菜单栏、地址栏等进行了设置,即弹出的窗口大小固定,不能改变窗口大小,没有地址栏、菜单栏、工具栏等,如图 2.6 所示。

> 单击"全屏显示"按钮,调用了 open()方法,设置全屏显示的页面是 plan.html,fullscreen 的值设置为 yes,即以全屏模式显示浏览器。

> 单击"打开确认窗口"按钮,调用了 confirm_msg()函数,在这个函数中使用了 if-else 语句,并且把 confirm()方法的返回值作为 if-else 语句的表达式进行判断,

在 confirm() 弹出的确认框中，当单击"确定"按钮时，使用 alert() 方法弹出一个警告框，否则什么也不显示。

图2.6　弹出窗口

➢ 单击"关闭窗口"按钮，调用 close() 方法，关闭当前窗口。

从示例 2 中可以看到，都是通过按钮的单击事件调用函数代码的。实际上，如果一个函数只调用一次，并且是加载页面时直接调用，则可以使用网上常用的匿名函数的方式实现，语法格式如下。

```
事件名=function(){
    //JavaScript 代码;
}
```

示例 2 中如果要求打开页面即弹出广告窗口，则可把函数 open_adv() 修改为如下代码。

```
window.onload=function(){
    window.open("adv.html");
}
```

2.1.3　上机训练

上机练习 1——制作简易的购物车页面

训练要点

➢ 使用 close( ) 方法关闭窗口。

➢ 使用 confirm( ) 方法进行信息确认。

➢ 使用 alert( ) 方法提示信息。

需求说明

购物车页面如图 2.7 所示。

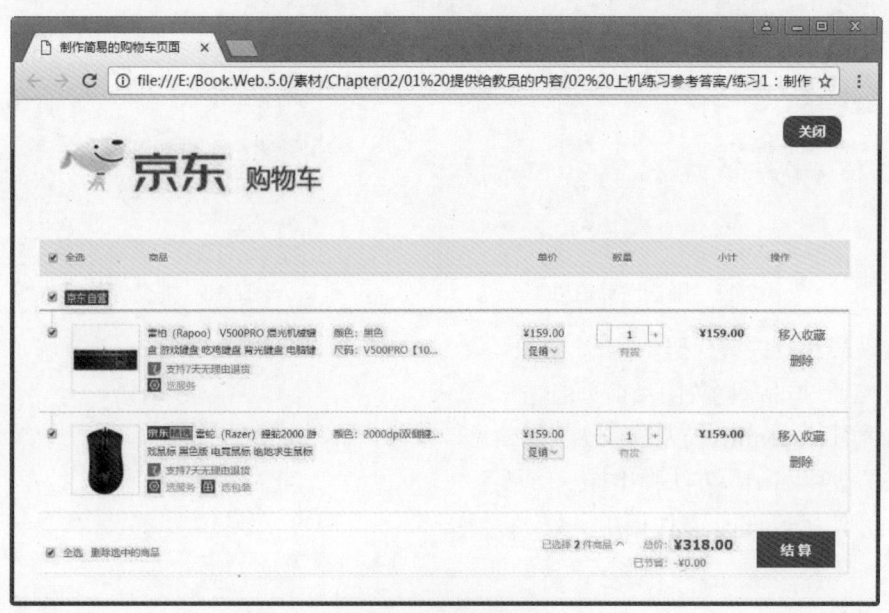

图2.7　购物车页面

（1）单击"关闭"按钮时，关闭当前页面。

（2）单击商品右侧的"移入收藏"链接，弹出提示信息"移入收藏后，将不在购物车显示，是否继续操作?"，如图 2.8 所示；单击"确定"按钮，弹出"移入收藏成功!"提示框，如图 2.9 所示。

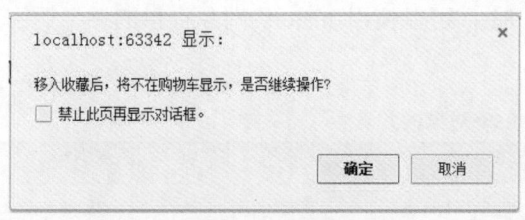

图2.8　确认收藏

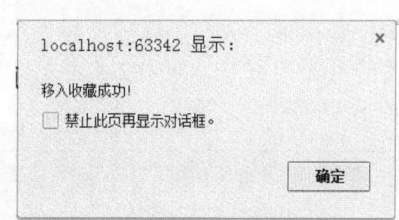

图2.9　收藏成功

（3）单击商品右侧的"删除"链接，弹出提示信息"您确定要删除商品吗?"，如图 2.10 所示；单击"确定"按钮，弹出"删除成功!"提示框，如图 2.11 所示。

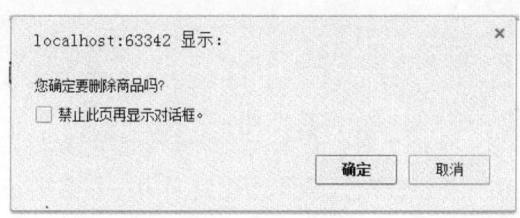

图2.10　确认删除

图2.11　删除成功

（4）单击"结算"按钮，弹出结算信息页面，如图 2.12 所示；单击"确定"按钮，弹出订单提交成功提示页面，如图 2.13 所示。

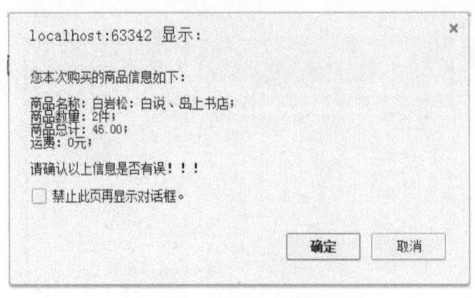

图2.12　确认结算信息

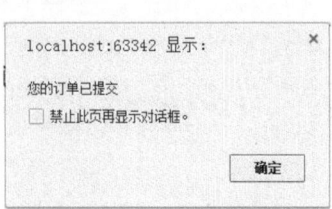

图2.13　提交订单成功

实现思路及关键代码

（1）通过 close( )关闭当前页面。

（2）使用 confirm( )方法确认提示信息，使用"\n"换行显示。

（3）使用 alert( )方法弹出提示信息。

（4）使用 onclick 事件调用函数。

任务 2 掌握 history 对象和 location 对象的使用

2.2.1　history 对象

history 对象提供用户最近浏览过的 URL 列表。但出于隐私方面的考虑，history 对象不再允许脚本访问已经访问过的实际 URL，可以使用 history 对象提供的逐个返回访问过的页面的方法，如表 2-4 所示。

表 2-4　**history 对象的方法**

名　　称	描　　述
back( )	加载 history 对象列表中的前一个 URL
forward( )	加载 history 对象列表中的后一个 URL
go( )	加载 history 对象列表中的某个具体 URL

➤ back( )方法会让浏览器加载前一个浏览过的文档，history.back( )等效于浏览器中的"后退"按钮。

➤ forward( )方法会让浏览器加载后一个浏览过的文档，history.forward( )等效于浏览器中的"前进"按钮。

➤ go(n)方法中的 n 是一个具体的数字，当 n>0 时，载入历史列表中往前数的第 n 个页面；当 n=0 时，载入当前页面；当 n<0 时，载入历史列表中往后数的第 n 个页面。例如：

◆ history.go(1)代表前进 1 页，相当于浏览器中的"前进"按钮，等价于 forward( )方法。

◆ history.go(-1)代表后退 1 页，相当于浏览器中的"后退"按钮，等价于 back( )方法。

2.2.2　location 对象

location 对象提供当前页面的 URL 信息,可以重新载入当前页面或载入新页面。表 2-5 和表 2-6 列出了 location 对象的属性和方法。

表 2-5　location 对象的属性

名　　称	描　　述
host	设置或返回主机名和当前 URL 的端口号
hostname	设置或返回当前 URL 的主机名
href	设置或返回完整的 URL

表 2-6　location 对象的方法

名　　称	描　　述
reload( )	重新加载当前文档
replace( )	用新的文档替换当前文档

location 对象常用的属性是 href,通过为其设置不同的网址,可以实现跳转功能。下面通过示例 3 来学习如何使用 JavaScript 实现跳转功能。在示例 3 中,main.html 页面显示鲜花介绍,实现跳转到查看鲜花详细情况页面和刷新本页面的功能,flower.html 页面可以查看鲜花的详细情况,并提供返回主页面的链接。

示例 3

main.html 页面的代码如下。

```
......//省略部分代码
<body>
<img src="images/flow.jpg" alt="鲜花" /><br />
<a href="javascript:location.href='flower.html'">查看鲜花详情</a>
<a href="javascript:location.reload()">刷新本页</a>
</body>
```

flower.html 页面的代码如下。

```
......//省略部分代码
<body>
<img src="images/flow.jpg" />
<p style="text-align:right;"><a href="javascript:history.back()">返回主页面</a></p>
<p>服务提示:</p>非节日期间,可指定时间段送达;并且……<br />
......//省略部分代码
</body>
```

在浏览器中运行示例 3,在 main.html 页面中单击"刷新本页"链接,可通过 location 对象的 reload( )方法刷新本页;单击"查看鲜花详情"链接,如图 2.14 所示,可通过 location 对象的 href 属性跳转到 flower.html 页面,如图 2.15 所示;在 flower.html 页面中单击"返回主页面"链接,可通过 history 对象的 back( )方法跳转到主页面。

图2.14 location和history对象的使用效果图（一）

图2.15 location和history对象的使用效果图（二）

在示例 3 中使用 location.href="url"实现页面跳转，也可省略 href，直接使用 location="url"实现页面跳转。之前曾使用<a href="url">的方式实现页面跳转，但是这种方式只能跳转到固定的页面，而使用 location 对象的 href 属性可以动态地改变链接的页面。

2.2.3 上机训练

上机练习 2——查看一年四季的变化

需求说明

制作查看一年四季变化的主页面，要求本页面实现刷新功能，如图 2.16 所示。

图2.16 查看一年四季页面

（1）单击主页面中不同的链接进入对应的季节介绍页面，如图 2.17 所示。

图2.17　季节介绍页面

（2）在季节介绍页面，单击不同的页面链接进入对应的页面，单击"后退"或"前进"链接，显示访问过的前一个页面或后一个页面的内容。

（3）使用 reload( )方法实现页面的自动刷新，使用 location 对象的 href 属性实现页面间的跳转，使用 back( )方法、forward( )方法或 go( )方法实现页面的前进和后退。

任务 3　掌握 document 对象的使用

2.3.1　document 对象

document 对象既是 window 对象的一部分，又代表了整个 HTML 文档，可用来访问页面中的所有元素。在使用 document 对象时，除了要适用于各浏览器外，也要符合 W3C（万维网联盟）的标准。

本节主要学习 document 对象的常用属性和方法，下面首先学习 document 对象的常用属性。

1．常用属性

document 对象的常用属性如表 2-7 所示。

表 2-7　document 对象的常用属性

属　　性	描　　述
referrer	返回载入当前文档的 URL
URL	返回当前文档的 URL

referrer 的语法格式如下。

document.referrer

当前文档如果不是通过超链接访问的，则 document.referrer 的值为 null。

URL 的语法格式如下。

document.URL

上网浏览某个页面时，如果不是由指定的页面进入，系统将会提醒不能浏览本页面或者直接跳转到其他页面，这样的功能实际上就是通过 referrer 属性来实现的。下面通过示例 4 来学习 referrer 的用法。

示例 4

index.html 的关键代码如下所示。

```
......//省略部分代码
<body>
<div class="prize">
    <img src="images/d1.jpg" alt="中奖" />
    <h1><a href="praise.html">马上去领奖啦！</a></h1>
</div>
 </body>
</html>
```

在 index.html 中单击"马上去领奖啦!"链接，进入 praise.html 页面，如图 2.18 所示。

图2.18　index.html页面

在 praise.html 页面中使用 referrer 属性获得链接进入本页面的页面地址，然后判断是否从领奖页面进入，如果不是，则页面自动跳转到登录页面（login.html）。praise.html 的关键代码如下所示。

```
......//省略部分代码
<script type="text/javascript">
    var preUrl=document.referrer;    //载入本页面的 URL 地址
    if(preUrl==""){
        document.write("<h2>您不是从领奖页面进入，5 秒后将自动跳转到登录页面</h2>");
        setTimeout("location.href='login.html'",5000);//使用 setTimeout 延迟 5 秒后自动跳转
    }
    else{
        document.write("<h2>大奖赶快拿啦！笔记本！数码相机！</h2>");
    }
</script>
</body>
</html>
```

⚠️ **注意**

　　在 praise.html 页面的关键代码中使用的 setTimeout( )是定时函数，具体用法将在后面学习，在这里只需要知道它的作用是延迟 5 秒后自动跳转到 login.html 即可。

如果上述页面直接在本地运行，则无论是否从本页面进入，referrer 获取的地址都将是一个空字符串，因此需要在服务器环境中打开 index.html 页面，单击"马上去领奖啦!"链接，进入 praise.html 页面，如图 2.19 所示。

如果直接打开奖品显示页面，则出现如图 2.20 所示的页面，提示用户进入本页面的链接地址不正确。

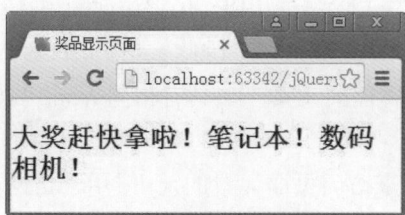

图2.19　奖品显示页面

图2.20　错误地进入奖品显示页面

5 秒后自动进入用户登录页面，如图 2.21 所示。

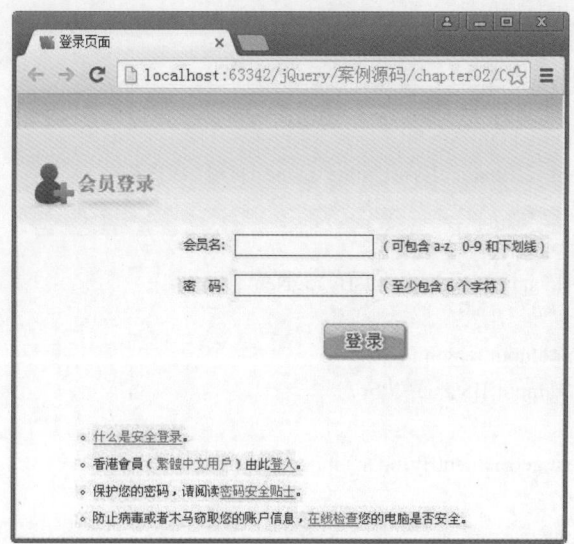

图2.21　用户登录页面

提示

由于 WebStorm 具有模拟网站服务器的功能，因此使用 WebStorm 打开 index.html 页面，单击"马上去领奖啦！"链接，进入 praise.html 页面，获取当前文档的 URL。

2．常用方法

document 对象的常用方法如表 2-8 所示。

表 2-8　document 对象的常用方法

方　　法	描　　述
getElementById( )	返回对拥有指定 ID 的第一个对象的引用
getElementsByName( )	返回带有指定名称的对象的集合
getElementsByTagName( )	返回带有指定标签名的对象的集合
write( )	向文档写文本、HTML 表达式或 JavaScript 代码

➢ getElementById( )方法一般用于访问 div、图片、表单元素、网页标签等，要求访问对象的 ID 是唯一的。

➢ getElementsByName( )方法与 getElementById( )方法相似，但它访问的是具有 name 属性的元素。由于一个文档中的 name 属性可能不唯一，因此 getElementsByName( )方法一般用于访问一组具有相同 name 属性的元素，如具有相同 name 属性的单选按钮、复选框等。

➢ getElementsByTagName( )方法是按标签来访问页面元素的，一般用于访问一组相同的元素，如一组<input>、一组图片等。

下面通过示例 5 来学习 getElementById( )、getElementsByName( )和 getElements-ByTagName( )的用法和区别。

示例 5

```
......//省略部分代码
    <script   type="text/javascript">
    function changeLink(){
        document.getElementById("node").innerHTML="搜狐";
    }
    function all_input(){
      var aInput=document.getElementsByTagName("input");
        var sStr="";
      for(var i=0;i<aInput.length;i++){
          sStr+=aInput[i].value+"<br />";
        }
        document.getElementById("s").innerHTML=sStr;
    }
    function s_input(){
        var aInput=document.getElementsByName("season");
        var sStr="";
        for(var i=0;i<aInput.length;i++){
          sStr+=aInput[i].value+"<br />";
        }
        document.getElementById("s").innerHTML=sStr;
    }
    </script>
    </head>
    <body>
      <div id="node">新浪</div>
      <input name="b1" type="button" value="改变层内容" onclick="changeLink();"
    /><br />
      <br /><input name="season" type="text" value="春" />
      <input name="season" type="text" value="夏" />
      <input name="season" type="text" value="秋" />
      <input name="season" type="text" value="冬" />
```

```
<br /><input name="b2" type="button" value="显示 input 内容" onclick=
"all_input()" />
    <input name="b3" type="button" value="显示 season 内容" onclick="s_input()" />
    <p id="s"></p>
</body>
```

示例中有 3 个按钮、4 个文本框、1 个 div 层和 1 个<p>标签，在浏览器中的页面效果如图 2.22 所示。

➢ 单击"改变层内容"按钮，调用 changeLink( )函数，在函数中使用 getElementById( )方法改变 id 为 node 的层的内容为"搜狐"，如图 2.23 所示。

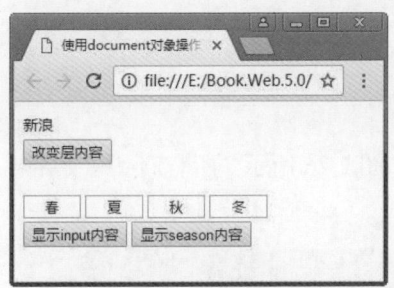

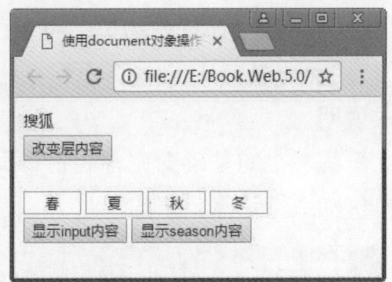

图2.22　页面效果图　　　　　　　图2.23　改变层内容

➢ 单击"显示 input 内容"按钮，调用 all_input( )函数，在函数中使用 getElements-ByTagName( )方法获取页面中所有标签为<input>的对象，即获取 3 个按钮对象和 4 个文本框对象，然后将这些对象保存在数组 aInput 中。JavaScript 使用 length 属性获取数组 aInput 中元素的个数，然后使用 for 循环依次读取数组中对象的值并保存在变量 sStr 中，最后使用 getElementById( )方法把变量 sStr 中的内容显示在 id 为 s 的<p>标签中，如图 2.24 所示。

➢ 单击"显示 season 内容"按钮，调用 s_input( )函数，在函数中使用 getElements-ByName( )方法获取 name 为 season 的标签对象，然后把这些对象的值使用 getElementById( )方法显示在 id 为 s 的<p>标签中，如图 2.25 所示。

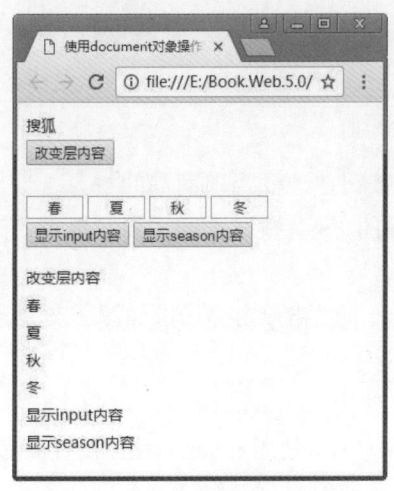

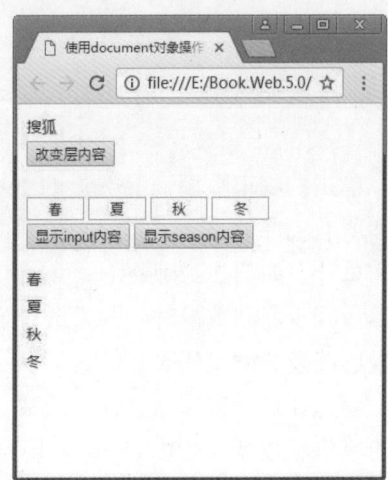

图2.24　显示所有input的内容　　　　　图2.25　显示name为season的标签内容

在演示 JavaScript 基础语法时经常使用 write()方法将数值或文本写入到页面中,如果在页面中执行 document.write(),页面将被清空,这里就不做过多的演示了。

2.3.2 上机训练

上机练习3——完善购物车页面

训练要点

➢ 使用 getElementById( )方法访问页面元素。

➢ 使用 getElementsByName( )方法访问页面元素。

➢ 使用 for 循环计算购物车中商品总价。

➢ 使用 innerHTML 设置页面标签的内容。

需求说明

在上机练习 1 的基础上完善购物车页面,如图 2.26 所示,所有商品总计是根据每个商品的单价和数量计算出来的。

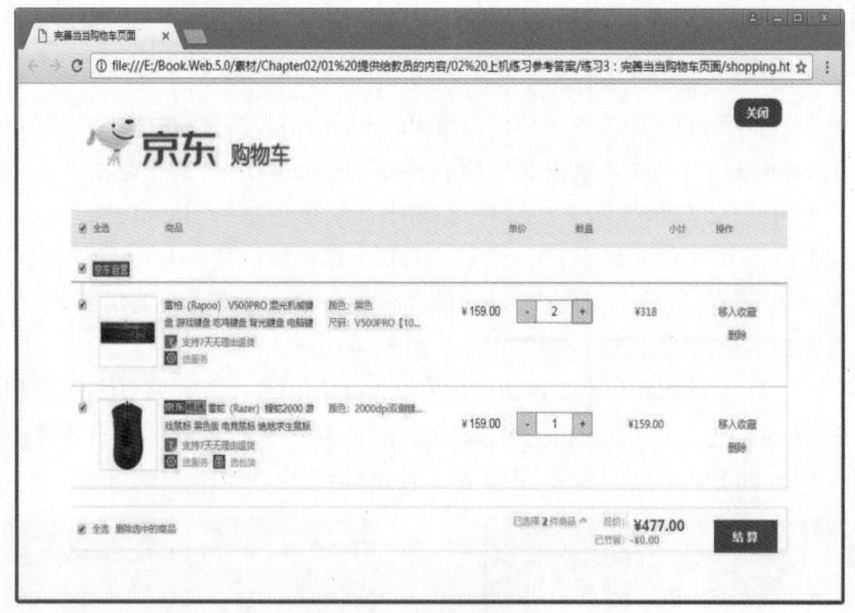

图2.26 购物车页面

(1)单击购物车页面商品数量的"+""−"按钮,改变当前商品的数量、当前商品的金额和所有商品的总计。这里单击第二个商品的"+"按钮,增加商品数量,改变商品金额和总计,如图 2.27 所示。

(2)当减少商品数量时,数量最少为 1,低于 1 就要弹出提示,如图 2.28 所示。

实现思路及关键代码

(1)创建计算所有商品总计的函数 total( )。使用 getElementsByName( )方法获取每个商品的单价和数量,使用 for 循环计算所有商品总计,使用 innerHTML 设置商品总计,关键代码如下。

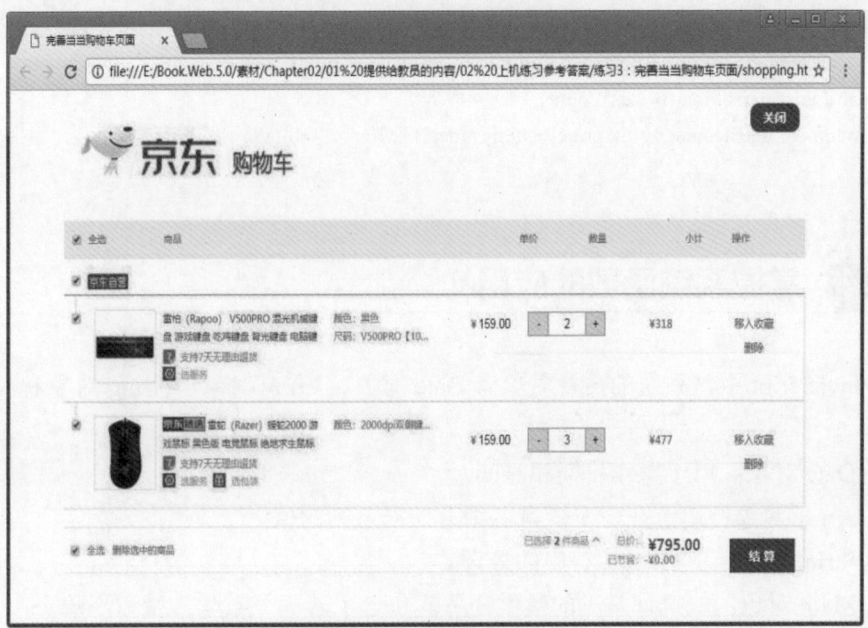

图2.27　增加商品数量

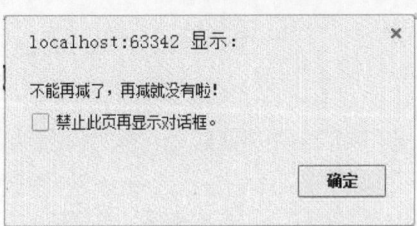

图2.28　商品数量小于1时的提示

```
function total(){
    var prices=document.getElementsByName("price");
    var count=document.getElementsByName("amount");
    var sum=0;
    for(var i=0; i<prices.length;i++){
        sum+=prices[i].value*count[i].value;
    }
    document.getElementById("totalPrice").innerHTML="¥" +sum;
}
```

（2）创建减少商品数量、增加商品数量的有参函数，使用 getElementsByName( )获取商品单价，设置商品数量，改变商品金额，当商品数量小于 1 时给予提示，参数表示当前单击的按钮在数组中的位置，关键代码如下。

```
var prices=document.getElementsByName("price")[num].value;
var count=parseInt(document.getElementsByName("amount")[num].value)-1;
if(count<1){
    alert("不能再减了，再减就没有啦！");
}
```

```
else{
    document.getElementsByName("amount")[num].value=count;
    var totals=parseFloat(prices*count);
    document.getElementById("price"+num).innerHTML="¥" +totals;
}
```

任务 4 掌握系统函数的应用

在 JavaScript 中，系统的内置对象有 Date 对象、Array 对象、String 对象和 Math 对象等。

➤ Date 对象：用于操作日期和时间。

➤ Array 对象：用于在一个变量名中存储一系列的值。

➤ String 对象：用于对字符串的处理。

➤ Math 对象：能执行常见的数学任务，包含了若干个数学常量和函数。

其中，Array 对象和 String 对象前面已经学习过，下面介绍 Date 对象和 Math 对象。

2.4.1 Date 对象

使用"new 对象名( )"的方法需要先创建一个实例，语法格式如下。

var 日期实例 = new Date(参数);

➤ 日期实例是存储 Date 对象的变量，参数可以省略。如果没有参数，则表示当前日期和时间。例如：

var today = new Date(); //将当前日期和时间存储在变量 today 中

➤ 参数是字符串格式"MM DD, YYYY, hh:mm:ss"，表示日期和时间。例如：

var tdate = new Date ("July 15, 2013, 16:34:28");

Date 对象有大量用于设置、获取和操作日期的方法，从而实现在页面中显示不同类型的日期时间。常用的是获取日期的方法，如表 2-9 所示。

表 2-9 Date 对象的常用方法

方　　法	说　　明
getDate( )	返回一个月中的某一天，其值为 1~31
getDay( )	返回一个星期中的某一天，其值为 0~6
getHours( )	返回 Date 对象的小时数，其值为 0~23
getMinutes( )	返回 Date 对象的分钟数，其值为 0~59
getSeconds( )	返回 Date 对象的秒数，其值为 0~59
getMonth( )	返回 Date 对象的月份，其值为 0~11
getFullYear( )	返回 Date 对象的年份，其值为 0000~9999
getTime( )	返回自某一时刻（1970 年 1 月 1 日）以来的毫秒数

- ➤ getFullYear( )返回四位数的年份，getYear( )返回两位数或四位数的年份，常用 getFullYear( )获取年份。
- ➤ 获取星期几使用 getDay( )：0 表示周日，1 表示周一，6 表示周六。
- ➤ 各部分时间的表示范围：除天数（一个月中的每一天）外，其他均从 0 开始。例如，月份 0～11，0 表示 1 月份，11 表示 12 月份。

下面使用 Date 对象的常用方法显示当前时间的小时、分钟和秒，代码如示例 6 所示。

示例 6

```html
<!DOCTYPE html>
<html>
<head lang="en">
    <meta charset="UTF-8">
    <title>时钟特效</title>
</head>
<body>
<div id="myclock"></div>
<script type="text/javascript">
    function disptime(){
        var today = new Date();        //获取当前时间
        var hh = today.getHours();     //获取小时
        var mm = today.getMinutes();   //获取分钟
        var ss = today.getSeconds();   //获取秒
        //设置 div 的内容为当前时间
        document.getElementById("myclock").innerHTML="现在是:"+hh +":"+mm+": "+ss;
    }
    disptime();
    </script>
</body>
</html>
```

在示例 6 中，使用 Date 对象的 getHours( )方法、getMinutes( )方法和 getSeconds( )方法获取当前时间的小时、分钟和秒，再通过 innerHTML 属性将时间显示在 id 为 myclock 的 div 元素中。运行结果如图 2.29 所示。

图2.29　显示当前时间

2.4.2　Math 对象

Math 对象提供了许多与数学相关的功能，它是 JavaScript 的一个全局对象，不需要创建，直接作为对象使用就可以调用其属性和方法。Math 对象的常用方法如表 2-10 所示。

表 2-10　Math 对象的常用方法

方　　法	说　　明	示　　例
ceil( )	向上舍入	Math.ceil(25.5)；返回 26 Math.ceil(−25.5)；返回−25
floor( )	向下舍入	Math.floor(25.5)；返回 25 Math.floor(−25.5)；返回−26
round( )	四舍五入为最接近的数	Math.round(25.5)；返回 26 Math.round(−25.5)；返回−26
random( )	返回 0~1 的随机数	Math.random( )；例如，返回 0.6273608814137365

random( )方法返回的随机数包括 0，但不包括 1，且都是小数。如果想产生一个 1~100 的整数（包括 1 和 100），则代码如下所示。

var iNum=Math.floor(Math.random()*100+1);

如果希望返回 2~99 的整数，只有 98 个数字，第一个数为 2，则代码如下所示。

var iNum=Math.floor(Math.random()*98+2);

下面使用 ceil( )和 random( )方法随机选择颜色，代码如示例 7 所示。

示例 7

```
<!--省略部分代码-->
<body>
<div>
    本次选择的颜色是：<span id="color"></span>
    <input type="button" value="选择颜色" onclick="selColor();">
</div>
<script type="text/javascript">
    function selColor(){
        var color=new Array("红色","黄色","蓝色","绿色","橙色","青色","紫色");
        var num=Math.ceil(Math.random()*7)-1;
        document.getElementById("color").innerHTML=color[num];
    }
</script>
</body>
</html>
```

在浏览器中打开示例 7，效果如图 2.30 所示。单击"选择颜色"按钮，随机显示一个颜色，效果如图 2.31 所示。

图2.30　打开页面

图2.31　选择颜色

2.4.3　定时函数

在前面的示例 6 中，产生的时间是静止的，不能动态更新。若要像电子表一样不停地动态改变时间，则需要使用定时函数。

JavaScript 中提供了两个定时函数：setTimeout( )和 setInterval( )，还提供了两个用于清除定时器的函数：clearTimeout( )和 clearInterval( )。

1．setTimeout( )

setTimeout( )函数用于在指定的毫秒后调用函数或计算表达式。语法格式如下。

```
setTimeout("调用的函数名称",等待的毫秒数)
```

下面使用 setTimeout( )函数实现 3 秒后弹出对话框，代码如示例 8 所示。

示例 8

```html
<!DOCTYPE html>
<html>
<head lang="en">
    <meta charset="UTF-8">
    <title>定时函数</title>
</head>
<body>
<input name="s" type="button" value="显示提示消息" onclick="timer()" />
<script type="text/javascript">
    function timer(){
        var t=setTimeout("alert('3 seconds')",3000);
    }
</script>
</body>
</html>
```

➢ 3000 表示 3000 毫秒，即 3 秒。

➢ 单击"显示提示消息"按钮调用 timer( )函数时，弹出一个警告框。由于使用了 setTimtout( )函数，因此调用函数 timer( )后，需要等待 3 秒，才能弹出警告框。

在浏览器中运行示例 8，单击"显示提示消息"按钮，等待 3 秒后，弹出如图 2.32 所示的警告框。

图2.32　等待3秒弹出提示

2. setInterval( )

setInterval( )函数可按照指定的周期（以毫秒计）来调用函数或计算表达式。语法格式如下。

setInterval("调用的函数名称",周期性调用函数之间间隔的毫秒数)

setInterval( )会不停地调用函数，直到窗口被关闭或被其他方法强行停止。修改示例8 的代码，将 setTimeout( )函数改为 setInterval( )函数。

```
......//省略部分代码
<script type="text/Javascript">
function timer(){
    var t=setInterval("alert('3 seconds')",3000)
}
</script>
</body>
</html>
```

在浏览器中重新运行修改后的代码，单击"显示提示消息"按钮，等待 3 秒后，弹出如图 2.32 所示的警告框。关闭之后，间隔 3 秒后又会弹出此警告框。

 经验

setTimeout( )只执行一次被调用函数，如果要多次调用函数，则需要使用 setInterval( )或者让被调用的函数再次调用 setTimeout( )。

知道了 setInterval( )函数的用法，现在将示例 6 改成时钟特效，让时钟"动起来"。实现思路就是每隔 1 秒都要重新获得当前时间并显示在页面上，修改后的代码如示例 9 所示。

示例 9

```
......//省略部分代码
<div id="myclock"></div>
<script type="text/javascript">
    function disptime(){
        var today = new Date();        //获得当前时间
        var hh = today.getHours();        //获得小时
        var mm = today.getMinutes();        //获得分钟
        var ss = today.getSeconds();        //获得秒
        /*设置 div 的内容为当前时间*/
        document.getElementById("myclock").innerHTML="现在是:"+hh +":"+mm+": "+ss;
    }
    /*使用 setInterval()每间隔指定毫秒后调用 disptime()*/
    var myTime = setInterval("disptime()",1000);
</script>
</body>
</html>
```

在浏览器中运行示例 9，发现时钟已经"动起来了"，达到了真正的时钟特效。

3．clearTimeout( )和 clearInterval( )

clearTimeout( )函数用来清除由 setTimeout( )函数设置的定时器，语法格式如下。

clearTimeout (setTimeout()返回的 ID 值)；

clearInterval( )函数用来清除由 SetInterval( )函数设置的定时器，语法格式如下。

clearInterval (setInterval()返回的 ID 值)；

为示例 9 实现的效果增加一个需求，即通过单击"停止"按钮停止时钟特效，修改代码如示例 10 所示。

示例 10

```
<!--省略部分 HTML 和 JavaScript 代码-->
<div id="myclock"></div>
<input type="button" onclick="javaScript:clearInterval(myTime)" value="停止">
......//省略部分代码
```

定时函数

请读者扫描二维码，查看关于定时函数在开发中的实际应用。

2.4.4　上机训练

上机练习 4——制作二十四进制的时钟特效

训练要点

➢ Date 对象的使用。

➢ setInterval( )方法的使用。

需求说明

制作显示年、月、日、星期和二十四进制的时钟特效，如图 2.33 所示。

图2.33　二十四进制的时钟

实现思路及关键代码

（1）创建一个 Date( )对象，如 var today=new Date( )。

（2）通过 Date 对象的 getFullYear( )方法获得年份，通过 getMonth( )方法获得月份（0～11），通过 getDate( )方法获得天数，通过 getDay( )方法获得一个星期中的星期几，取值0～6。

（3）通过 Date 对象的 getHours( )方法获得当前小时，通过 getMinutes( )方法获得当前分钟，通过 getSeconds( )方法获得当前秒。

（4）使用 setInterval( )或 setTimeout( )方法设置每间隔指定毫秒后调用 clock_12h( )

函数，代码如下所示。

```
var myTime = setInterval("clock_12h()",1000);
```

本章作业

一、选择题

1. 下列选项中，（　　）可以打开一个页面。

A．window.open("advert.html");　　　　B．window.close("advert.html");

C．window.alert("advert.html");　　　　D．window.confirm("advert.html");

2. 下列关于 Date 对象的 getMonth( )方法返回值的描述，正确的是（　　）。

A．返回系统时间的当前月　　　　B．返回值为 1～12

C．返回系统时间的当前月+1　　　　D．返回值为 0～11

3. setTimeout("adv()",20)表示的含义是（　　）。

A．间隔 20 秒后，adv( ) 函数就会被调用

B．间隔 20 分钟后，adv( ) 函数就会被调用

C．间隔 20 毫秒后，adv( ) 函数就会被调用

D．adv( ) 函数被持续调用 20 次

4. 下列选项中，（　　）可以使窗口显示前一个页面。（选择两项）

A．back( )　　　　B．forward( )　　　　C．go(1)　　　　D．go(−1)

5. 某页面中有一个 id 为 mobile 的图片，下列选项（　　）能够正确获取此图片对象。

A．document.getElementsByName("mobile");

B．document.getElementById("mobile");

C．document.getElementsByTagName("mobile");

D．以上选项都可以

二、简答题

1. 简述 prompt( )、alert( )和 confirm( )三者的区别，并举例说明。

2. setTimeout( )和 setInterval( )在用法上有什么区别？

3. 模拟计算机病毒效果，当打开一个页面时，不停地弹出窗口，如图 2.34 所示。

提示

➤ 在页面中添加函数，编写弹出窗口的代码。

➤ 使用定时函数 setInterval( )定时调用弹出窗口的函数。

4. 使用 Date( )对象获取当前的日期和时间，根据不同时间显示不同的问候语，如图 2.35 所示，要求如下。

➤ 如果当前时间小于 12 点（含），则显示"上午好"。

➤ 如果当前时间大于 12 点，小于 18 点（含），则显示"下午好"。

> 如果当前时间大于 18 点，则显示"晚上好"。
> 使用 getElementById( )和 innerHTML 设置页面的问候语。

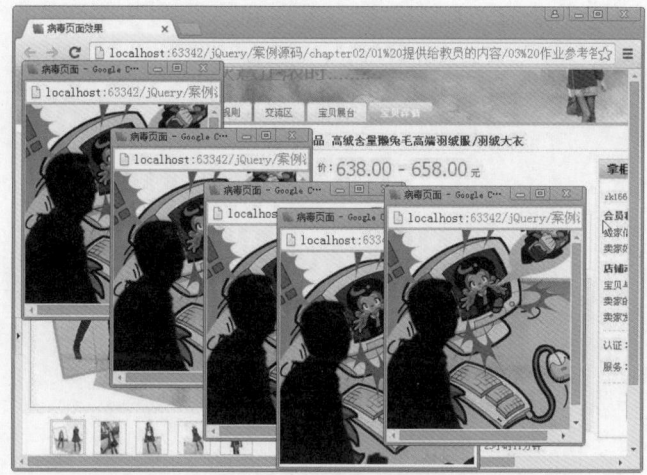

图2.34　病毒页面效果

5．模拟随机发放水果功能，水果品种固定，每次只发放一种，如图 2.36 所示。

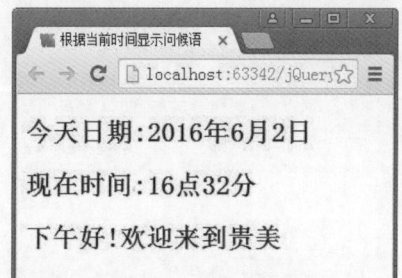

图2.35　显示问候语

图2.36　随机发放水果

 提示

> 使用数组存储水果名称。
> 使用 random( )随机得到数组索引值，范围是 0～(数组长度−1)。

 说明

为了方便读者验证作业答案，提升专业技能，请扫描二维码获取本章作业答案。

JavaScript 操作文档对象模型

任务 1：使用 JavaScript 操作 DOM
任务 2：使用 JavaScript 操作节点
任务 3：使用 JavaScript 获取元素位置

技能目标

❖ 了解 DOM 的分类和节点间的关系
❖ 熟练使用 JavaScript 访问 DOM 节点
❖ 能够熟练地进行节点的创建、添加、删除、替换等
❖ 能够熟练地设置元素的样式
❖ 灵活运用 JavaScript 获取元素位置的属性完成网页效果

价值目标

　　DOM 对象为文档提供了一个层次化的节点树，让程序员更深刻地理解 DOM 文档的节点关系，并对节点树中的内容进行熟练操作。学习本章内容，可以培养读者操作的严谨性和务实的学习态度。

本章知识梳理

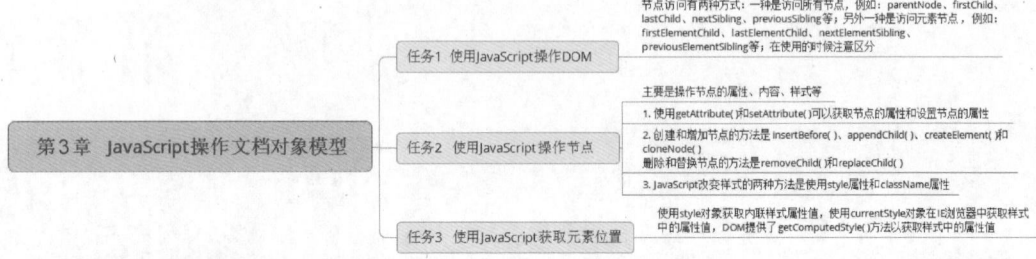

第3章 JavaScript操作文档对象模型

任务1 使用JavaScript操作DOM — 节点访问有两种方式: 一种是访问所有节点, 例如: parentNode、lastChild、nextSibling、previousSibling等; 另外一种是访问元素节点, 例如: firstElementChild、lastElementChild、nextElementSibling、previousElementSibling等; 在使用的时候注意区分

任务2 使用JavaScript操作节点 — 主要是操作节点的属性、内容、样式等
1. 使用getAttribute()和setAttribute()可以获取节点的属性和设置节点的属性
2. 创建和增加节点的方法是insertBefore()、appendChild()、createElement()和cloneNode()
删除和替换节点的方法是removeChild()和replaceChild()
3. JavaScript改变样式的两种方法是使用style属性和className属性

任务3 使用JavaScript获取元素位置 — 使用style对象获取内联样式属性值, 使用currentStyle对象在IE浏览器中获取样式中的属性值, DOM提供了getComputedStyle()方法以获取样式中的属性值

本章简介

DOM（文档对象模型）是一个和 JavaScript 进行内容交互的 API，它为文档提供了一个层次化的节点树，开发人员访问、添加、修改和移除节点树中的某一部分，即可修改文档的某一部分。操作 DOM 还可以改变文档（如 HTML、XML 等）的内容和展现形式，实现页面的各种效果。本章将详细介绍如何使用 JavaScript 操作 DOM。

预习作业

1. 简答题

（1）在节点操作中，使用什么属性可以获得页面第一个节点？

（2）在节点操作中，使用什么属性可以获得页面第一个元素节点？

2. 编码题

使用 JavaScript 完成页面操作，要求如下。

（1）使用 JavaScript 在页面上添加一个<span>标签，并绑定单击事件，在标签中增加一段文字"您好，点我，我会变的哦！"。

（2）在页面上单击这段文字，字体大小变为 20px，字体颜色变为红色。

任务1 使用 JavaScript 操作 DOM

DOM 是文档对象模型（Document Object Model）的缩写，是基于文档编程的一套 API。1998 年，W3C 发布了第一版的 DOM 规范，这个规范允许访问和操作 HTML 页面中的每一个单独元素，如网页的表格、图片、文本、表单元素等。大部分主流的浏览器都执行了这个规范，因此基本解决了浏览器兼容性的问题。通过 DOM，开发人员可以让网页真正地动起来，动态地增加、修改、删除数据，使用户与计算机的交互更加便捷，交互也更加丰富。

3.1.1 DOM 操作分类

使用 JavaScript 操作 DOM 通常分为三类：DOM Core（核心）、HTML-DOM 和

CSS-DOM。

1．DOM Core

DOM Core 不是 JavaScript 的专属品，任何一种支持 DOM 的编程语言都可以使用它。

在前面章节中使用过的 getElementById( )、getElementsByTagName( )等方法都是 DOM Core 的组成部分。例如，使用 document. getElementsByTagName ("input")可以获取页面中的<input>元素。

2．HTML-DOM

使用 JavaScript 和 DOM 为 HTML 文档编写脚本时，有许多专属的 HTML-DOM 属性可以使用。HTML-DOM 比 DOM Core 更早出现，它提供了一些更简单的标记来描述各种 HTML 元素的属性，如 document.forms 用于获取表单对象。

需要注意的是，获取 DOM 模型中的对象、属性，既可以使用 DOM Core 实现，也可以使用 HTML-DOM 实现。相对于使用 DOM Core 获取对象、属性而言，使用 HTML-DOM 实现的代码通常较为简短，只是它的应用范围没有 DOM Core 广泛，仅适用于处理 HTML 文档。

3．CSS-DOM

CSS-DOM 是针对 CSS 的操作。在 JavaScript 中，CSS-DOM 技术的主要作用是获取和设置 style 对象的各种属性，即 CSS 属性。通过改变 style 对象的各种属性，可以使网页呈现各种不同的效果，如 element.style.color="red"可以设置文本颜色为红色。

以上知道了什么是 DOM，DOM 在网页制作中的作用，以及 DOM 可以与 JavaScript 相结合制作网页效果，下面来看看 DOM 中的节点及节点间的关系。

3.1.2　节点间的关系

DOM 是以树状结构组织的 HTML 文档。根据 DOM 的概念可以知道，HTML 文档中的每个标签或元素都是一个节点。在 DOM 中是这样规定的。

➢ 整个文档是一个文档节点。
➢ 每个 HTML 标签是一个元素节点。
➢ 包含在 HTML 元素中的文本是文本节点。
➢ 每一个 HTML 属性是一个属性节点。
➢ 注释属于注释节点。

一个 HTML 文档是由多个不同的节点组成的，为了便于读者理解文档结构，请看示例 1 的 HTML 文档。

示例 1

```
<!DOCTYPE html>
<html>
<head lang="en">
    <meta charset="UTF-8">
    <title>DOM 节点</title>
</head>
```

```
<body>
    <img src="images/fruit.jpg" alt="水果" id="fruit">
    <h1>喜欢的水果</h1>
    <p>DOM 应用</p>
</body>
</html>
```

示例 1 的文档由<html>、<head>、<title>、<body>、<img>、<h1>、<p>及文本节点组成，这些节点间存在着层次关系，如图 3.1 所示。

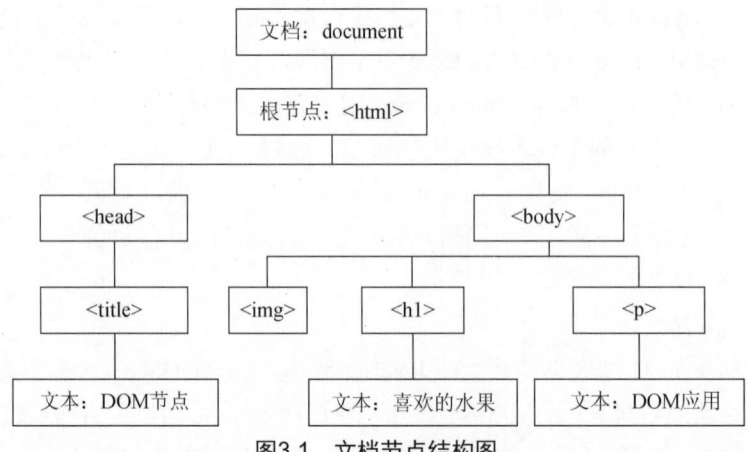

图3.1　文档节点结构图

通常使用父（parent）、子（child）和同胞（sibling）等术语来描述节点间的层次关系，如父节点拥有子节点，同级的子节点称为同胞或兄弟节点，具体关系如下。

➢ 在节点树中，顶部节点被称为根（root），如<html>节点。

➢ 每个节点都有父节点，除了根（它没有父节点），如<head>和<body>的父节点都是<html>，文本节点"DOM 应用"的父节点是<p>节点。

➢ 一个节点可以拥有任意数量的子节点，如<body>节点的子节点有<img>、<h1>和<p>。

➢ 同胞节点是拥有相同父节点的节点，如<img>、<h1>和<p>就是同胞节点，它们的父节点均为<body>节点。

HTML 文档中的标签、元素等都是一个节点，各个节点之间都存在着关系，JavaScript可以通过访问或改变节点的方式来改变页面的内容。使用 JavaScript 操作节点主要是访问节点、创建和增加节点、删除节点、替换节点，以及操作节点属性和样式等，下面首先学习一下如何访问节点。

3.1.3　JavaScript 访问节点

使用 DOM Core 访问 HTML 文档的节点主要有两种方式，一种是使用 getElement系列方法访问指定节点，另一种是根据节点的层次关系访问节点。

1. 使用 getElement 系列方法访问指定节点

在 HTML 文档中，访问节点的标准方法就是使用 getElement 系列方法，即

getElementById( )、getElementsByName( )和 getElementsByTagName( )，只是它们的查找方式略有不同。

➢ getElementById( )：返回按 id 属性查找的第一个对象的引用。

➢ getElementsByName( )：返回按指定名称 name 查找的对象的集合，由于一个文档中可能会有多个同名节点（如复选框、单选按钮），因此返回的是元素数组。

➢ getElementsByTagName( )：返回按指定标签名 TagName 查找的对象的集合，由于一个文档中可能会有多个同类型的标签节点（如图片组、文本输入框），因此返回的是元素数组。

2. 根据层次关系访问节点

通过 getElementById( )、getElementsByName( )和 getElementsByTagName( )这三种方法可以查看 HTML 文档中的任何元素，但是这三种方法都会忽略文档的结构，因此在 HTML DOM 中还提供了如表 3-1 所示的节点属性，这些属性遵循文档的结构，可以在文档的局部"短距离地查找元素"。

表 3-1　节点属性

属 性 名 称	描　述
parentNode	返回节点的父节点
childNodes	返回子节点集合 childNodes[i]
firstChild	返回节点的第一个子节点，最常见的用法是访问该元素的文本节点
lastChild	返回节点的最后一个子节点
nextSibling	下一个节点
previousSibling	上一个节点

节点属性在网页中的应用非常多，下面通过示例 2 中的关键 HTML 代码来了解。

示例 2

```
<section id="news"><header>京东头条<a href="#">更多 > </a></header>
    <ul>
        <li><a href="#">鼠标满 300 减 30</a></li>
        <li><a href="#">京东生鲜极速达</a></li>
        <li><a href="#">99 元抢平板！品牌秒杀</a></li>
        <li><a href="#">格力节能领跑京东优惠购物节</a></li>
        <li><a href="#">苏泊尔电器大促满 199-100</a></li>
    </ul>
</section>
```

在这段 HTML 代码中，各节点之间的关系如下。

➢ <section>的子节点（childNodes）是<header>和<ul>。

➢ <header>和<ul>的父节点是<section>（parentNode），<header>是<section>的第一个子节点（firstChild），<ul>是<section>的最后一个子节点（lastChild）。

➢ <ul>是<li>的父节点，<li>是<ul>的子节点。

➢ 节点"<li><a href="#">苏泊尔电器大促满 199-100</a></li>"的上一个节点

（previousSibling）是"<li><a href="#">格力节能领跑京东优惠购物节</a></li>"。

➢ 节点"<li><a href="#">鼠标满 300 减 30</a></li>"的下一个节点（nextSibling）是"<li><a href="#">京东生鲜极速达</a></li>"。

根据节点的层次关系，访问第三个<li>节点"<li><a href="#">99 元抢平板！品牌秒杀</a></li>"并提示，代码如下所示。

```
var obj=document.getElementById("news");
var str=obj.lastChild.firstChild.nextSibling.nextSibling.innerHTML;
alert(str);
```

在浏览器中打开页面，弹出如图 3.2 所示提示窗口。

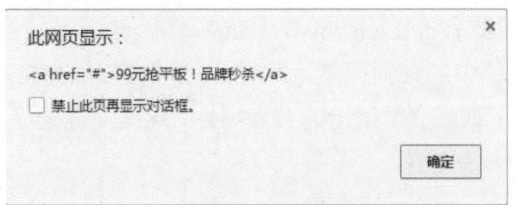

图3.2　使用层次关系访问节点内容

稍微改变一下 HTML 代码，在第一个<li>前面加一个空行，再次运行上述代码，弹出如图 3.3 所示的窗口。

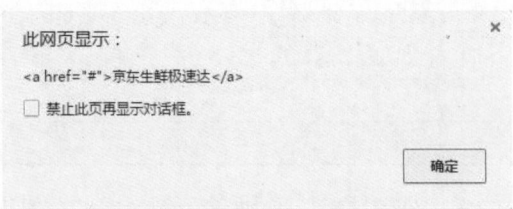

图3.3　增加空行后的提示内容

为什么增加一个空行，就提示如图 3.3 所示的内容，而不是提示如图 3.2 所示的内容呢？下面修改 JavaScript 代码，从下往上访问节点，代码如下所示。

```
var obj=document.getElementById("news");
var str=obj.lastChild.lastChild.previousSibling.previousSibling.innerHTML;
alert(str);
```

再次在浏览器中打开页面，正确地弹出如图 3.2 所示的内容，为什么？仅仅是因为那个空行导致的吗？为了查找原因，可以看看在当前情况下<ul>中到底有多少个节点，代码如下所示。

```
var obj=document.getElementById("news");
alert(obj.lastChild.childNodes.length);
```

在浏览器中查看页面，弹出如图 3.4 所示的窗口。

从图 3.4 中可以看到，当前<ul>有 6 个节点，实际上只有 5 个<li>，怎么会是 6 个呢？这说明当前浏览器解析代码时把<ul>中的空行也当作是一个子节点，所以出现了这种情况，怎么纠正呢？JavaScript 中提供了一组可兼容不同浏览器的 element 属性，可以消除这种因空行、换行等导致的无法准确访问到节点的情况。element 属性如表 3-2 所示。

图3.4 显示当前有6个子节点

表 3-2 element 属性

属 性 名 称	描 述
firstElementChild	返回节点的第一个子节点，最常见的用法是访问该元素的文本节点
lastElementChild	返回节点的最后一个子节点
nextElementSibling	下一个节点
previousElementSibling	上一个节点

需要获取不同的节点时，使用节点属性和 element 属性的写法分别如下（oParent 表示当前节点）。

```
oNext = oParent.nextElementSibling || oParent.nextSibling        //获取下一个节点
oPre = oParent.previousElementSibling || oParent.previousSibling //获取上一个节点
oFirst = oParent. firstElementChild   ||   oParent.firstChild    //获取第一个子节点
oLast = oParent.lastElementChild || oParent.lastChild            //获取最后一个子节点
```

例如，获取列表<ul>的第一个子节点，代码如下所示。

```
var obj=document.getElementById("news");
var str=obj.lastElementChild.firstElementChild.innerHTML||obj.lastChild.firstChild.innerHTML;
alert(str);
```

在浏览器中打开页面，弹出如图 3.5 所示窗口，显示的是第一个<li>的内容。

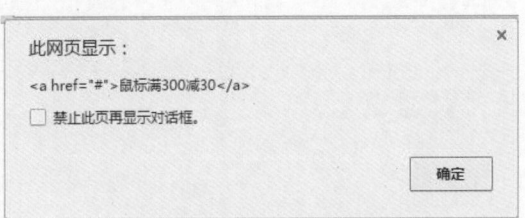

图3.5 解决浏览器的兼容性问题

注意

在 IE 下支持 firstChild、lastChild、previousSibling、nextSibling，但是 FireFox 会把标签之间的空格、换行等当成文本节点，为了能准确地找到相应的元素，需要使用 firstElementChild、lastElementChild、previousElementSibling、nextElementSibling 来兼容浏览器。

3.1.4　上机训练

上机练习 1——访问购物车页面节点

需求说明

制作如图 3.6 所示的购物车页面。

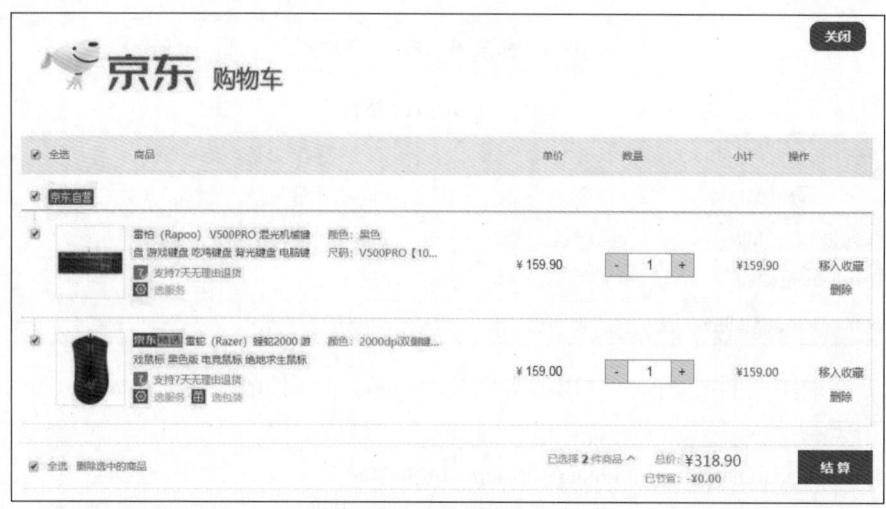

图3.6　购物车页面

（1）单击"结算"按钮，使用节点的层次关系访问节点，在页面下方显示各个商品的价格和所有商品的总价，如图 3.7 所示。

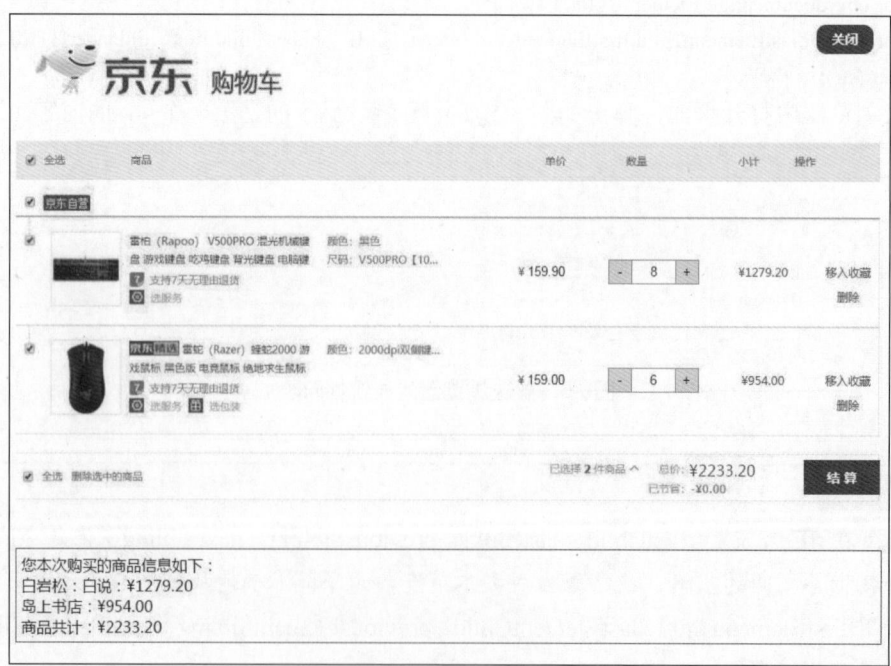

图3.7　显示商品信息

（2）使用节点属性和 element 属性消除浏览器兼容性问题。

3.1.5　节点属性

节点是 DOM 层次结构中任何类型的对象的通用名称，每个节点都拥有一些包含节点信息的属性。

➢ nodeName（节点名称）

➢ nodeValue（节点值）

➢ nodeType（节点类型）

nodeName 属性包含某个节点的名称，如元素节点的 nodeName 是标签名称，属性节点的 nodeName 是属性名称，文本节点的 nodeName 永远是#text，文档节点的 nodeName 永远是#document。

对于文本节点，nodeValue 属性包含文本；对于属性节点，nodeValue 属性包含属性值；对于文档节点和元素节点，nodeValue 属性则是不可用的。

nodeType 属性可返回节点的类型，是一个只读属性，如返回元素节点、文本节点、注释节点等，如表 3-3 所示。

表 3-3　节点类型

节 点 类 型	NodeType 值
元素（element）	1
属性（attr）	2
文本（text）	3
注释（comments）	8
文档（document）	9

下面通过示例 3 来看看这几个属性的用法。

示例 3

```
<ul id="nodeList">
    <li>nodeName</li>
    <li>nodeValue</li>
    <li>nodeType</li>
</ul>
<p></p>
<script>
    var nodes=document.getElementById("nodeList");
    var type1=nodes.firstChild.nodeType;
    var type2=nodes.firstChild.firstChild.nodeType;
    var name1=nodes.firstChild.firstChild.nodeName;
    var str=nodes.firstChild.firstChild.nodeValue;
    var con="type1："+type1+"<br/>type2："+type2+"<br/>name1："+name1+"<br/>str："
        +str;
```

```
document.getElementById("nodeList").nextSibling.innerHTML=con;
</script>
```

在浏览器中打开页面，如图 3.8 所示，可以看出<ul>是一个元素节点，第一个<li>中的文本是一个文本节点，其 nodeName 是#text，其内容为 nodeName。

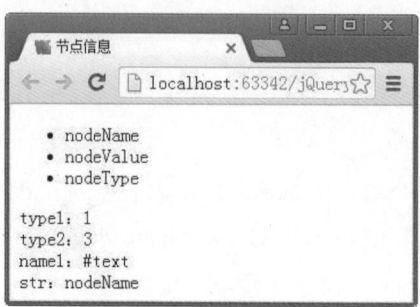

图3.8　节点信息

任务 2　使用 JavaScript 操作节点

在网页开发中，常常需要动态修改页面内容，比如在页面上动态地添加一段文字、一张图片，删除一段文字或者修改一个头像等，这些都需要对网页节点进行操作，接下来就对节点属性、节点、节点样式进行讲解。

3.2.1　获取和设置节点属性

HTML DOM 提供了获取及改变节点属性值的标准方法，如下所示。

➢ getAttribute("属性名")：用来获取属性的值。

➢ setAttribute("属性名","属性值")：用来设置属性的值。

下面使用访问节点的几种方法，结合使用 getAttribute( )和 setAttribute( )来读取、设置属性值，以动态地改变页面内容，关键代码如示例 4 所示。

示例 4

```html
<!--省略部分代码-->
<p>选择你喜欢的鼠标:
    <input type="radio" name="mouse" onclick="mouse()">罗技——轨迹球
    <input type="radio" name="mouse" onclick="mouse()">雷蛇——游戏鼠
</p>
<div><img src="" alt="" id="image" onclick="img()"><span></span></div>
<script>
    function mouse(){
        var ele=document.getElementsByName("mouse");
        var img=document.getElementById("image");
        if(ele[0].checked){
            img.setAttribute("src","images/gj.jpg");
```

```
        img.setAttribute("alt","罗技——轨迹球");
        img.nextSibling.innerHTML="罗技——轨迹球";
    }
    else if(ele[1].checked){
        img.setAttribute("src","images/ls.jpg");
        img.setAttribute("alt","雷蛇——游戏鼠");
        img.nextSibling.innerHTML="雷蛇——游戏鼠";
    }
}
function img(){
    var alt=document.getElementById("image").getAttribute("alt");
    alert("alt 属性值：  "+alt)
}
</script>
```

\<!--省略部分代码-->

在浏览器中打开页面，效果如图 3.9 所示，页面中仅有一段文字和两个单选按钮。

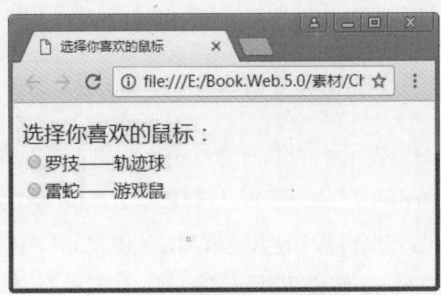

图3.9　未选择喜欢的鼠标

单击第一个单选按钮"罗技——轨迹球"，页面效果如图 3.10 所示，显示当前选择的鼠标图片和鼠标标题，单击图片则弹出如图 3.11 所示的提示框。

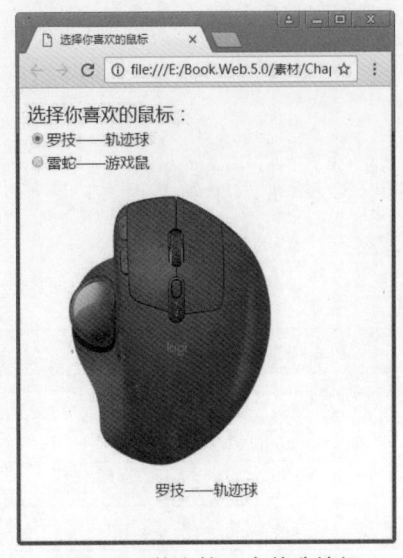

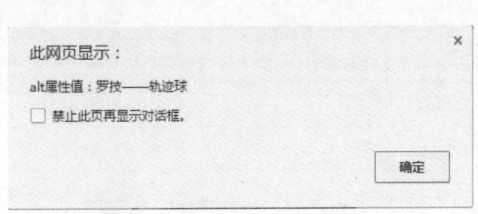

图3.10　单击第一个单选按钮　　　　图3.11　显示第一个图片的alt

同样单击第二个单选按钮 "雷蛇——游戏鼠",页面效果如图 3.12 所示,显示当前选择的鼠标图片和鼠标标题,单击图片则弹出如图 3.13 所示的提示框。

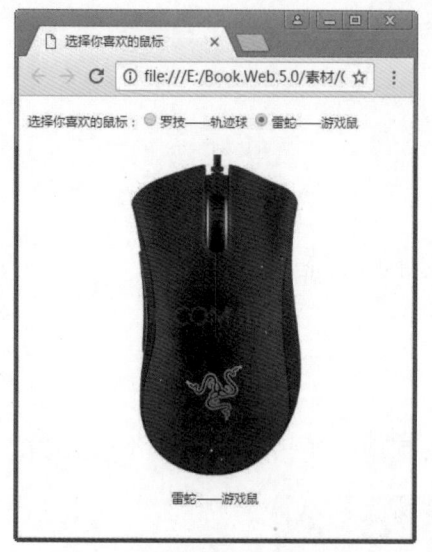

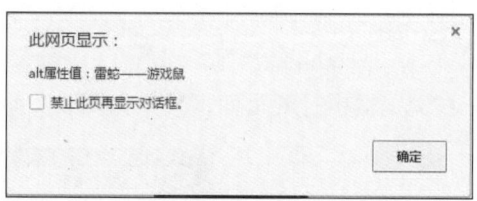

图3.12　单击第二个单选按钮　　　　　　　图3.13　显示第二个图片的alt

由以上单击单选按钮和图片显示不同的内容知道本示例的实现细节:使用 getElementById( ) 方法获取元素,使用 getAttribute("alt")获取当前图片的 alt 属性,使用 setAttribute("src", "images/ls.jpg")设置当前图片的路径,使用 setAttribute("alt",雷蛇——游戏鼠)设置当前图片的 alt 属性,使用 nextSibling 属性获取当前元素的下一个节点元素,使用 innerHTML 属性设置当前元素的内容。

 经验

　　　当使用 getAttribute( )方法读取属性值时,如果属性不存在,则返回 null。

3.2.2　新增和插入节点

使用 JavaScript 操作 DOM 时,有很多方法可以创建或增加一个新节点,主要方法如表 3-4 所示。

表 3-4　创建节点

名　　称	描　　述
createElement(tagName)	创建一个标签名为 tagName 的新节点元素
A.appendChild(B)	把 B 节点追加至 A 节点的末尾
insertBefore(A,B)	把 A 节点插入到 B 节点之前
cloneNode(deep)	复制某个指定的节点

注意

➤ insertBefore(A,B)方法有两个参数。A 是必选项，表示新插入的节点；B 是可选项，表示新节点被插入到 B 节点的前面。

➤ cloneNode(deep)方法中的参数 deep 为布尔值，若 deep 值为 true，则复制该节点以及该节点的所有子节点；若 deep 值为 false，则只复制该节点和其属性。

修改示例 4 的代码，使用创建、插入和复制节点的方法在页面中插入图片，代码如示例 5 所示。单击单选按钮，使用 createElement( )方法创建一个图片节点，使用 setAttribute( )方法设置图片的路径和 alt 属性、onclick 属性，使用 appendChild( )方法在页面中插入图片；单击图片时，先使用 cloneNode( )方法复制图片，再使用 insertBefore( )方法把图片插入到指定的图片之前。

示例 5

```html
<!--省略部分代码-->
<p>选择你喜欢的鼠标：
    <input type="radio" name="mouse" onclick="mouse()">罗技——轨迹球
    <input type="radio" name="mouse" onclick="mouse()">雷蛇——游戏鼠</p>
<div></div>
<script>
    function mouse(){
        var ele=document.getElementsByName("mouse");
        var bName=document.getElementsByTagName("div")[0];
        if(ele[0].checked){
            var img=document.createElement("img");
            img.setAttribute("src","images/gj.jpg");
            img.setAttribute("alt","罗技——轨迹球");
            bName.appendChild(img);
        }
        else if(ele[1].checked){
            var img=document.createElement("img");
            img.setAttribute("src","images/ls.jpg");
            img.setAttribute("alt","雷蛇——游戏鼠");
            img.setAttribute("onclick","copyNode()")
            bName.appendChild(img);
        }
    }
    function copyNode(){
        var bName=document.getElementsByTagName("div")[0];
        var copy=bName.lastChild.cloneNode(false);
        bName.insertBefore(copy,bName.firstChild);
    }
</script>
```

在浏览器中查看页面，分别单击第一个和第二个单选按钮，效果如图 3.14 所示。单击第二个图片，运行函数 copyNode( )，会复制第二个图片并插入到第一个图片之前，效果如图 3.15 所示。

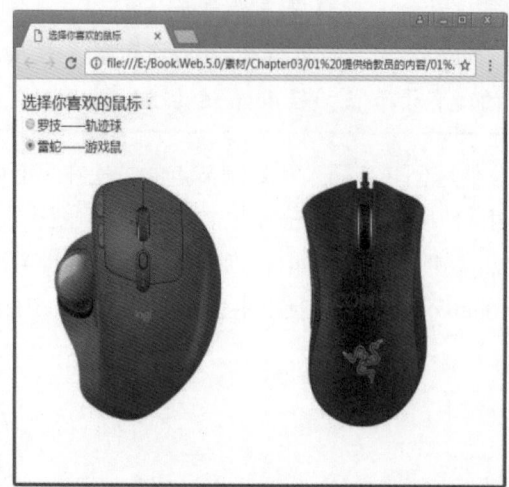

图3.14　插入两个图片

图3.15　复制图片

页面源代码如图 3.16 所示，可以看到，在<div>标签中有 3 个<img>标签，通过 cloneNode(false)复制图片时只复制了图片的节点及其属性。

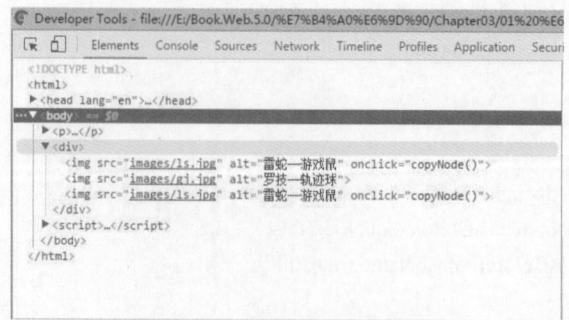

图3.16　插入和复制图片的代码

通过上面的例子，学习了创建新节点的方法，但是在实际工作中，并不是只需要创建或增加节点，在适当的时候还需要删除或替换页面中的节点，那该怎么办呢？

3.2.3　删除和修改节点

使用 Core HTML 删除和替换节点的方法如表 3-5 所示。

表 3-5　删除和替换节点的方法

名　　称	描　　述
removeChild(node)	删除指定的节点
replaceChild(newNode, oldNode)	用新节点替换指定的节点。newNode 是替换的新节点，oldNode 是要被替换的节点

下面就使用上述方法先删除图 3.17 中的第一个图片，再把第二个图片替换为另一个图片，具体代码如示例 6 所示。

图3.17　删除和替换节点原始页面

示例 6

```
<!--省略部分代码-->
<ul>
    <li>
      <img src="images/f01.jpg" id="first">
      <p><input type="button" value="删除我吧" onclick="del()"></p>
    </li>
    <li>
      <img src="images/f02.jpg" id="second">
      <p><input type="button" value="换换我吧" onclick="rep()"></p>
    </li>
</ul>
<script>
    function del(){
        var delNode=document.getElementById("first");
        delNode.parentNode.removeChild(delNode);
    }
    function rep(){
        var oldNode=document.getElementById("second");
```

```
        var newNode=document.createElement("img");
        newNode.setAttribute("src","images/f03.jpg");
        oldNode.parentNode.replaceChild(newNode,oldNode);
    }
</script>
<!--省略部分代码-->
```

从代码中可以看出，单击"删除我吧"按钮，调用函数 del( )，此函数首先访问第一个图片，然后使用 partentNode 获取当前图片的父级，最后使用 removeChild( )方法删除当前图片，删除后的页面如图 3.18 所示；单击"换换我吧"按钮，调用函数 rep( )，此函数首先访问第二个图片，然后使用 createElement( )方法新建节点，使用 setAttribute( )方法添加属性，最后使用 partentNode 获取当前图片的父级，使用 replaceChild( )方法替换当前图片，替换后的页面如图 3.19 所示。

图3.18　删除第一个图片后

图3.19　替换第二个图片后

3.2.4　修改节点样式

CSS 在页面中应用得非常频繁，使用 CSS 样式可以实现页面中不同样式的特效，但是这些特效都是静态的，不能随着鼠标指针的移动或者键盘的操作来动态地改变，使页面呈现更加炫酷的效果。在 JavaScript 中，有两种方式可以动态地改变样式的属性，一种是使用样式的 style 属性，另一种是使用样式的 className 属性，下面主要介绍这两种属性的用法。请读者扫描二维码，结合视频学习使用 JavaScript 修改节点样式。

JavaScript
操作节点

1．style 属性

在 HTML DOM 中，style 是一个对象，代表一个单独的样式声明，可以通过应用该样式的文档或元素来访问 style 对象。使用 style 属性改变样式的语法如下。

HTML 元素.style.样式属性="值";

在页面中有一个 id 为 titles 的 div，要改变 div 中的字体颜色为红色，字体大小为 13px，代码如下所示。

```
document.getElementById("titles").style.color="#ff0000";
document.getElementById("titles").style.fontSize="25px ";
```

字体大小的属性不是 font-size 吗？在 JavaScript 中使用 CSS 样式与在 HTML 中使用 CSS 稍有不同，由于在 JavaScript 中 "-" 表示减号，因此样式属性名称中若带有 "-"

号，则要省去"-"，并且"-"后的首字母要大写，所以这里 font-size 对应的 style 对象的属性名称应为 fontSize。在 style 对象中有许多样式属性，常用的主要是背景、文本、边框等，如表 3-6 所示。

表 3-6　style 对象的常用属性

类　　别	属　　性	描　　述
background（背景）	backgroundColor	设置元素的背景颜色
	backgroundImage	设置元素的背景图像
	backgroundRepeat	设置是否以及如何重复背景图像
text（文本）	fontSize	设置元素的字体大小
	fontWeight	设置字体的粗细
	textAlign	排列文本
	textDecoration	设置文本的修饰
	font	设置同一行字体的属性
	color	设置文本的颜色

使用这些样式可以动态地改变背景、字体的大小、颜色等，还有很多样式在这里就不一一赘述了。

下面就使用 onmouseover 和 onmouseout 事件，实现鼠标指针在移至元素上、移出元素时动态地改变页面的样式，效果如图 3.20 和图 3.21 所示，HTML 代码如示例 7 所示。

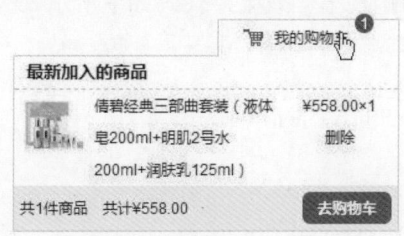

图3.20　显示购物车中的商品

图3.21　我的购物车

示例 7

```
<!--省略部分代码-->
<section id="shopping">
    <div id="cart">我的购物车<span>1</span></div>
    <div id="cartList">
        <h2>最新加入的商品</h2>
        <ul>
            <li><img src="images/makeup.jpg"></li>
            <li>倩碧经典三部曲套装（液体皂 200ml+明肌 2 号水 200ml+润肤乳 125ml）</li>
            <li>¥558.00×1<br/>删除</li>
        </ul>
        <div class="footer">
            共 1 件商品<span>共计¥558.00</span>
            <span>去购物车</span>
```

```
        </div>
      </div>
   </section>
```
<!--省略部分代码-->

在浏览器中打开页面，效果如图 3.22 所示。

结合 HTML 代码和图 3.22 可以看到，这是两
个完整的部分。鼠标指针移至"我的购物车"上时，
其背景颜色变为白色、无下边框，且显示购物车中
的商品（图 3.20）；鼠标指针离开"我的购物车"时，

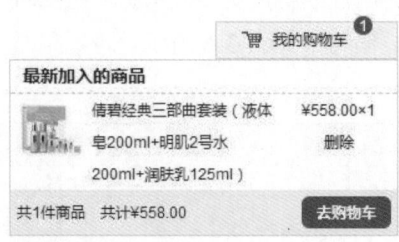

图3.22 "我的购物车"初始状态

购物车中商品所在的层隐藏、"我的购物车"恢复原来状态（图 3.21），其实现思路如下。

（1）鼠标指针移至和离开"我的购物车"，使用 onmouseover 事件和 onmouseout 事件实现。

（2）在页面打开时，使用 style 属性隐藏购物车中的商品。

（3）鼠标指针移至"我的购物车"，使用 style 属性设置其背景颜色为白色、无下边框，并且设置当前层的 z-index，使其覆盖购物车中商品所在层；设置购物车中商品所在层显示，并且使用 position 属性设置其位置上移 1px。

（4）鼠标指针离开"我的购物车"，一切恢复原来的状态。

具体代码如下所示，首先为"我的购物车"增加 onmouseover 事件和 onmouseout 事件。

```
<div id="cart" onmouseover="over()" onmouseout="out()">我的购物车......</div>
```

使用 JavaScript 和 style 属性实现"我的购物车"效果，代码如下所示。

```
<script>
    //初始状态下，cartList 层被隐藏
    document.getElementById("cartList").style.display="none";
    function over(){
        document.getElementById("cart").style.backgroundColor="#fff";
        document.getElementById("cart").style.zIndex="100";
        document.getElementById("cart").style.borderBottom="none";
        document.getElementById("cartList").style.display="block";
        document.getElementById("cartList").style.position="relative";
        document.getElementById("cartList").style.top="-1px";
    }
    function out(){
        document.getElementById("cart").style.backgroundColor="#f9f9f9";
        document.getElementById("cart").style.borderBottom="solid 1px #dcdcdc";
        document.getElementById("cartList").style.display="none";
    }
</script>
```

在浏览器中查看，可实现如图 3.20 和图 3.21 所示的页面动态效果。使用上述代码虽然实现了预期的效果，但是对每个节点都多次使用 style 属性。如果要实现更复杂的效果，是否意味着要编写更多的代码？JavaScript 提供了 className 属性，它的出现可以大量减少 JavaScript 代码的编写量。

2．className 属性

在 HTML DOM 中，className 属性可设置或返回元素的 class 样式，语法格式如下。

HTML 元素.className="样式名称"

使用 className 属性实现示例 7 的效果，实现思路如下。

（1）设置四个样式：cartOver、cartListOver、cartOut 和 cartListOut，分别表示鼠标指针移至和离开"我的购物车"时的效果。

（2）使用后代选择器设置 cartOver、cartListOver、cartOut 和 cartListOut 四个样式，并且设置 cartList 层默认为隐藏状态，代码如下所示。

```
#cartList{ display: none;}
#shopping .cartOver{
    background-color: #ffffff;
    z-index: 100;
    border-bottom: none;
}
#shopping .cartListOver{
    display:block;
    position:relative;
    top:-1px;
}
#shopping .cartOut{
    background-color:#f9f9f9;
    border-bottom:solid 1px #dcdcdc;
}
#shopping .cartListOut{
    display:none;
}
```

使用 JavaScript 和 className 属性实现"我的购物车"效果，代码如下所示，在浏览器中查看，可实现如图 3.20 和图 3.21 所示的效果。

```
function over(){
    document.getElementById("cart").className="cartOver";
    document.getElementById("cartList").className="cartListOver";
    }
function out(){
    document.getElementById("cart").className="cartOut";
    document.getElementById("cartList").className="cartListOut";
    }
```

3.2.5　上机训练

上机练习 2——制作课工场论坛发帖页面

训练要点

➢ 使用 createElement 创建节点元素。

> 使用 setAttribute( )设置节点的属性。
> 使用 appendChild( )向指定节点之后插入节点元素。
> 使用 insertBefore( )在指定节点之前插入节点元素。
> 使用 value 获取表单元素的值。
> 使用 style 属性设置元素的显示和隐藏。

需求说明

制作如图 3.23 所示的课工场论坛发帖页面，要求如下。

图3.23　课工场论坛列表页面

（1）单击"我要发帖"按钮，弹出发帖界面，如图 3.24 所示。

图3.24　发帖默认界面

（2）在标题框中输入标题，选择所属版块，输入帖子内容，如图 3.25 所示。

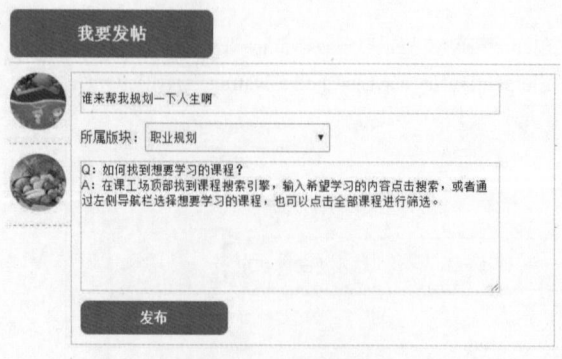

图3.25　输入内容

（3）单击"发布"按钮，新发布的帖子显示在列表的第一个，如图 3.26 所示，新帖子显示发帖者的头像、标题、所属版块和发布时间。

图3.26　新帖子显示在第一个

实现思路及关键代码

（1）使用数组保存发帖者的头像，代码如下：

```
var tou=new Array("tou01.jpg","tou02.jpg","tou03.jpg","tou04.jpg");
```

（2）创建新的<li>节点，把头像、标题等内容插入其中。

（3）使用函数 floor( )和 random( )随机获取发帖者的头像。

（4）设置头像，获取标题、版块、当前发帖时间，关键代码如下：

```
var titleH1=document.createElement("h1");          //创建标题所在的标签 h1
var title=document.getElementById("title").value;  //获取标题
titleH1.innerHTML=title;                           //将标题内容放在 h1 标签中
```

（5）使用 appendChild( )方法把头像、标题、版块、时间插入<li>节点中。

（6）使用 insertBefore( )方法把<li>节点插入<ul>列表中。

（7）设置 value 值为空来清空当前输入框中的内容。

（8）使用 style 属性来隐藏发新帖界面。

任务 3　使用 JavaScript 获取元素位置

3.3.1　获取样式

在前面学习了使用 style 属性和 className 属性设置元素的样式，如果想要获取某个元素的属性值，该如何实现呢？在 JavaScript 中可以使用 style 属性来获取样式的属性值，语法如下所示。

```
HTML 元素.style.样式属性;
```

例如，要实现示例 7 中的当鼠标指针移至"我的购物车"上时，获取元素 cartList 的显示状态，可在函数 over( )中增加如下代码。

```
alert(document.getElementById("cartList").display);
```

在浏览器中运行代码，弹出如图 3.27 所示的提示框，为什么会出现这样的情况呢？因为没有获取 display 的值。

在 JavaScript 中，使用 "HTML 元素.style.样式属性" 的方式只能获取内联样式的属性值，而无法获取内部样式表或外部样式表中的属性值，但实际工作中通常是样式和内容相分离的，所以并不能使用 "HTML 元素.style.样式属性" 这种方式获取样式的属性值，那么该如何获取样式表中的属性值呢？

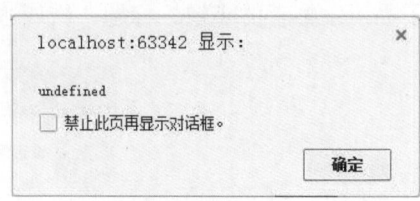

图3.27　提示框

微软为每一个元素都提供了一个 currentStyle 对象，它包含了所有元素的 style 对象的特性和任何未被覆盖的 CSS 规则的 style 特性。currentStyle 对象与 style 对象的使用方式一样，语法如下所示。

HTML 元素. currentStyle.样式属性;

修改刚才那行代码为 alert(document.getElementById("cartList"). currentStyle.display)。

在 IE 浏览器中运行代码，弹出如图 3.28 所示的提示框，说明使用 currentStyle 正确地获取了样式表中的属性值，但是 currentStyle 对象的特性是只读，如果要给样式属性赋值，还必须使用 style 对象。

虽然使用 currentStyle 可以获取样式属性的值，但是只局限于 IE 浏览器，其他浏览器均无法获取。DOM 提供了一个 getComputedStyle( )方法，这个方法接收两个参数，可以获取样式的属性值，语法如下所示。

document.defaultView.getComputedStyle(元素,null).属性;

修改上述代码，如下所示。

var cartList=document.getElementById("cartList");
alert(document.defaultView.getComputedStyle(cartList,
　　null).display);

在 Firefox 浏览器中运行代码，弹出如图 3.29 所示的提示框，可以看到正确地获取了样式的属性值。

图3.28　在IE浏览器中获取属性值

图3.29　Firefox浏览器获取属性值

注意

> 虽然 getComputedStyle( )方法是 DOM 提供的，但是 IE 浏览器却不支持，而 Firefox、Opera、Safari、Chrome 等浏览器都是支持的。

> 在 IE 浏览器下还是需要使用 currentStyle 来获取样式的属性值。

3.3.2 属性应用

使用 currentStyle 对象或 getComputedStyle( )方法均可以获得元素的属性值，即可以获取元素在网页中的位置。在上网时经常会看到网页左侧、右侧或右下底部有一些广告图片，无论滚动条如何滚动，这些内容始终在浏览器的固定位置，如图 3.30 所示。这样的效果该如何实现呢？这就涉及获取滚动条滚动的距离了。

图3.30　不随滚动条滚动的广告图片

表 3-7 中列出的属性可以获取页面滚动状态下的一些元素属性。

表 3-7　HTML 中元素的属性

属　　性	描　　述
offsetLeft	返回当前元素左边界到它的上级元素左边界的距离，为只读属性
offsetTop	返回当前元素上边界到它的上级元素上边界的距离，为只读属性
offsetHeight	返回元素的高度
offsetWidth	返回元素的宽度
offsetParent	返回元素的偏移容器，即对最近的动态定位的包含元素的引用
scrollTop	返回匹配元素的滚动条的垂直位置
scrollLeft	返回匹配元素的滚动条的水平位置
clientWidth	返回元素的可见宽度
clientHeight	返回元素的可见高度

在网页中实现图 3.30 所示的效果就要获取滚动条的滚动距离，这就需要用到 scrollTop 和 scrollLeft 属性，获得的数值单位是像素（px）。对于不滚动的元素，这两个属性值总

是 0。利用这两个属性获取滚动条在窗口中滚动的距离的语法如下所示。

```
document.documentElement.scrollTop;
document.documentElement.scrollLeft;
```

或者

```
document.body.scrollTop;
document.body.scrollLeft;
```

以上代码均可以获取滚动条距窗口顶端和左侧的距离，但是这两种写法在同一个浏览器中只会有一个生效。例如，document.body.scrollTop 能取到值时，document.documentElement. scrollTop 就会始终为 0；反之亦然。要想得到网页真正的 scrollTop 值，可以这样写：

```
var sTop=document.documentElement.scrollTop||document.body.scrollTop;
```

这样两个值总会有一个恒为 0，就不用担心会对真正的 scrollTop 值造成影响。但是仅仅使用这两个属性仍无法完成随鼠标滚动的图片效果，还需要有事件来触发。在 JavaScript 中还要用到两个事件：一个是 onload 事件，用于加载页面，在前面的章节中已经学习；另一个是 onscroll 事件，用于捕捉页面垂直或水平的滚动。下面来制作随鼠标滚动的广告图片，代码如示例 8 所示。

示例 8

```
<div id="adver"><img src="images/adv.jpg"/></div>
<div id="main">
    <img src="images/main1.jpg"/>
    <img src="images/main2.jpg"/>
    <img src="images/main3.jpg"/>
</div>
<script>
    var adverTop; //层距页面顶端距离
    var adverLeft;
    var adverObj; //层对象
    function inix(){
        adverObj=document.getElementById("adver"); //获得层对象
        if(adverObj.currentStyle){
            adverTop=parseInt(adverObj.currentStyle.top);
            adverLeft=parseInt(adverObj.currentStyle.left);
        }
        else{
adverTop=parseInt(document.defaultView.getComputedStyle(adverObj,null).top);
adverLeft=parseInt(document.defaultView.getComputedStyle(adverObj,null).
left);
        }
    }
    function move(){
    var sTop=parseInt(document.documentElement.scrollTop||document.body.
scrollTop);
    var sLeft=parseInt(document.documentElement.scrollLeft||document.body.
```

```
    scrollLeft);
    adverObj.style.top=adverTop+sTop+"px";
    adverObj.style.left=adverLeft+sLeft+"px";
    }
    window.onload=inix;
    window.onscroll=move;
</script>
```

在浏览器中运行示例 8，实现如图 3.30 所示的网页效果。

3.3.3　上机训练

上机练习 3——制作带关闭按钮的广告

需求说明

在如图 3.31 所示的页面左侧有一个图片和一个关闭按钮。

图3.31　随滚动条滚动的图片

（1）当滚动条向下或向右移动时，图片和关闭按钮会随滚动条移动，但相对于浏览器的位置固定。

（2）单击关闭按钮，图片和关闭按钮消失。

本章作业

一、选择题

1．页面中有一个 id 为 pdate 的文本框，下列代码中，（　　）能把文本框中的值改为 "2016-10-12"。

A．document.getElementById("pdate").setAttribute("value","2016-10-12");

B．document.getElementById("pdate").value="2016-10-12";

C．document.getElementById("pdate").getAttribute("2016-10-12");

D．document.getElementById("pdate").text="2016-10-12";

2．页面中有一个 id 为 main 的 div，div 中有两个图片和一个文本框，下列代码中，（　　）能够完整地复制节点 main 及 div 中的所有内容。

A．document.getElementById("main").cloneNode(true);

B．document.getElementById("main").cloneNode(false);

C．document.getElementById("main").cloneNode( );

D．main.cloneNode( );

3．在 JavaScript 中，下列方法中，（　　）能把一个\<div\>插入到列表\<ul\>的前面。

A．appendChild( )　　　　　　　B．insertBefore( )

C．cloneNode( )　　　　　　　　D．createElement( )

4．页面中有一个 id 为 price 的层，使用 id 选择器设置层 price 的样式，在 IE 浏览器中运行此页面，下列代码中，（　　）能正确获取层的背景颜色。

A．document.getElementById("price").currentStyle.backgroundColor

B．document.getElementById("price").currentStyle.background-color

C．document.getElementById("price").style.backgroundColor

D．var divObj= document.getElementById("price");

document.defaultView.getComputedStyle(divObj,null). background;

5．下列选项中，（　　）能够获取滚动条距离页面顶端的距离。

A．onscroll　　　B．scrollLeft　　　C．scrollTop　　　D．top

二、简答题

1．简述 Core DOM 与 HTML DOM 访问和修改节点属性值的方法。

2．简述 style 和 className 设置元素样式的异同。

3．制作如图 3.32 所示的页面，其中有一个图片和五个数字链接，单击不同的数字链接会显示不同的图片。

提示

➤ 默认显示一个图片，五个超链接调用同一个有参函数，传递不同的图片名称。

➤ 使用 setAttribute( )方法改变图片的名称。

4．制作如图 3.33 所示的页面，单击一次"再上传一个文件"按钮就增加一行，可以增加许多相同的标示文件上传的行。

图3.32　单击数字链接显示不同的图片

图3.33　增加上传文件

提示

➢ 使用 cloneNode( )方法复制第一个选择上传文件的内容。

➢ 使用 appendChild( )方法或 insertBefore 属性把复制的内容插入页面中。

5. 制作如图 3.34 和图 3.35 所示的选项卡切换效果，当鼠标指针放在 "小说" "非小说" 或 "少儿" 上时，标题背景改变为另外一个图片，鼠标指针变为手形，并且下面的图书标题变为对应图书类别下的标题。

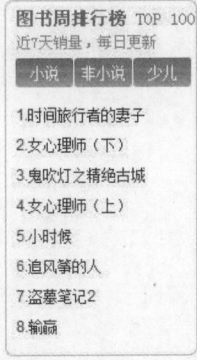

图3.34　显示小说

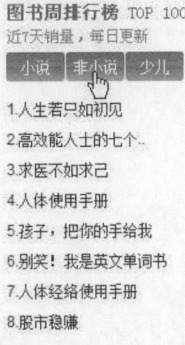

图3.35　显示非小说

提示

➢ 当鼠标指针放在不同图书类别上时，使用 onmouseover 事件触发。

➢ 使用 className 属性设置背景样式的改变。

➢ 使用 style 和 display 属性设置图片类别的显示或隐藏。

说明

为了方便读者验证作业答案，提升专业技能，请扫描二维码获取本章作业答案。

第 4 章

认识 jQuery

本章任务

任务 1: 了解 jQuery 并搭建开发环境

任务 2: 掌握 jQuery 基础语法及结构

任务 3: 掌握 jQuery 对象与 DOM 对象的转换

技能目标

❖ 掌握搭建 jQuery 开发环境的方法

❖ 掌握加载页面的 ready( )方法和 jQuery 语法

❖ 熟练使用 addClass( )方法和 css( )方法为元素添加 CSS 样式

价值目标

　　jQuery 以简约、优雅的风格，引领着互联网 JavaScript 的革新。本章学习 jQuery 基本结构，制作简单的常见交互效果，从而培养读者循序渐进完成目标的能力。

本章知识梳理

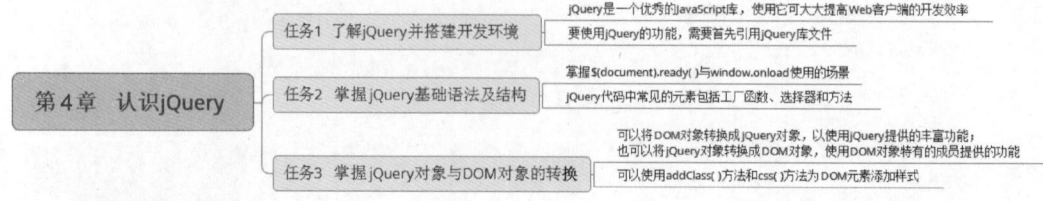

第4章　认识jQuery

- 任务1　了解jQuery并搭建开发环境
  - jQuery是一个优秀的JavaScript库，使用它可大大提高Web客户端的开发效率
  - 要使用jQuery的功能，需要首先引用jQuery库文件
- 任务2　掌握jQuery基础语法及结构
  - 掌握$(document).ready()与window.onload使用的场景
  - jQuery代码中常见的元素包括工厂函数、选择器和方法
- 任务3　掌握jQuery对象与DOM对象的转换
  - 可以将DOM对象转换成jQuery对象，以使用jQuery提供的丰富功能；也可以将jQuery对象转换成DOM对象，使用DOM对象特有的成员提供的功能
  - 可以使用addClass()方法和css()方法为DOM元素添加样式

本章简介

　　自 Web 2.0 兴起以来，越来越多的开发人员开始重视人机交互，改善网站的用户体验也被越来越多的企业、团体提上日程。以构建交互式网站、改善用户体验著称的主流脚本语言 JavaScript 受到人们的追捧，一系列 JavaScript 程序库也随之蓬勃发展起来，它们各有所长，逐渐呈现百家争鸣之势。从早期的 Prototype、Dojo 到之后的 jQuery、ExtJS，互联网行业正在掀起一场激烈的 JavaScript 风暴，jQuery 以其简约、优雅的风格，始终位于这场风暴的中心，得到了越来越多开发人员的赞誉与推崇。

　　通过本章的学习，读者将对 jQuery 的概念、jQuery 与 JavaScript 的关系和 jQuery 程序的基本结构有一个基本的认识，能够开发自己的第一个 jQuery 程序，制作一些简单且常见的交互效果。

预习作业

1．简答题

（1）如何将 jQuery 引入到 HTML 页面中？

（2）jQuery 库类型分为几种？分别适用于什么场景？

2．编码题

使用 jQuery 实现弹出对话框显示单击次数的功能，要求如下：

（1）在页面中新建<h1>标签，标签内容为"单击一下"。

（2）使用 jQuery 给<h1>标签绑定 click 单击事件。

（3）单击回调事件使用 alert 弹出对话框，显示单击的次数，显示文本为"您已单击第 n 次！"（n 代表单击的次数）。

任务1　了解 jQuery 并搭建开发环境

　　什么是 jQuery？在正式介绍 jQuery 之前，有必要先了解一下我们为什么选择 jQuery。

4.1.1　选择 jQuery 的原因

　　jQuery 是 JavaScript 的程序库之一，它是 JavaScript 对象和实用函数的封装。为什么要选择 jQuery 呢?

首先看看如图 4.1 所示的隔行变色的表格。该表格的效果使用 JavaScript 与 jQuery 均能实现,那么两者在实现上到底有什么区别呢?下面分别使用 JavaScript 和 jQuery 实现,再做对比。

姓名	入职企业	入职时间	技术方向	试用期	转正
☆王**	北京网晨星云有限公司	2016-06-03	网络营销师	6500	7000
花**	邻家汇网络有限公司	2016-06-03	Java工程师	5000	6000
☆杨晨**	英瑞科技发展有限公司	2016-05-29	Java工程师	4500	5000
夏**	邻家汇网络有限公司	2016-05-29	Java工程师	5300	7000
☆荷**	北大青鸟研究院	2016-05-29	Java工程师	5200	6000
刘*辰	苏州盈联互动有限公司	2016-05-29	安全运维工程师	6000	7000
☆吕**	北京普天合力通讯技术有限公司	2016-05-06	安全运维工程师	8000	8800
刘*辰	广东正品信息科技有限公司	2016-05-06	系统管理员	8000	8900
☆吕**	北京博仁科技有限公司	22016-05-06	网络营销师	8500	9000

图4.1　隔行变色的表格

使用 JavaScript 实现如图 4.1 所示的效果,代码如下所示。

```
<script type="text/javascript">
window.onload = function () {                        //加载 HTML 文档
    var trs = document.getElementsByTagName("tr");   //获取行对象集合
    for (var i = 0; i <= trs.length; i++) {          //遍历所有行
        if (i % 2 == 0) {                            //判断奇偶行
            var obj = trs[i];                        //根据序号获取行对象
            obj.style.backgroundColor = "#ccc";      //为获取的行对象添加背景颜色
        }
    }
}
</script>
```

使用 jQuery 实现如图 4.1 所示的效果,代码如下所示。

```
<script src="js/jQuery-1.12.4.js" type="text/javascript"></script>     /*引入 jQuery 库文件*/
<script type="text/javascript">
$(document).ready(function() {                       //加载 HTML 文档
        $("tr:even").css("background-color","#ccc");  //为表格的偶数行添加背景颜色
});
</script>
```

比较以上两段代码不难发现,使用 jQuery 制作交互特效的语法更为简单,代码量大大减少。

此外,使用 jQuery 与使用 JavaScript 相比,最大的优势是能使页面在各浏览器中保持统一的显示效果,即不存在浏览器兼容性问题。例如,使用 JavaScript 获取 id 为"title"的元素,在 IE 浏览器中,使用 eval("title ")或 getElementById("title")都能正常显示。而使用 eval("title"),在 Firefox 浏览器中将不能正常显示,因为在 Firefox 浏览器中,只支持使用 getElementById("title")获取 id 为 "title" 的元素。

首先，由于各浏览器对 JavaScript 的解析方式不同，因此在使用 JavaScript 编写代码时，就需要分 IE 和非 IE 两种情况来考虑，以保证在各个浏览器中的显示效果一致。这对一些开发经验尚浅的人员来说，难度非常大，一旦考虑不周全，就会导致用户使用网站时的体验变差，从而流失部分潜在客户。

其次，JavaScript 是一种面向 Web 的脚本语言。大部分网站都使用了 JavaScript 实现，并且现有浏览器（基于桌面系统、平板电脑、智能手机和游戏机的浏览器）都包含了 JavaScript 解释器。它的出现使网页与用户之间实现了实时、动态的交互，使网页包含了更多活泼的元素，使用户的操作变得更加简单便捷。而 JavaScript 本身存在两个弊端：一个是复杂的文档对象模型，另一个是不一致的浏览器实现。

基于以上背景，为了简化 JavaScript 开发工作，解决浏览器之间的兼容性问题，一些 JavaScript 程序库应运而生，JavaScript 程序库又称为 JavaScript 库。JavaScript 库中封装了很多预定义的对象和实用函数，能够帮助开发人员轻松搭建具有高难度交互功能的客户端页面，并且可以完美地兼容各大浏览器。目前流行的 JavaScript 库如表 4-1 所示。

表 4-1 目前流行的 JavaScript 库

LOGO	prototype	dōjō	⚙ Ext JS	jQuery write less, do more.	yui	moorools
名称	Prototype	Dojo	ExtJS	jQuery	YUI	MooTools

由于 JavaScript 库各有其优缺点，同时也拥有各自的支持者和反对者。从图 4.2 所示 JavaScript 库的 Google 访问量趋势中可以明显看出：自从 jQuery 诞生以来，它的关注度就一直处于稳步上升状态。jQuery 在经历了若干次版本更新后，逐渐从其他 JavaScript 库中脱颖而出，成为 Web 开发人员的最佳选择。

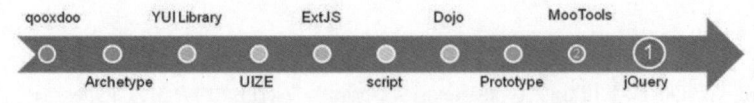

图4.2 各种JavaScript库的Google访问量排名

4.1.2 什么是 jQuery

通过前面的介绍，已经十分清楚选择 jQuery 的原因了，下面从 jQuery 的简介、用途和优势三个方面来认识 jQuery。

1. jQuery 简介

jQuery 是继 Prototype 之后又一个优秀的 JavaScript 库，是由 John Resig 于 2006 年创建的开源项目。目前，jQuery 团队主要包括核心库、UI、插件和 jQuery Mobile 等项目分支的开发人员、推广人员、网站设计人员及维护人员。随着人们对 jQuery 的日渐熟知，越来越多的程序高手加入其中，不断完善并壮大项目内容，也促使 jQuery 逐步发展成为如今集 JavaScript、CSS、DOM 和 AJAX 于一体的强大框架体系。

作为 JavaScript 的程序库，jQuery 凭借其简洁的语法和跨浏览器的兼容性，极大地简化了遍历 HTML 文档、操作 DOM、处理事件、执行动画和开发 AJAX 的代码，从而广泛应用于 Web 应用开发，如导航菜单、轮播广告、网页换肤和表单校验等方面。jQuery 以其简约、雅致的代码风格，改变了 JavaScript 程序员的设计思路和编写程序的方式。

2．jQuery 的用途

jQuery 是 JavaScript 的程序库之一，许多使用 JavaScript 能实现的交互特效，使用 jQuery 都能完美地实现。下面就从五个方面来简单介绍一下 jQuery 的应用场合。

（1）访问和操作 DOM 元素

使用 jQuery 可以方便地获取和修改页面中的指定元素，无论是删除、移动还是复制，jQuery 都提供了一整套方便、快捷的方法，既减少了代码的编写，又大大提高了用户对页面的体验度，如添加或删除商品、留言、更改个人信息等。图 4.3 展示的是在腾讯 QQ 空间中删除说说信息，该功能的实现就用到了 jQuery。

图4.3　在QQ空间中删除说说信息

（2）控制页面样式

通过引入 jQuery，程序开发人员可以便捷地控制页面的 CSS 文件。浏览器对页面文件的兼容性，一直以来都是网页开发人员最为头痛的事情，而使用 jQuery 操作页面的样式可以很好地兼容各种浏览器。最典型的有微博、博客、邮箱等的换肤功能。图 4.4 所示的网易邮箱的换肤功能也是基于 jQuery 实现的。

（3）对页面事件的处理

引入 jQuery 后，页面的表现层与功能开发分离，开发人员可以更多地专注于程序的逻辑与功效；页面设计人员可以侧重于页面的优化与用户体验。通过事件绑定机制，还可以轻松地实现二者的结合。图 4.5 所示的"去哪儿"网的搜索模块的交互效果，就用到了 jQuery 对鼠标事件的处理。

图4.4　网易邮箱换肤功能

图4.5　"去哪儿"网的搜索模块

（4）方便地使用 jQuery 插件

引入 jQuery 后，可以使用大量的 jQuery 插件来完善页面的功能和效果，如 jQuery UI 插件库、Form 插件、Validate 插件等。这些插件的使用极大地丰富了页面的展示效果，使原来使用 JavaScript 代码实现起来非常困难的功能通过 jQuery 插件可以轻松地实现。图 4.6 所示的 3D 幻灯片就是用 jQuery 的 Slicebox 插件实现的。

（5）与 AJAX 技术的完美结合

利用 AJAX 异步读取服务器数据的方法，可以极大地方便程序的开发，增强页面的交互，提升用户的体验；而引入 jQuery 后，不仅完善了原有的功能，还减少了代码的书写，通过其内部对象或函数，简单几行代码就可以实现复杂的功能。图 4.7 所示的京东商城注册表单校验页面就用到了 jQuery。

图4.6　3D幻灯片

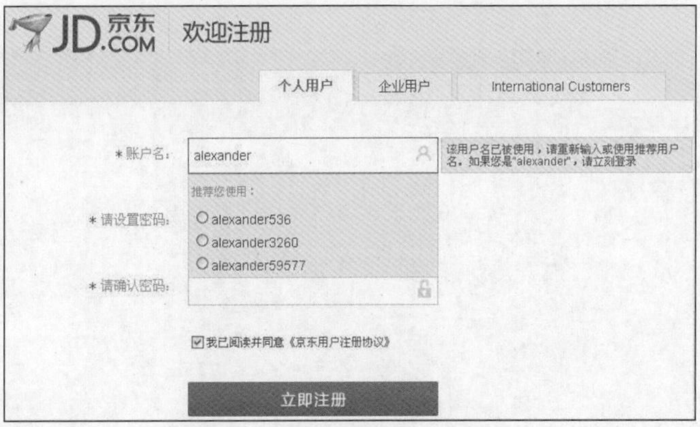

图4.7　京东商城注册表单校验

3．jQuery 的优势

jQuery 的设计主旨是"write less，do more（以更少的代码，实现更多的功能）"。jQuery 独特的选择器、链式操作、事件处理机制和封装，以及完善的 AJAX 支持都是其他 JavaScript 库所望尘莫及的。总体来说，jQuery 具有以下优势。

（1）轻量级。jQuery 的体积较小，压缩之后，大约只有 100KB。

（2）强大的选择器。jQuery 支持几乎所有的 CSS 选择器，使得具备一定 CSS 经验的开发人员学习 jQuery 更加容易。jQuery 还可以自定义特有选择器。

（3）出色的 DOM 封装。jQuery 封装了大量常用的 DOM 操作，使得开发人员在编写 DOM 操作相关程序的时候更加得心应手。jQuery 能够轻松地完成各种使用 JavaScript 编写非常复杂的操作，即使 JavaScript 新手也能编写出出色的程序。

（4）可靠的事件处理机制。jQuery 的事件处理机制吸收了 JavaScript 中的事件处理函数的精华，使得 jQuery 在处理事件绑定时非常可靠。

（5）出色的浏览器兼容性。作为一个流行的 JavaScript 库，解决各浏览器之间的兼容性问题是必备的条件之一。jQuery 能够同时兼容 IE 6.0+、Firefox 3.6+、Safari 5.0+、Opera 和 Chrome 等多种浏览器，使显示效果在各浏览器之间没有差异。

（6）隐式迭代。当使用 jQuery 查找相同名称（类名、标签名等）的元素并隐藏它们时，无须循环遍历每一个返回的元素，jQuery 会自动操作所匹配的对象集合，而不是单独的对象，这一功能使得大量的循环结构变得不再必要，从而大幅减少了代码量。

（7）丰富的插件支持。jQuery 的易扩展性，吸引了全球的开发者来编写 jQuery 的扩展插件。目前已经有成百上千的官方插件，而且还不断有新插件面世。

4.1.3 搭建环境

俗话说得好：磨刀不误砍柴工。要想在页面中使用 jQuery 也一样，首先必须配置 jQuery 的开发环境。

1．获取最新版本

进入 jQuery 的官方网站，在页面右侧的 Download jQuery 区域，下载最新版的 jQuery 库文件，如图 4.8 所示。

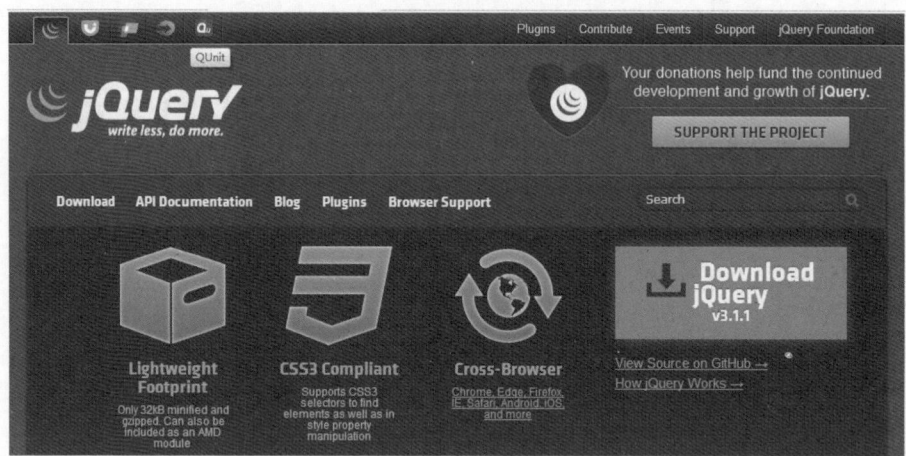

图4.8　jQuery官方网站下载页面

经验

> jQuery 库文件的版本更新较快，只需记住登录 jQuery 官方网站，单击 Download jQuery 按钮，进入下载列表，下载版本号以 1.开头的 jQuery 库文件即可。版本号以 2.开头的 jQuery 库文件不提供对 IE 6～IE 8 的支持，即无法解决这三个版本的兼容性问题，而版本号以 1.开头的 jQuery 库文件可以支持所有版本的 IE，以及其他流行的浏览器。因此，建议下载版本号以 1.开头的 jQuery 库文件。

2．版本类型说明

jQuery 库的类型有两种：开发版（未压缩版）和发布版（压缩版），它们的对比如表 4-2 所示。

表 4-2　**jQuery 库的对比**

名　　称	大　　小	说　　明
jQuery-1.版本号.js（开发版）	约 286KB	完整无压缩版本，主要用于测试、学习和开发
jQuery-1.版本号.min.js（发布版）	约 94.8KB	经过工具压缩或经过服务器开启 GZIP 压缩，主要用于发布的产品和项目

本书采用的版本是 jQuery V1.12.4，对应的开发版和发布版 jQuery 库分别为 jQuery-1.12.4.js 和 jQuery-1.12.4.min.js。

3．环境配置

jQuery 不需要安装，直接把下载的 jQuery.js 放到网站上的一个公共位置，想要在某个页面上使用时，只需在相关的 HTML 文档中引入该库文件的位置即可。

4．页面引入 jQuery

将 jQuery-1.12.4.js 放在目录 js 下，为了方便调试，本书示例中引用时使用的是相对路径。在实际项目中，可以根据需要调整 jQuery 库的路径。

在编写的页面代码的<head>标签内引入 jQuery 库后，就可以使用 jQuery 库了，程序代码如下。

```html
<!DOCTYPE html>
<html>
  <head lang="en">
      <meta charset="UTF-8">
       <title>在页面中引入 jQuery 库文件</title>
  </head>
  <body>
      <!--在 body 标签中引入 jQuery 库文件-->
      <script src="js/jQuery-1.12.4.js" type="text/javascript"></script>
  </body>
</html>
```

任务 2 掌握 jQuery 基础语法及结构

结合之前学习的 DOM 对象操作的概念，接下来就可以进一步学习 jQuery 技术了。

4.2.1 jQuery 程序

首先，编写一个简单的 jQuery 程序，要求实现：在页面完成加载时，弹出一个对话框，显示"我欲奔赴沙场征战 jQuery，势必攻克之！"，代码如示例 1 所示。

示例 1

```html
<!DOCTYPE html>
......//省略部分代码
<body>
<script src="js/jQuery-1.12.4.js" type="text/javascript"></script>
<script>
    $(document).ready(function() {
        alert("我欲奔赴沙场征战 jQuery，势必攻克之！");
    });
</script>
```

```
</body>
</html>
```

运行结果如图 4.9 所示。

图4.9 第一个jQuery程序

$(document).ready( )语句中的 ready( )方法类似于 JavaScript 中的 onload( )方法,它是 jQuery 中载入页面事件的方法。$(document).ready( )与 JavaScript 中的 window.onload 非常相似,都意味着在页面加载完成时才执行事件,即弹出如图 4.9 所示的提示框。例如,如下 jQuery 代码:

```
$(document).ready(function() {
    //执行代码
});
```

类似于如下 JavaScript 代码:

```
window.onload=function(){
    //执行代码
};
```

两者在功能实现上可以互换,但它们之间又存在一些区别。请读者扫描二维码,查看更多关于$(document).ready( )与 window. onload 的区别。

jQuery语法

4.2.2　jQuery 语法

通过示例 1 中的语句$(document).ready()不难发现,这条 jQuery 语句主要包含三部分:$( )、document 和 ready( ),在 jQuery 中分别称为工厂函数、选择器和方法,将其语法简化后,结构如下。

$(selector).action() ;

1. 工厂函数$( )

在 jQuery 中,美元符号"$"等价于 jQuery,即$( )=jQuery( )。$( )的作用是将 DOM 对象转化为 jQuery 对象,只有将 DOM 对象转化为 jQuery 对象后,才能使用 jQuery 的方法。例如,示例 1 中的 document 是一个 DOM 对象,将它使用$( )函数包裹起来时,就变成了一个 jQuery 对象,就能使用 jQuery 中的 ready( )方法,而不能再使用 DOM 对象的 getElementById( )方法。例如,代码$(document). getElementById( )和 document.ready( )均是不正确的。

规范

当 $( )$ 的参数是 DOM 对象时，就不需要使用双引号包裹起来，如果获取的是 document 对象，则写为 $(document)。

2．选择器（selector）

jQuery 支持 CSS 1.0 到 CSS 3.0 规则中几乎所有的选择器，如标签选择器、类选择器、ID 选择器和后代选择器等，使用 jQuery 选择器和 $( )$ 工厂函数可以非常方便地获取需要操作的 DOM 元素，语法格式如下。

```
$(selector)
```

ID 选择器、标签选择器、类选择器的用法如下所示。

```
$("#username");        //获取 DOM 中 id 为 userName 的元素
$("div");              //获取 DOM 中所有的 div 元素
$(".content");         //获取 DOM 中 class 为 content 的元素
```

jQuery 中提供的选择器远不止上述几种，在以后的章节中将进行更加系统的介绍。

3．方法 action( )

jQuery 提供了一系列方法。在这些方法中，一类重要的方法就是事件处理方法，主要用来绑定 DOM 元素的事件和事件处理方法。在 jQuery 中，许多基础的事件（如鼠标事件、键盘事件和表单事件等）都可以通过事件处理方法进行绑定，对应的在 jQuery 中写作 click( )、mouseover( ) 和 mouseout( ) 等。

通过以上对 jQuery 语法结构的分析，下面制作一个网站的左导航特效，当单击导航项时，为 id 为 current 的导航项添加类名为 current 的类样式。相关代码如示例 2 所示。

示例 2

```
......//省略部分代码
<body>
<ul>
    <li id="current">jQuery 简介</li>
    <li>jQuery 语法</li>
    <li>jQuery 选择器</li>
    <li>jQuery 事件与动画</li>
    <li>jQuery 方法</li>
</ul>
<script src="js/jQuery-1.12.4.js" type="text/javascript"></script>
<script type="text/javascript">
    $(document).ready(function(){
        $("li").click(function(){
            $("#current").addClass("current");
        });
    });
</script>
</body>
```

4
Chapter

运行结果如图 4.10 所示，当单击菜单项"jQuery 简介"时，其背景变为蓝色，如图 4.11 所示。

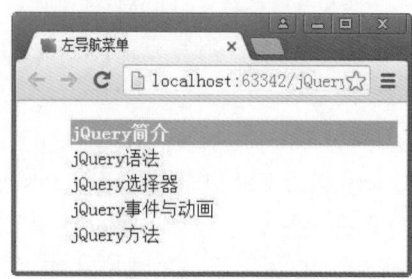

图4.10　左导航菜单　　　　　　　　　图4.11　单击菜单项后的效果

提示

从上面的方法名称中可以看到，jQuery 中的事件方法与 JavaScript 中的事件非常相似。例如，单击事件，JavaScript 中为 onclick，jQuery 中为 click，仅少了一个 on，再对照其他事件均是如此，所以在使用 JavaScript 事件和 jQuery 事件方法时，千万不要写错。

示例 2 中出现的 addClass( )方法是 jQuery 中用于 CSS 操作的方法之一，它的作用是向被选元素添加一个或多个类样式，其语法格式如下。

jQuery 对象.addClass([样式名])

其中，样式名可以是一个，也可以是多个，多个样式名之间需要用空格隔开。

需要注意的是，与使用选择器获取 DOM 元素不同，获取 id 为 current 的元素时，"current"前需要加 id 的符号"#"，而使用 addClass( )方法添加 class 为 current 的类样式时，该类名前不需要带有类符号"."。

4.2.3　设置 CSS 属性值

在 jQuery 中除了 addClass()方法可以设置 CSS 样式属性外，方法 CSS()也具有同样的功能，CSS()方法可以设置或返回 CSS 样式属性。

➢ 返回匹配的元素 CSS 样式的语法如下。

css("属性");

例如返回<p>元素的背景色，可以写作：$("p"). css("background-color")。

➢ 为匹配的元素添加 CSS 样式的语法如下。

css("属性","属性值");//设置 CSS 样式

$(selector).css({"属性":"属性值", "属性":"属性值",……})//设置多个 CSS 样式

例如使用 css()方法为页面中的<p>元素设置文本颜色、大小及背景色，可以写作：$("p").css({"color":"#fff","font-size":"18px", "background":"blue"}); 。

示例 3 实现了一个问答特效，即单击问题标题时，显示其相应解释，同时高亮显示问题标题。

示例 3

```
......//省略部分代码
<head>
<meta http-equiv="Content-Type" content="text/html; charset=utf-8" />
<title>问答特效</title>
<style type="text/css">
    h2 {padding:5px;}
    p {display:none;}
</style>
<script src="js/jQuery-1.12.4.js" type="text/javascript"></script>
<script type="text/javascript">
    $(document).ready(function() {
        $("h2").click(function(){
            $("h2").css("background-color","#CCFFFF").next().
              css("display","block");
        });
    });
</script>
</head>
<body>
    <h2>什么是受益人?</h2>
    <p>
        <strong>解答：</strong>
        受益人是指人身保险中由被保险人或者投保人指定的享有
        保险金请求权的人，投保人、被保险人可以为受益人。
    </p>
</body>
......//省略部分代码
```

运行结果如图 4.12 所示。

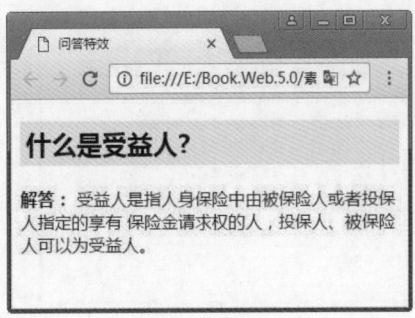

（a）单击标题前　　　　　　　　　　（b）单击标题后

图4.12　问答特效

上述代码中，加粗代码的作用是单击<h2>时，为它本身添加色值为#CCFFFF 的背景颜色，并为紧随其后的元素<p>添加样式，使隐藏的<p>元素显示出来。

css( )方法与 addClass( )方法的区别如下。

- css()方法为匹配的元素设置给定的 CSS 样式。
- addClass()方法向匹配的元素添加一个或多个类。该方法不会删除已经存在的类，仅在原有基础上追加新的类样式。

4.2.4 移除 CSS 样式

在 jQuery 中除了设置 CSS 样式属性的方法外，还有一个具有相反功能的方法——removeClass( )，用来移除 CSS 样式属性，其语法如下。

```
removeClass(class)    //移除单个样式
```

或者

```
removeClass(class1 class2 … classN)    //移除多个样式
```

其中，参数 class 为类样式名称，该名称是可选的，即移除某个类样式。移除多个类样式时，与 addClass( )方法的语法相似，每个类样式之间用空格隔开。

4.2.5 上机训练

上机练习1——使用 jQuery 变换网页效果

训练要点

- 使用选择器选取元素。
- 使用 css( )、addClass( )方法为选取的元素添加 CSS 样式。
- 使用 show( )方法显示元素。

需求说明

制作《你是人间四月天》内容简介页面，如图 4.13 所示。

（1）单击"你是人间四月天"标题后，标题字体变小、颜色变为蓝色，正文的字体颜色变为绿色，如图 4.14 所示。

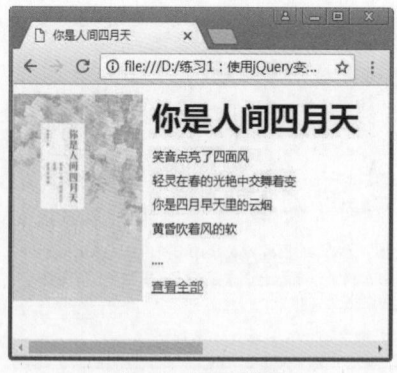

图4.13　页面效果

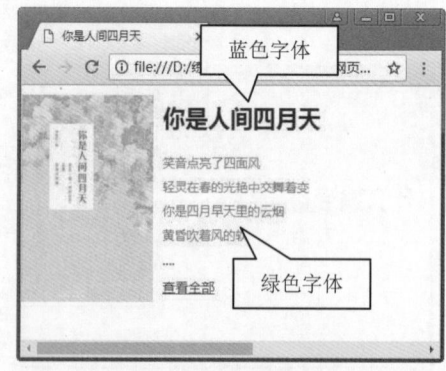

图4.14　单击标题后

（2）单击"查看全部"链接，显示内容简介，如图 4.15 所示。

实现思路及关键代码

（1）新建 HTML 文件，文件名为 april.html。

（2）在新建的 HTML 文档中引入 jQuery 库。

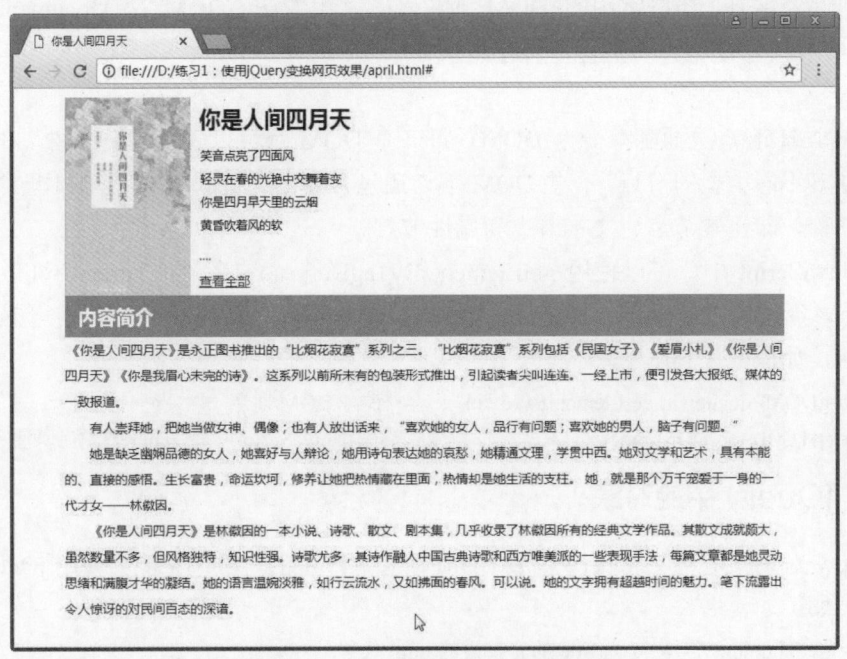

图4.15　单击"查看全部"链接后

（3）使用 $(document).ready( )创建文档加载事件。

（4）使用 $( )选取所需元素。

（5）使用 css( )、addClass( )方法为选取的元素添加 CSS 样式。

（6）使用 show( )方法显示简介内容。

参考解决方案

```
$(".whole").click(function(){
    $(".intro").show();
})
```

注意：show( )、hide( )方法在 jQuery 中经常用到，分别用来显示、隐藏 HTML 元素，语法格式如下。

```
$(selector).show( );
$(selector).hide( );
```

例如，$(".intro").show( )表示显示此元素信息和此元素下的所有子元素（不包括含有隐藏样式的子元素），$(".intro").hide( )表示隐藏此元素信息和此元素下的所有子元素，在这里知道这两个方法的用法即可。

任务 3　掌握 jQuery 对象与 DOM 对象的转换

在讲解 jQuery 对象之前，先回顾一下 DOM 对象，只有理解了 DOM 对象，才能更好地理解 DOM 对象与 jQuery 对象的区别与联系。

4
Chapter

前面已经学习了一些常用的 DOM 对象及其常用方法，DOM 是 Document Object Model（文档对象模型）的缩写，只有类似 HTML、XML 等属于文档类型的语言，才具有 DOM。

每一个 HTML 页面都有一个 DOM，每一个 DOM 都可以表示成一棵树，在这棵树里存在许多不同类型的节点，有些 DOM 节点还包含其他类型的节点。DOM 里的节点通常分为三种，即元素节点、文本节点和属性节点。

在 JavaScript 中，可以使用 getElementsByTagName( )或者 getElementById( )来获取元素节点，通过该方式得到的 DOM 元素就是 DOM 对象，DOM 对象可以使用 JavaScript 中的方法，如以下代码所示。

```
var objDOM=document.getElementById("id");      //获得 DOM 对象
var objHTML=objDOM.innerHTML;                  //使用 JavaScript 中的 innerHTML 属性
```

4.3.1 jQuery 中的对象

jQuery 对象就是通过 jQuery 包装 DOM 对象后产生的对象，它能够使用 jQuery 中的方法。例如：

```
$("#title").html(); //获取 id 为 title 的元素内的 html 代码
```
这段代码等同于如下代码：

```
document.getElementById("title").innerHTML;
```
在 jQuery 对象中无法直接使用 DOM 对象的任何方法。例如，$("#id").innerHTML 和$("#id").checked 都是错误的，可以使用$("#id").html( )和$("#id").attr("checked")来代替。同样，DOM 对象也不能使用 jQuery 里的方法。例如，使用 document.getElementById("id").html( )也会报错，只能使用 document.getElementById("id").innerHTML。

4.3.2 对象间的相互转换

在实际使用 jQuery 开发的过程中，jQuery 对象和 DOM 对象间的相互转换是非常常见的。在学习之前，先来约定一下变量定义的风格。如果获取的对象是 jQuery 对象，那么在变量前面加上"$"，例如：

```
var $variable=jQuery 对象;
```
如果获取的对象是 DOM 对象，则定义如下。

```
var variable=DOM 对象;
```
下面看看在实际应用中是如何进行 jQuery 对象与 DOM 对象的相互转换的。

1．jQuery 对象转换成 DOM 对象

jQuery 提供了两种可以将一个 jQuery 对象转换成一个 DOM 对象的方法，即[index]和 get(index)。

（1）jQuery 对象是一个类似数组的对象，可以通过[index]的方法得到相应的 DOM 对象。代码如下。

```
var $txtName =$("#txtName");         //jQuery 对象
var txtName =$txtName[0];            //DOM 对象
```

```
alert(txtName.checked)                    //检测这个 checkbox 是否被选中了
```

（2）通过 get(index)方法得到相应的 DOM 对象。代码如下。

```
var $txtName =$("#txtName");              //jQuery 对象
var txtName =$txtName.get(0);             //DOM 对象
alert(txtName.checked)                    //检测这个 checkbox 是否被选中了
```

jQuery 对象转换成 DOM 对象在实际开发中并不多见，除非希望使用 DOM 对象特有的成员（如 outerHTML 属性）输出相应的 DOM 元素的完整的 HTML 代码，因为 jQuery 并没有直接提供该功能。

2．DOM 对象转换成 jQuery 对象

只需要用$( )函数将 DOM 对象包装起来，就可以获得一个 jQuery 对象，即$(DOM 对象)，jQuery 代码如下。

```
var txtName =document.getElementById("txtName");    //DOM 对象
var $txtName =$(txtName);                            //jQuery 对象
```

在实际开发中，将 DOM 对象转换为 jQuery 对象多见于 jQuery 事件方法的调用，后续内容中将会接触到更多的 DOM 对象转换为 jQuery 对象的应用场景。

最后再次强调：DOM 对象只能使用 DOM 中的方法，jQuery 对象也不能直接使用 DOM 中的方法，但 jQuery 对象提供了一套完善的对象成员用于操作 DOM，关于 jQuery 操作 DOM 的内容将在后续章节中详细讲解。

4.3.3　上机训练

┌─────────────────────────────────────┐
│ *上机练习 2——制作广告立体轮播切换效果* │
└─────────────────────────────────────┘

训练要点

➤ 使用 jQuery 对象的单击事件方法。

➤ 将 jQuery 对象转换为 DOM 对象。

➤ 使用 DOM 元素属性实现动画效果。

需求说明

制作广告图片轮播切换效果，如图 4.16 所示，左右两侧有两个按钮，分别是左、右箭头。要求实现立体旋转轮播特效，共分为 6 块进行旋转，4 张轮播图循环切换显示。

图4.16　图片轮播页面

（1）单击右箭头，每单击一下，显示下一张图片，并且呈现立体旋转效果，如图 4.17 所示。

图4.17　立体旋转效果

（2）单击左箭头，每单击一下，显示上一张图片，并且呈现立体旋转效果，如图 4.18 所示。

图4.18　第一张图片显示时不能再单击左箭头

实现思路及关键代码

（1）新建 HTML 文件。

（2）在新建的 HTML 文档中引入 jQuery 库。

（3）使用$(document).ready( )执行文档加载事件。

（4）获取 jQuery 对象并将 jQuery 对象转化为 DOM 对象。

（5）使用 jQuery 对象的 click( )方法，实现单击箭头轮播图片和数字背景颜色变化效果。

（6）修改元素的 style 属性，实现立体效果的展示。

```
/* 设定每一个元素旋转动画等待的时间*/
dom.style["transitionDelay"] = i * 0.3 + "s";
/* 设定每一个元素的旋转角度*/
dom.style["transform"] = "rotateX(" + rotate + "deg)";
```

本章作业

一、选择题

1. 在 jQuery 中被称为工厂函数的是（　　）。

  A．ready( )　　　　B．function( )　　C．$( )　　　　　D．next( )

2. 下面说法正确的是（　　）。（选择两项）

  A．jQuery 对象可以直接使用 DOM 对象的方法

  B．DOM 对象不能使用 jQuery 对象的方法

  C．jQuery 可以完全取代 JavaScript

  D．链式操作是 jQuery 代码的风格之一

3. 下列选项中，不属于 DOM 模型节点类型的是（　　）。

  A．元素节点　　　B．属性节点　　　C．图像节点　　　D．文本节点

4. 在 jQuery 中，能够为元素添加 CSS 样式的方法是（　　）。(选择两项)

  A．ready( )　　　　B．css( )　　　　C．next( )　　　　D．addClass( )

5. 下列关于 css( )方法的写法正确的是（　　）。

  A．css(color:#ccf;)　　　　　　　　B．css("color","#ccf")

  C．css("#ccf","color")　　　　　　　D．css("color":"#ccf","font-size":"14px")

二、简答题

1. 简述 jQuery 的优势。

2. 什么是 jQuery 对象？如何把 DOM 对象转换为 jQuery 对象？

3. jQuery 的语法结构由哪几部分组成？

4. 使用 css( )方法添加图片边框，页面效果如图 4.19 所示，单击图片显示图片边框，如图 4.20 所示。

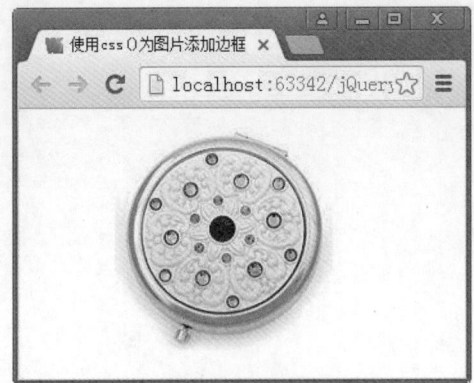

图4.19　图片无边框

图4.20　单击图片添加边框

5. 制作林徽因简介页面，如图 4.21 所示。单击"林徽因简介"链接，显示简介内容，如图 4.22 所示；单击"主要作品"链接，显示对应的作品，如图 4.23 所示。

图4.21　页面默认效果

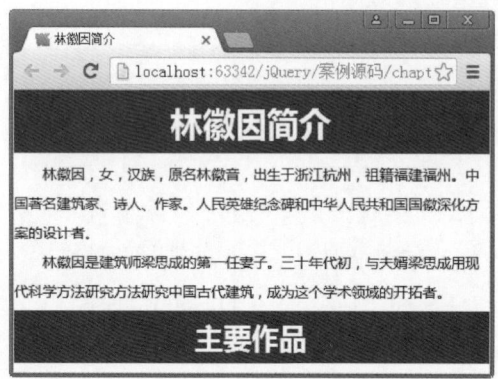

图4.22　显示简介内容

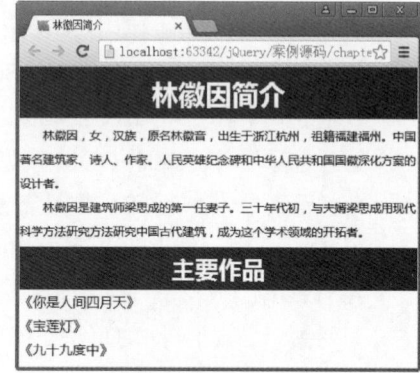

图4.23　显示主要作品

 说明

为了方便读者验证作业答案，提升专业技能，请扫描二维码获取本章作业答案。

第 5 章

认识 jQuery 选择器

本章任务

任务 1: 了解 jQuery 选择器及其分类

任务 2: 使用 CSS 选择器选取元素

任务 3: 通过过滤选择器选取元素

技能目标

❖ 掌握并使用基本选择器获取元素

❖ 掌握并使用层次选择器获取元素

❖ 掌握并使用属性选择器获取元素

❖ 理解基本过滤选择器的使用

❖ 理解可见性过滤选择器的使用

价值目标

选择器是 jQuery 的核心之一,学习 jQuery 选择器知识能够让读者体验真实开发环境,切实加强读者的动手及解决实际问题的能力。

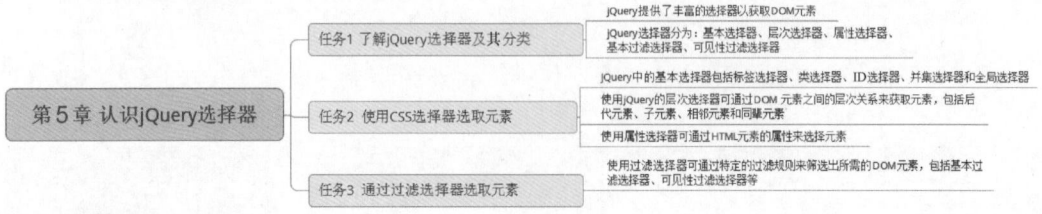

本章知识梳理

第5章 认识jQuery选择器	任务1 了解jQuery选择器及其分类	jQuery提供了丰富的选择器以获取DOM元素
		jQuery选择器分为：基本选择器、层次选择器、属性选择器、基本过滤选择器、可见性过滤选择器
	任务2 使用CSS选择器选取元素	jQuery中的基本选择器包括标签选择器、类选择器、ID选择器、并集选择器和全局选择器
		使用jQuery的层次选择器可通过DOM元素之间的层次关系来获取元素，包括后代元素、子元素、相邻元素和同辈元素
		使用属性选择器可通过HTML元素的属性来选元素
	任务3 通过过滤选择器选取元素	使用过滤选择器可通过特定的过滤规则来筛选出所需的DOM元素，包括基本过滤选择器、可见性过滤选择器等

本章简介

选择器是 jQuery 的核心之一。jQuery 沿用了 CSS 选择器获取元素的功能，使得开发者能够在 DOM 中快捷且轻松地获取元素及其集合。

本章根据 jQuery 选择器获取元素的方式不同，分别通过 CSS 选择器、条件过滤两种方式获取元素。此外，还介绍了关于使用 jQuery 选择器的一些注意事项。

预习作业

1．简答题

（1）jQuery 选择器分类有哪些？

（2）写出至少两种 jQuery 基本选择器的用法。

2．编码题

使用 jQuery 选择器实现字体颜色修改功能，要求如下。

（1）在页面新建<h1>标签，类名为"testClick"，标签内容为"单击一下"。

（2）使用 jQuery 基本选择器给<h1>标签绑定 click 单击事件（注：必须通过类名绑定）。

（3）单击"单击一下"文字后，文字颜色变为红色。

任务1 了解 jQuery 选择器及其分类

选择器是 jQuery 各项操作的基础，如事件处理、遍历 DOM 和 Ajax 操作等都依赖于选择器。熟练地使用选择器，不但能简化代码，而且能事半功倍。jQuery 选择器可通过 CSS 选择器、条件过滤两种方式获取元素。基本选择器、层次选择器和属性选择器可以通过 CSS 选择器语法规则获取元素；基本过滤选择器和可见性过滤选择器可以通过条件过滤选取元素。

下面首先看看什么是 jQuery 选择器，它的作用是什么。

5.1.1 jQuery 选择器概述

说到选择器，自然地联想到层叠样式表（Cascading Style Sheets，CSS）。在 CSS 中，选择器的作用是获取元素，为其添加 CSS 样式，美化外观。而 jQuery 选择器，不仅良好地继承了 CSS 选择器的语法，而且继承了其获取页面元素便捷高效的特点。jQuery 选择器与 CSS 选择器的不同之处在于，jQuery 选择器获取元素后，为该元素添加的是行为，因此使页面交互变得更加丰富多彩。

此外，jQuery 选择器拥有良好的浏览器兼容性，不像 CSS 选择器还需要考虑各个浏览器对它的支持情况。学会使用选择器是学习 jQuery 的基础，jQuery 的所有操作都建立在获取的元素之上，否则无法实现想要的效果。

总体而言，jQuery 选择器具有以下两点优势。

1．简洁的语法

$( )函数在很多 JavaScript 库中都被当作一个选择器函数来使用，在 jQuery 中也不例外。其中，$("#id")用来代替 JavaScript 中的 document.getElementById( )函数，即通过 id 获取元素；$("tagName")用来代替 document.getElementsByTagName( )函数，即通过标签名获取 HTML 元素；其他选择器的写法将在后续小节中讲解。

2．完善的处理机制

使用 jQuery 选择器不仅比使用传统的 getElementById( )和 getElementsByTagName( )函数简洁得多，还能避免某些错误。

5.1.2　选择器分类

jQuery 可通过 CSS 选择器和过滤选择器两种方式选取元素，每种方式又有不同的方法。具体 jQuery 选择器的类型如下所示。

➤ 通过 CSS 选择器选取元素
  ◆ 基本选择器
  ◆ 层次选择器
  ◆ 属性选择器
➤ 通过过滤选择器选取元素
  ◆ 基本过滤选择器
  ◆ 可见性过滤选择器

任务 2　使用 CSS 选择器选取元素

jQuery 支持大多数 CSS 选择器，最常用的有 CSS 基本选择器、层次选择器和属性选择器，在 jQuery 中，分别对应的是 jQuery 基本选择器、层次选择器和属性选择器，它们的构成规则与 CSS 选择器完全相同。下面就分别讲解这三种选择器的用法。

5.2.1　基本选择器

jQuery 基本选择器与 CSS 基本选择器相同，继承了 CSS 选择器的语法和功能，主要由元素标签名、class、id 和多个选择器组成，通过基本选择器可以实现大多数页面元素的查找。基本选择器主要包括标签选择器、类选择器、ID 选择器、并集选择器、交集选择器和全局选择器，是 jQuery 中使用频率最高的选择器。关于 jQuery 基本选择器的详细说明如表 5-1 所示。

表 5-1　基本选择器的详细说明

名称	语法构成	描述	返回值	示例
标签选择器	element	根据给定的标签名匹配元素	元素集合	$(" h2")选取所有 h2 元素
类选择器	.class	根据给定的 class 匹配元素	元素集合	$(" .title")选取所有 class 为 title 的元素
ID 选择器	#id	根据给定的 id 匹配元素	单个元素	$(" #title")选取 id 为 title 的元素
并集选择器	selector1,selector2,..., selectorN	将每一个选择器匹配的元素合并后一起返回	元素集合	$(" div,p,.title ")选取所有 div、p 和 class 为 title 的元素
交集选择器	element.class 或 element#id	匹配指定 class 或 id 的某元素或元素集合（若在同一页面中返回指定 id 的元素，则一定是单个元素；若是返回指定 class 的元素，则可以是单个元素，也可以是元素集合）	单个元素或元素集合	$("h2.title")选取所有 class 为 title 的 h2 元素
全局选择器	*	匹配所有元素	集合元素	$(" *")选取所有元素

　　为了更加直观地展示 jQuery 基本选择器选取的元素及范围，首先使用 HTML+CSS 代码实现如图 5.1 所示的页面，代码如示例 1 所示。

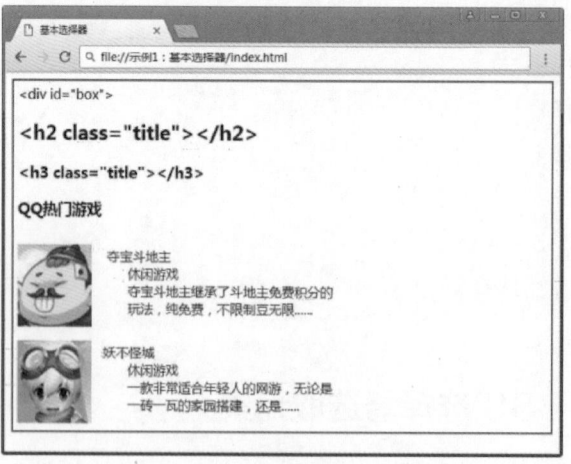

图5.1　基本选择器的演示初始页

示例 1

......//省略部分代码
```
<style type="text/css">
    #box {background:#FFF; border:2px solid red; padding:5px;}
    dl{
        display: inline-block;
```

```
                width: 300px;
                margin-left: 0;
                vertical-align: bottom;
            }
        </style>
    </head>
    <body>
        <div id="box"> &lt;div id="box"&gt;
            <h2 class="title">&lt;h2 class="title"&gt;&lt;/h2&gt;</h2>
            <h3 class="title">&lt;h3 class="title"&gt;&lt;/h3&gt;</h3>
            <h3>QQ 热门游戏</h3>
            <div>
                <img src="images/dbddz.jpg" width="93" height="99" alt="夺宝斗地主" />
                <dl>
                    <dt>   夺宝斗地主</dt>
                    <dd class="title">休闲游戏</dd>
                    <dd>夺宝斗地主继承了斗地主免费积分的玩法，纯免费，不限制豆无限......</dd>
                </dl>
            </div>
            <div>
                <img src="images/ybgc.jpg" width="93" height="99" alt="妖不怪城" />
                <dl>
                    <dt>  妖不怪城</dt>
                    <dd class="title">休闲游戏</dd>
                    <dd>一款非常适合年轻人的网游，无论是一砖一瓦的家园搭建，还是......</dd>
                </dl>
            </div>
        </div>
    </body>
......//省略部分代码
```

使用 jQuery 基本选择器实现当单击<h2>元素时，为<h3>元素添加背景颜色#ccc。其jQuery 代码如下所示。

```
<script type="text/javascript">
$(document).ready(function() {
    $("h2").click(function(){      //获取<h2>元素并为其添加 click 事件函数
        $("h3").css("background","#ccc"); //获取<h3>元素并为其添加背景颜色
    });
});
</script>
```

使用基本选择器可以完成大部分页面元素的获取，下面在图 5.1 所示的静态页面的基础上，对该页面中的元素进行匹配并操作（改变 CSS 样式）。

（1）标签选择器

使用标签选择器，获取并设置所有<h3>元素的背景颜色为#ccc（灰色），代码如下所示。

```
$("h3").css("background","#ccc");
```

在浏览器中打开页面，效果如图 5.2 所示。

（2）类选择器

使用类选择器，获取并设置所有 class 为 title 的元素的背景颜色为#ccc（灰色），代码如下所示。

$(".title").css("background","#ccc")

在浏览器中打开页面，效果如图 5.3 所示。

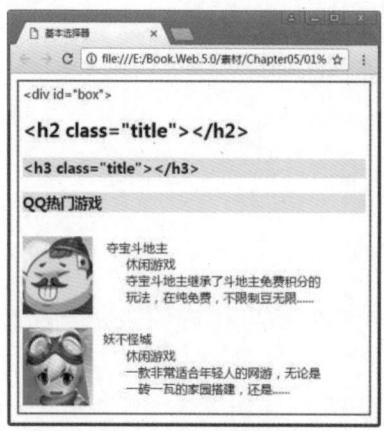
图5.2　标签选择器

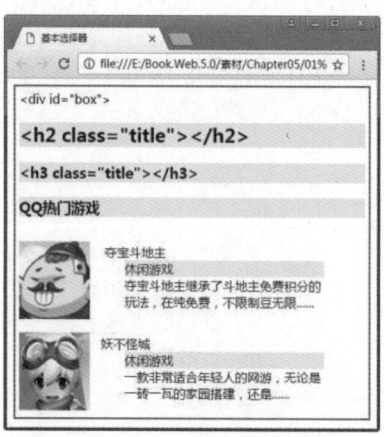
图5.3　类选择器

（3）ID 选择器

使用 ID 选择器，获取并设置 id 为 box 的元素的背景颜色为#ccc（灰色），代码如下所示。

$("#box").css("background","#ccc")

在浏览器中打开页面，效果如图 5.4 所示。

（4）并集选择器

使用并集选择器，获取并设置所有<h2>、<dt>、class 为 title 的元素的背景颜色为#ccc（灰色），代码如下所示。

$("h2,dt,.title").css("background","#ccc")

在浏览器中打开页面，效果如图 5.5 所示。

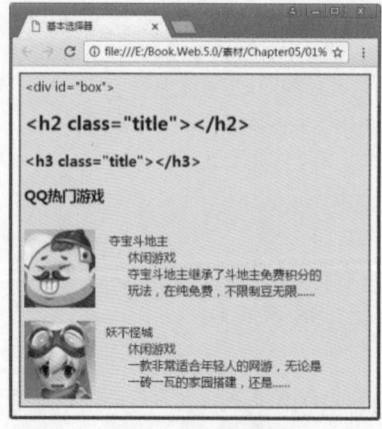
图5.4　ID选择器

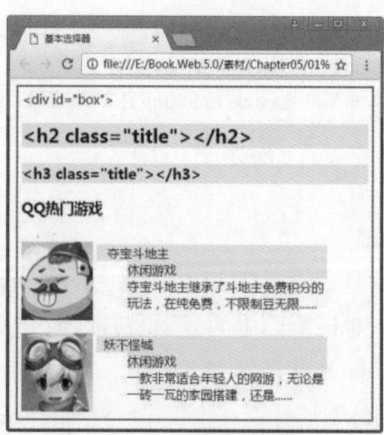
图5.5　并集选择器

（5）交集选择器

使用交集选择器，获取并设置所有 class 为 title 的<h2>元素的背景颜色为#ccc（灰色），代码如下所示。

$("h2.title").css("background","#ccc")

在浏览器中打开页面，效果如图 5.6 所示。

（6）全局选择器

使用全局选择器，改变所有元素的字体颜色为红色，代码如下所示。

$("*").css("color","red")

在浏览器中打开页面，页面中所有字体均变为红色，效果如图 5.7 所示。

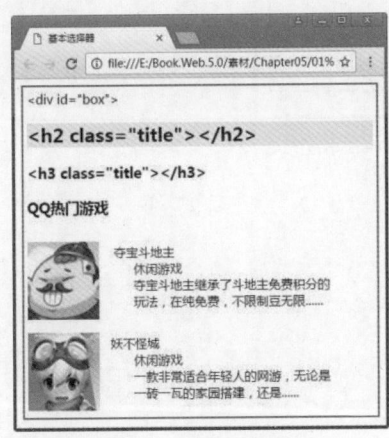
图5.6　交集选择器

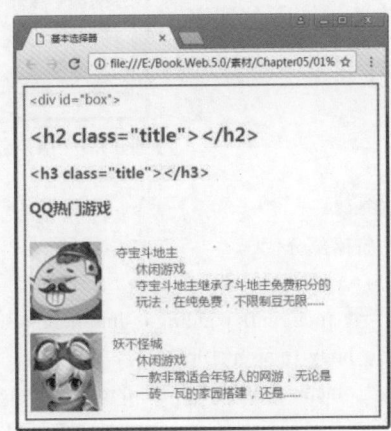
图5.7　全局选择器

5.2.2　层次选择器

若要通过 DOM 元素之间的层次关系来获取元素，如后代元素、子元素、相邻元素和同辈元素，则使用 jQuery 的层次选择器会是最佳选择。

jQuery 中的层次选择器与 CSS 中的层次选择器相同，都是根据获取元素与其父元素、子元素、兄弟元素间的关系而构成的选择器。jQuery 中有四种层次选择器，分别是后代选择器、子选择器、相邻元素选择器和同辈元素选择器，最常用的是后代选择器和子选择器，它们与 CSS 中的后代选择器和子选择器的语法及选取范围均相同。关于层次选择器的详细说明如表 5-2 所示。

表 5-2　层次选择器的详细说明

名称	语法构成	描　述	返回值	示　例
后代选择器	ancestor descendant	选取 ancestor 元素里的所有 descendant（后代）元素	元素集合	$("#menu span")选取#menu 下的所有<span>元素
子选择器	parent>child	选取 parent 元素下的 child（子）元素	元素集合	$(" #menu>span")选取#menu 下的子元素<span>
相邻元素选择器	prev+next	选取紧邻 prev 元素之后的 next 元素	元素集合	$(" h2+dl ")选取紧邻<h2>元素之后的元素<dl>
同辈元素选择器	prev~sibings	选取 prev 元素之后的所有 siblings（同辈）元素	元素集合	$(" h2~dl ")选取<h2>元素之后的所有同辈元素<dl>

Chapter
5

使用 HTML+CSS 代码实现如图 5.8 所示的页面，来演示层次选择器的用法，代码如示例 2 所示。

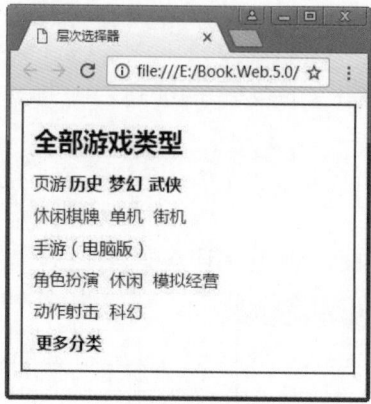

图5.8　层次选择器的演示初始页

示例 2

```
......//省略部分代码
<style type="text/css">
        * {margin:0; padding:0; line-height:30px;}
        body {margin:10px;}
        #menu {border:2px solid red; padding:10px;}
        a {text-decoration:none; margin-right:5px;}
        span {font-weight:bold; padding:3px;}
        h2 {margin:10px 0;}
    </style>
</head>
<body>
    <div id="menu">
        <h2>全部游戏类型</h2>
        <dl>
            <dt>页游<span>历史</span><span>梦幻</span><span>武侠</span></dt>
            <dd>
                <a href="#">休闲棋牌</a> <a href="#">单机</a> <a href="#">街机</a>
            </dd>
        </dl>
        <dl>

            <dt>手游（电脑版）</dt>
            <dd><a href="#">角色扮演</a> <a href="#">休闲</a> <a href="#">模拟经营</a></dd>
            <dd><a href="#">动作射击</a> <a href="#">科幻</a></dd>
        </dl>
        <span>更多分类</span>
        </div>
</body>
......//省略部分代码
```

使用 jQuery 层次选择器实现当单击<h2>元素时，为#menu 下的<span>元素添加背景颜色#ccc。其 jQuery 代码如下所示。

```
<script type="text/javascript">
$(document).ready(function() {
        $("h2").click(function(){
            $("#menu span").css("background","#ccc");
        })
});
</script>
```

在如图 5.8 所示的页面基础上，使用层次选择器对网页中的元素进行操作。

（1）后代选择器

使用后代选择器，获取并设置#menu 下的<span>元素的背景颜色为"#ccc"（灰色），代码如下所示。

```
$("#menu span").css("background","#ccc")
```

在浏览器中打开页面，效果如图 5.9 所示。

（2）子选择器

使用子选择器，获取并设置#menu 下的子元素<span>的背景颜色为"#ccc"（灰色），代码如下所示。

```
$("#menu>span").css("background","#ccc")
```

在浏览器中打开页面，效果如图 5.10 所示。

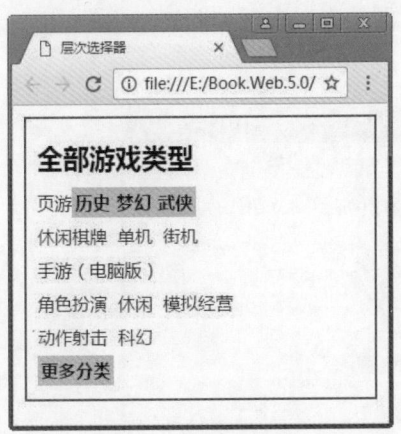

图5.9　后代选择器

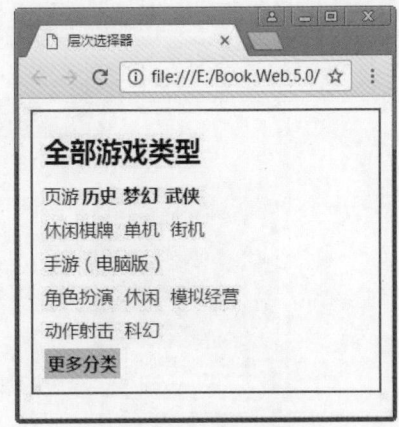

图5.10　子选择器

（3）相邻元素选择器

使用相邻元素选择器，获取并设置紧邻<h2>元素后的<dl>元素的背景颜色为"#ccc"（灰色），代码如下所示。

```
$("h2+dl").css("background","#ccc")
```

在浏览器中打开页面，效果如图 5.11 所示。

（4）同辈元素选择器

使用同辈元素选择器，获取并设置<h2>元素之后的所有同辈元素<dl>的背景颜色为

"#ccc"（灰色），代码如下所示。

$("h2~dl").css("background","#ccc")

在浏览器中打开页面，效果如图 5.12 所示。

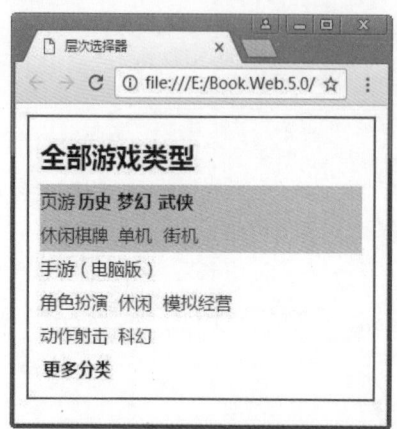

图5.11　相邻元素选择器

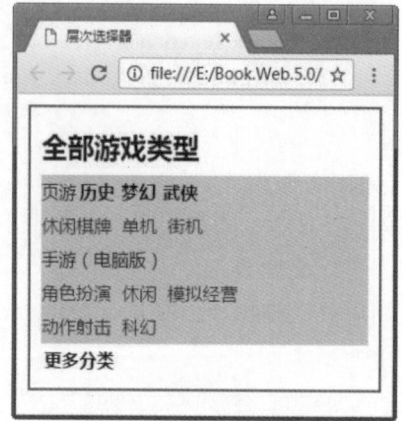

图5.12　同辈元素选择器

5.2.3　上机训练

上机练习1——制作图书简介页面

需求说明

使用基本选择器和层次选择器获取并设置页面元素，实现如图 5.13 所示和 5.14 所示的页面效果，具体要求如下。

图5.13　图书简介页面

（1）"自营图书几十万……"一行的字体颜色为红色。

（2）"¥24.10"的字体大小为 24px、红色加粗显示。

（3）"[定价：¥35.00]"的字体颜色为#ccc（灰色），带有中划线。

（4）<dl>标签中的字体颜色均为红色。

（5）单击"以下促销……"链接，显示隐藏的内容，如图 5.14 所示，此部分字体颜色均为红色。

（6）"加购价""满减""105-6""200-16"的字体颜色为白色，背景颜色为红色，上下内边距为 1px，左右内边距为 5px，外右边距为 5px。

图5.14　单击dt显示dd标签

5.2.4　属性选择器

属性选择器是通过 HTML 元素的属性选择元素的选择器，与 CSS 中的属性选择器语法构成完全一致，如<p>元素中的 title 属性、<a>元素中的 target 属性、<img>元素中的 alt 属性等。属性选择器是非常有用的选择器，从语法构成来看，它遵循 CSS 选择器；从类型来看，它属于 jQuery 中按条件过滤规则获取元素的选择器之一。关于属性选择器的详细说明如表 5-3 所示。

表5-3　属性选择器的详细说明

语　法	描　述	返　回　值	示　例
[attribute]	选取包含给定属性的元素	元素集合	$(" [href]")选取含有 href 属性的元素
[attribute=value]	选取给定属性等于某个特定值的元素	元素集合	$(" [href ='#'])选取 href 属性值为 "#" 的元素
[attribute !=value]	选取给定属性不等于某个特定值的元素	元素集合	$(" [href !='#'])选取 href 属性值不为 "#" 的元素
[attribute^=value]	选取给定属性是以某些特定值开始的元素	元素集合	$(" [href^='en'])选取 href 属性值以 en 开头的元素
[attribute$=value]	选取给定属性是以某些特定值结尾的元素	元素集合	$(" [href$='.jpg'])选取 href 属性值以.jpg 结尾的元素
[attribute*=value]	选取给定属性包含某些值的元素	元素集合	$(" [href* ='txt'])选取 href 属性值中含有 txt 的元素
[selector] [selector2] [selectorN]	选取满足多个条件的复合属性的元素	元素集合	$("li[id][title=新闻要点]")选取含有 id 属性并且 title 属性值为 "新闻要点" 的<li>元素

使用 HTML+CSS 代码实现如图 5.15 所示的页面，来演示属性选择器的用法，代码如示例 3 所示。

示例 3

......//省略部分代码
　<style type="text/css">

```
        #box {background:#FFF; border:2px solid red; padding:5px;}
    </style>
</head>
<body>
    <div id="box">
        <h2 class="odds" title="cartoonlist">游戏列表</h2>
        <ul>
            <li class="odds" title="kn_jp">荒野行动</li>
            <li class="evens" title="hy_jp">绝地求生</li>
            <li class="odds" title="ss_jp">王者荣耀</li>
        </ul>
    </div>
......//省略部分代码
```

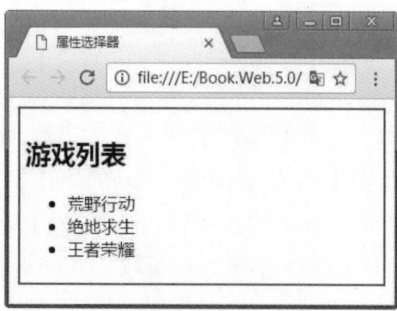

图5.15　属性选择器的演示初始页

使用 jQuery 属性选择器在上述代码的基础上实现当单击<h2>元素时，为属性名为 title 的<h2>元素添加颜色为#ccc 的背景颜色。其 jQuery 代码如下所示。

```
<script type="text/javascript">
$(document).ready(function() {
    $("h2").click(function(){
        $("h2[title]").css("background","#ccc");
    })
});
</script>
```

在如图 5.15 所示的页面基础上，使用属性选择器对网页中的元素进行操作。

（1）[attribute]

改变含有 title 属性的<h2>元素的背景颜色为 "#ccc"（灰色），代码如下所示。

```
$("h2[title]").css("background","#ccc")
```

在浏览器中打开页面，效果如图 5.16 所示。

（2）[attribute=value]

改变 class 属性值为 odds 的元素的背景颜色为 "#ccc"（灰色），代码如下所示。

```
$("[class=odds]").css("background","#ccc")
```

在浏览器中打开页面，效果如图 5.17 所示。

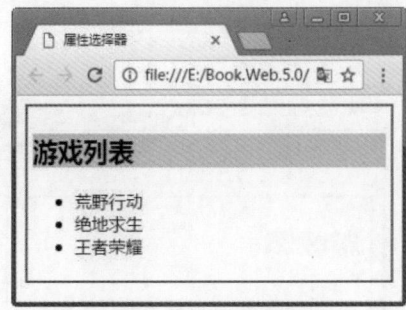

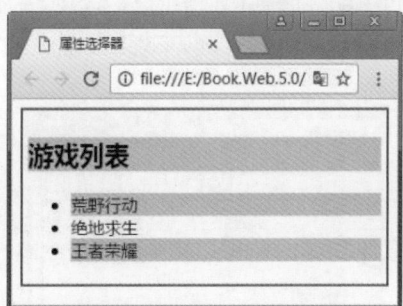

图5.16　[attribute]举例　　　　　　图5.17　[attribute=value]举例

（3）[attribute !=value]

改变 id 属性值不为 box 的元素的背景颜色为"#ccc"（灰色），代码如下所示。

$("[id!=box]").css("background","#ccc")

在浏览器中打开页面，效果如图 5.18 所示。

（4）[attribute^=value]

改变 title 属性值以 h 开头的元素的背景颜色为"#ccc"（灰色），代码如下所示。

$("[title^=h]").css("background","#ccc")

在浏览器中打开页面，效果如图 5.19 所示。

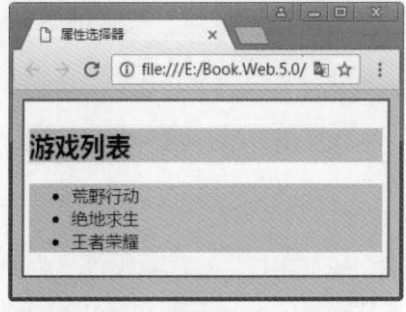

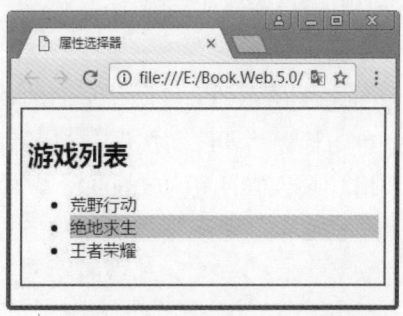

图5.18　[attribute!=value]举例　　　　图5.19　[attribute^=value]举例

（5）[attribute$=value]

改变 title 属性值以 jp 结尾的元素的背景颜色为"#ccc"（灰色），代码如下所示。

$("[title$=jp]").css("background","#ccc")

在浏览器中打开页面，效果如图 5.20 所示。

（6）[attribute*=value]

改变 title 属性值中含有 s 的元素的背景颜色为
"#ccc"（灰色），代码如下所示。

$("[title*=s]").css("background","#ccc")

在浏览器中打开页面，效果如图 5.21 所示。

（7）多[selector]条件

改变包含 class 属性并且 title 属性值中含有 y
的<li>元素的背景颜色为"#ccc"（灰色），代码如下所示。

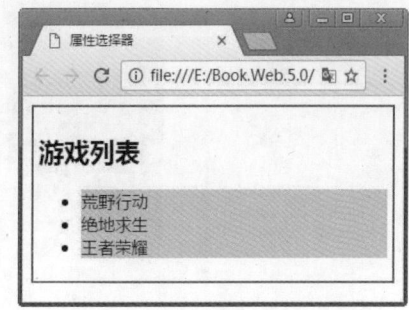

图5.20　[attribute$=value]举例

$("li[class][title*=y]").css("background","#ccc")

在浏览器中打开页面，效果如图 5.22 所示。

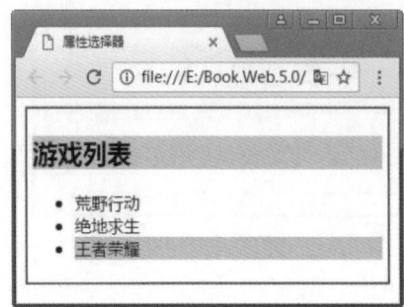

图5.21　[attribute *=value]举例

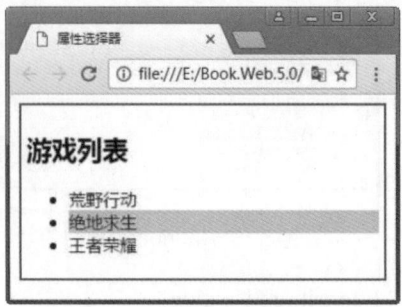

图5.22　多[selector]条件举例

5.2.5　上机训练

上机练习 2——制作非缘勿扰页面特效

训练要点

➢ 使用属性选择器选取元素。

➢ 使用 css( )方法或 addClass( )方法为元素添加样式。

需求说明

在如图 5.23 所示的非缘勿扰页面的基础上，使用属性选择器按要求完成如下效果。

（1）单击标题"非缘勿扰"，<dd>元素中有 id 属性的<span>的文本（主演、导演、标签、剧情）颜色值设置为#ff0099，字体加粗显示。

（2）单击文本"导演"，文本"赖水清"加粗显示。

（3）单击文本"标签"，其后的文本"苏有朋"和"2013"的背景颜色变为#e0f8ea，字体颜色变为#10a14b，文字与背景上下边缘间距变为 2px，左右边缘边距变为 8px。

（4）单击"收藏"，弹出对话框，显示提示信息"您已收藏成功！"。

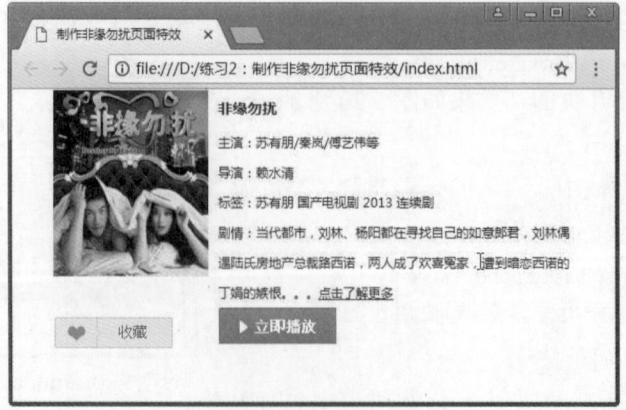

图5.23　非缘勿扰页面

实现思路及关键代码

（1）在新建的 HTML 文档中引入 jQuery 库。

（2）使用$(document).ready( )创建文档加载事件。

（3）按要求使用$( )选取所需元素。

（4）为获取的元素添加单击事件，并为事件添加处理事件的方法。

（5）使用 css( )方法或 addClass( )方法为选取的元素添加 CSS 样式，当使用 addClass( )方法添加样式时，该样式写在样式表文件中。

参考解决方案

```
$(document).ready(function(){
    //省略部分代码
    $("img[alt=收藏本片]").click(function(){
        alert("您已收藏成功！");
    });
});
</script>
```

任务 3　通过过滤选择器选取元素

5.3.1　过滤选择器

1. 基本过滤选择器

过滤选择器通过特定的过滤规则筛选所需的 DOM 元素，过滤规则与 CSS 中的伪类语法相同，即都以一个冒号（:）开头，冒号前是要进行过滤的元素。例如，a:hover 表示当鼠标指针移过<a>元素时，a:visited 表示鼠标指针访问过<a>元素后等。

按照不同的过滤条件，过滤选择器可以分为基本过滤、内容过滤、可见性过滤、属性过滤、子元素过滤和表单对象属性过滤几种。常用的是基本过滤选择器、可见性过滤选择器、属性过滤选择器和表单对象属性过滤选择器。本节仅讲解最常使用的基本过滤选择器。

基本过滤选择器是过滤选择器中使用最为广泛的一种，其详细说明如表 5-4 所示。

表 5-4　基本过滤选择器的详细说明

语　　法	描　　述	返　回　值	示　　例
:first	选取第一个元素	单个元素	$(" li:first")选取所有<li>元素中的第一个<li>元素
:last	选取最后一个元素	单个元素	$(" li:last")选取所有<li>元素中的最后一个<li>元素
:not(selector)	选取所有与给定选择器不匹配的元素	集合元素	$(" li:not(.three)")选取 class 不是 three 的元素
:even	选取索引是偶数的所有元素（index 从 0 开始）	集合元素	$(" li:even")选取索引是偶数的所有<li>元素

续表

语　　法	描　　述	返　回　值	示　　例
:odd	选取索引是奇数的所有元素（index 从 0 开始）	单个元素	$(" li:odd")选取索引是奇数的所有\<li>元素
:eq(index)	选取索引等于 index 的元素（index 从 0 开始）	集合元素	$("li:eq(1)")选取索引等于 1 的\<li>元素
:gt(index)	选取索引大于 index 的元素（index 从 0 开始）	集合元素	$(" li:gt(1)")选取索引大于 1 的\<li>元素（注意：大于 1，不包括 1）
:lt(index)	选取索引小于 index 的元素（index 从 0 开始）	集合元素	$("li:lt(1)")选取索引小于 1 的\<li>元素(注意：小于 1，不包括 1)
:header	选取所有标题元素，如 h1~h6	集合元素	$(":header")选取网页中的所有标题元素
:focus	选取当前获得焦点的元素	集合元素	$(":focus")选取当前获得焦点的元素

下面通过一个示例来演示基本过滤选择器的用法。当单击\<h2>元素时，使用基本过滤选择器对网页中的\<li>、\<h2>等元素进行操作，页面初始代码如示例 4 所示。

示例 4

```
......//省略部分代码
<script type="text/javascript">
        $(document).ready(function() {
            $("h2").click(function(){
                ......//省略部分代码
            })
        });
    </script>
</head>
<body>
    <h2>热门游戏</h2>
    <ul>
        <li>王者荣耀</li>
        <li>开心消消乐</li>
        <li class="three">我的世界</li>
        <li>荒野行动</li>
        <li>梦幻西游</li>
        <li>节奏大师</li>
        <li>贪吃蛇大作战</li>
    </ul>
<body>
......//省略部分代码
```

页面初始效果如图 5.24 所示。

在如图 5.24 所示的页面基础上，使用基本过滤选择器对网页中的元素进行操作，下面仅介绍几种，类似的使用方式不过多介绍了。

（1）[:first]

改变第一个\<li>元素的背景颜色为 "#ccc"（灰色），代码如下所示。

$("li:first").css("background","#ccc")

在浏览器中打开页面，效果如图 5.25 所示。[:last]为最后一个，使用方式跟[:first]是类似的，可以自行修改查看对应效果。

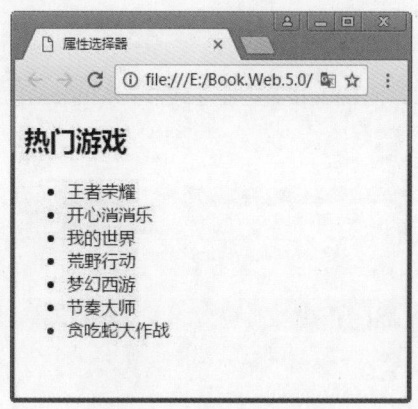

图5.24　页面初始状态

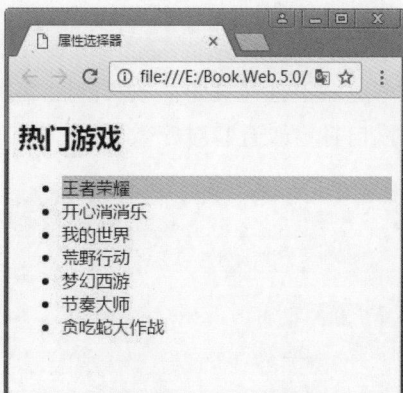

图5.25　[:first]举例

（2）[:not(selector)]

改变 class 不为 three 的<li>元素的背景颜色为"#ccc"（灰色），代码如下所示。

$("li:not(.three)").css("background","#ccc")

在浏览器中打开页面，效果如图 5.26 所示。

（3）[:even]

改变索引值为偶数的<li>元素的背景颜色为"#ccc"（灰色），代码如下所示。

$("li:even").css("background","#ccc")

在浏览器中打开页面，效果如图 5.27 所示。[: odd]为选取索引值是奇数的所有元素（index 从 0 开始），使用方式跟[:even]是类似的，可以自行修改查看对应效果。

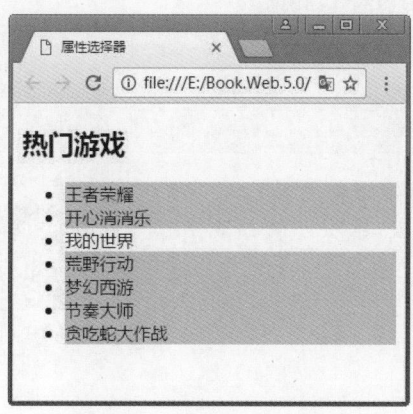

图5.26　[:not(selector)]举例

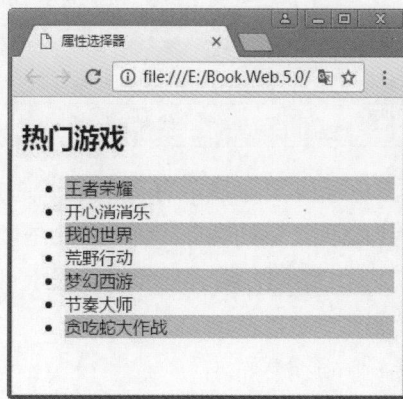

图5.27　[:even]举例

（4）[:lt(index)]

改变索引值小于 1 的<li>元素的背景颜色为"#ccc"（灰色），代码如下所示。

$("li:lt(1)").css("background","#ccc")

在浏览器中打开页面，效果如图 5.28 所示。[:eq(index)]、[:gt(index)]的使用方式和

[:lt(index)]也是类似的，可以自行修改查看对应效果。

（5）[:header]

改变所有标题元素的背景颜色，如改变<h1>、<h2>、<h3>……元素的背景颜色为"#ccc"（灰色），代码如下所示。

$(":header").css("background","#ccc")

在浏览器中打开页面，效果如图 5.29 所示。[:focus]的使用方式和[:lt(index)]是类似的，可以自行修改查看对应效果。

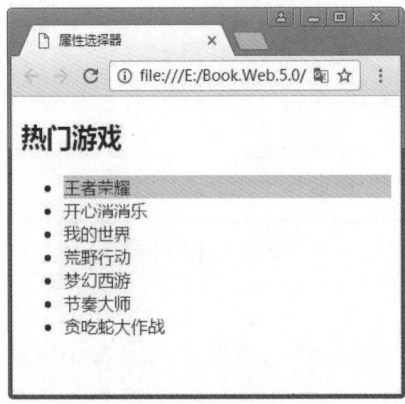

图5.28　[:lt(index)]举例

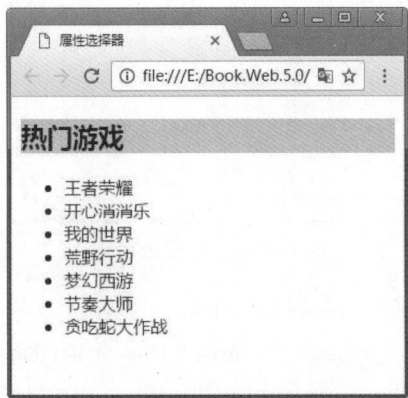

图5.29　[:header]举例

2.　可见性过滤选择器

jQuery 选择器除了可以通过 CSS 选择器和位置选取元素外，还可以通过元素的显示状态，即显示或者隐藏来选取元素。在 jQuery 中，通过元素显示状态选取元素的选择器称为可见性过滤选择器，详细说明如表 5-5 所示。

表 5-5　可见性过滤选择器的详细说明

选 择 器	描　述	返 回 值	示　例
:visible	选取所有可见的元素	集合元素	$(":visible")选取所有可见的元素
:hidden	选取所有隐藏的元素	集合元素	$(":hidden")选取所有隐藏的元素

为了更加直观地展示可见性过滤选择器的使用及其选取元素的范围，设计如示例 5 所示的页面，在此基础上演示这两个选择器的用法。也可以扫描二维码，结合视频查看关于可见性过滤选择器的使用。

可见性过滤
选择器

示例 5

```
......//省略部分代码
<style type="text/css">
    #txt_show {display:none; color:#00C;}
    #txt_hide {display:block; color:#F30;}
</style>
</head>
<body>
    <p id="txt_hide">单击按钮，我会被隐藏哦~</p>
```

```
<p id="txt_show">隐藏的我，被显示了，嘿嘿^^</p>
<input name="show" type="button" value="单击显示文字"  id="show"/>
<input name="hide" type="button" value="单击隐藏文字" id="hide" />
......//省略部分代码
```

在浏览器中查看页面效果，如图 5.30 所示。

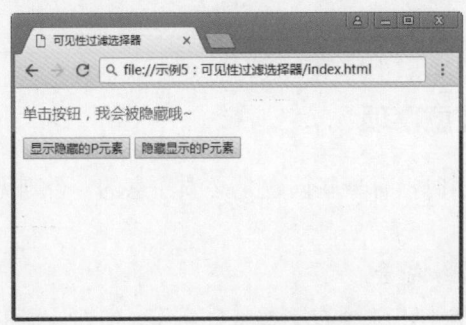

图5.30　页面初始效果

使用可见性过滤选择器来对网页中的<p>元素进行操作，通过单击按钮来实现<p>元素的显示和隐藏，代码如下所示。

```
$(document).ready(function(){
    $("#show").click(function(){
        $("p:hidden").show();
    })
    $("#hide").click(function(){
        $("p:visible").hide();
    })
})
```

单击"显示隐藏的 P 元素"按钮，页面效果如图 5.31 所示；单击"隐藏显示的 P 元素"按钮，页面效果如图 5.32 所示；再次单击"显示隐藏的 P 元素"按钮，又将显示如图 5.31 所示的效果。

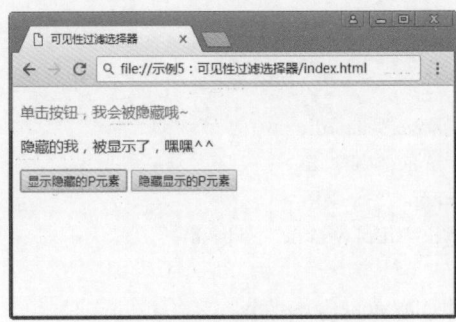

图5.31　显示隐藏的P元素

图5.32　隐藏显示的P元素

135

> **注意**
>
> 需要注意，可见性过滤选择器:hidden 获取的元素不仅包括样式属性 display 为 "none" 的元素，还包括文本隐藏域（<input type="hidden"/>）和设置了 visibility :hidden 的元素。

5.3.2 选择器使用注意事项

在使用 jQuery 选择器时，有一些问题是必须注意的，否则无法显示正确效果。现将问题归纳如下。

1. 选择器中含有特殊符号

W3C 规范规定属性值中不能含有某些特殊字符，但在实际开发过程中，常遇到表达式中含有"#"和"."等特殊字符的情况，如果按照普通的方式去处理就会出错。解决此类错误的方法就是使用转义符转义。

有如下 HTML 代码。

```
<div id="id#a">aa</div>
<div id="id[2]">cc</div>
```

按照普通的方式来获取，例如：

```
$("#id#a");
$("#id[2]");
```

将不能正确地获取到元素，改为使用转义符的写法如下。

```
$("#id\\#a");
$("#id\\[2\\]");
```

2. 选择器中含有空格

选择器中的空格也是不容忽视的，多一个空格或少一个空格，都可能会得到截然不同的结果。

有如下 HTML 代码。

```
<div class="test">
    <div style="display:none;">aa</div>
    <div style="display:none;">bb</div>
    <div style="display:none;">cc</div>
    <div class="test" style="display:none;">dd</div>
 </div>
<div class="test" style="display:none;">ee</div>
<div class="test" style="display:none;">ff</div>
```

使用如下 jQuery 选择器来分别获取它们。

```
var $t_a = $(".test :hidden");          //带空格的 jQuery 选择器
var $t_b = $(".test:hidden");           //不带空格的 jQuery 选择器
var len_a = $t_a.length;
var len_b = $t_b.length;
```

```
alert("$('.test :hidden') = "+len_a);         //输出 4
alert("$('.test:hidden') = "+len_b);          //输出 3
```

之所以出现不同的结果，是因为后代选择器与过滤选择器存在不同。

```
var $t_a = $(".test :hidden");                //带空格的 jQuery 选择器
```

以上代码选取的是 class 为 "test" 的元素内部的隐藏元素。

而以下代码：

```
var $t_b = $(".test:hidden");                 //不带空格的 jQuery 选择器
```

选取的是隐藏的 class 为 "test" 的元素。

5.3.3　上机训练

┌──────────────────────────────┐
└ 上机练习 3——制作全网热播视频页面 ┘

训练要点

➢ 使用过滤选择器选取元素。

➢ 使用 css( )方法设置页面元素样式。

需求说明

在如图 5.33 所示的全网热播视频页面的基础上，使用过滤选择器，按要求完成如下效果。

图5.33　全网热播视频初始页面

（1）使用选择器:not( )设置两个图片与右侧内容间距 10px。

（2）使用选择器:last 设置右侧列表背景颜色为#f0f0f0。

（3）使用层次选择器、:first、:not( )选择器设置前三个视频名称前的数字 1、2、3 的背景颜色为#f0a30f，后面几个数字的背景颜色为#a4a3a3。

（4）视频 3、5、6、7 后的箭头向上，视频 4、8、9、10 后的箭头向下，完成的效果如图 5.34 所示。

（5）当鼠标指针移至右侧列表上时，显示对应的隐藏内容 "加入清单"；鼠标指针离开后则隐藏内容，如图 5.35 所示。

实现思路及关键代码

（1）在新建的 HTML 文档中引入 jQuery 库。

图5.34　添加页面样式

图5.35　显示隐藏的内容

（2）使用$(document).ready( )创建文档加载事件。

（3）使用:lt( )设置向上的背景箭头，使用:gt( )设置向下的背景箭头，使用:eq( )设置右侧第二行向下的背景箭头。

（4）为鼠标指针移至元素添加 mouseover 事件，设置隐藏元素显示，使用 find( )获取当前<li>下的<p>元素；为鼠标指针离开添加 mouseout 事件，设置元素隐藏。

（5）使用 css( )方法为选取的元素添加 CSS 样式。

参考解决方案

```
$("#play ul>li:not(li:last)").css("margin-right","10px");
$("#play ul>li:last").css("background","#f0f0f0");

$("#play ol>li").mousemove(function(){
    $(this).find(":hidden").show();
})
```

本章作业

一、选择题

1. 下列选项中，（　　）是属性选择器。（选择两项）

　　A．$("img[src=.gif]")　　　　　B．$("img")

　　C．$("[class=title]")　　　　　D．$("div>span")

2. 下列选项不属于 jQuery 基本选择器的是（　　）。（选择两项）

　　A．*　　　　B．:visible　　　C．h1 span　　　D．.document

3．在 jQuery 中，如果需要选取<p>元素里所有的<a>元素，则下列 jQuery 选择器写法正确的是（　　）。

　　A．$("p a")　　　　　　　　　　B．$("p+ a")

　　C．$("p> a")　　　　　　　　　　D．$("p~a")

4．若要选取<ul>元素中的第三个<li>元素，则下列 jQuery 选择器写法正确的是（　　）。

　　A．$("li:odd")　　　　　　　　　B．$("li:eq(2)")

　　C．$("li:gt(2)")　　　　　　　　 D．$("li:lt(3)")

5．下列说法正确的是（　　）。

　　A．$("li:hidden")与$("li :hidden")获取的是同一个元素

　　B．$('#id[0]')需要使用转义字符改写才能得到正确结果

　　C．$(".txt.xy")与$(".txt\\.xy")获取的是同一个元素

　　D．在 jQuery 选择器中，多一个空格、少一个空格得到的结果都一样

二、简答题

1．从下面这段 HTML 文档中获取加粗的"Part I"元素有哪几种方式？尽量用各种 jQuery 选择器实现。

```
<div id="container" style="display:none">
    <div id="chapter-number">2</div>
    <h1>Selectors</h1>
    <h1 class="subtitle">How to Get Anything You Want</h1>
    <h2>Selected ShakeSpeare Plays</h2>
    <div>
        <ul>
            <li id="part_li">Part I</li>
            <li>Part II</li>
        </ul>
        <ul>
            <li>Part I</li>
            <li>Part II</li>
        </ul>
    </div>
</div>
```

2．jQuery 选择器有哪几种类型？

3．运用 CSS 选择器规则的 jQuery 选择器有哪些？

4．使用 jQuery 选择器时需要注意什么？

5．制作如图 5.36 所示的页面，当页面加载完毕后，列表隔行变色，背景颜色值为 #ececec。

6．制作如图 5.37 所示的分享特效页面，当单击图片时，显示提示信息；单击提示信息后，该信息隐藏。

[页游]	枪魂 女神联盟 37WAN游戏 武易 斗圣 烈焰 大闹天宫OL	更多>>
[小游戏]	4339小游戏 6949小游戏 3155小游戏 4399i小游戏 3199小游戏 7k7k7小游戏	更多>>
[影视]	爱奇艺高清 土豆网 搜狐电影 CNTV KK美女视频 六间房	更多>>
[小说]	起点女生网 纵横中文网 杂志铺 潇湘书院 起点 言情小说吧	更多>>
[游戏]	同城游棋牌 新浪游戏 5173游戏交易 17173游戏 多玩游戏	更多>>
[音乐]	一听音乐网 搜狗音乐 百度mp3 音悦台MV 快乐男声	更多>>
[交友]	世纪佳缘 同城交友网 珍爱网 美女秀场 非诚勿扰	更多>>
[旅游]	携程旅游 途牛旅游网 云南旅游 艺龙订酒店 去哪儿旅游 迪士尼门票 同程机票	更多>>

图5.36　隔行变色的表格

图5.37　分享特效页面

说明

为了方便读者验证作业答案，提升专业技能，请扫描二维码获取本章作业答案。

jQuery 中的事件与动画特效

技能目标

❖ 掌握 jQuery 常用的事件
❖ 掌握鼠标事件的使用方法
❖ 掌握并使用 hover( )方法制作下拉菜单特效
❖ 使用鼠标事件及动画制作页面特效

价值目标

本章将学习 jQuery 中用于提高用户体验度、增强视觉效果的动画方法。本章将培养读者善于使用工具提高工作效率的能力。

本章知识梳理

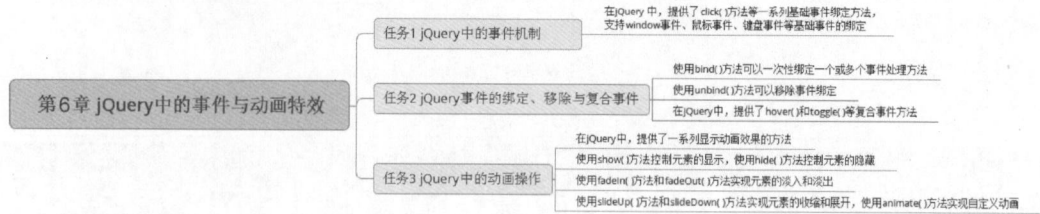

第6章 jQuery中的事件与动画特效

- 任务1 jQuery中的事件机制
  - 在jQuery中，提供了 click() 方法等一系列基础事件绑定方法，支持window事件、鼠标事件、键盘事件等基础事件的绑定
- 任务2 jQuery事件的绑定、移除与复合事件
  - 使用bind()方法可以一次性绑定一个或多个事件处理方法
  - 使用unbind()方法可以移除事件绑定
  - 在jQuery中，提供了 hover()和toggle()等复合事件方法
- 任务3 jQuery中的动画操作
  - 在jQuery中，提供了一系列显示动画效果的方法
  - 使用show()方法控制元素的显示，使用hide()方法控制元素的隐藏
  - 使用fadeIn()方法和fadeOut()方法实现元素的淡入和淡出
  - 使用slideUp()方法和slideDown()方法实现元素的收缩和展开，使用animate()方法实现自定义动画

本章简介

　　JavaScript 与 HTML 之间的交互是通过用户在浏览器操作页面时引发的事件来处理的，诸如单击按钮提交表单、打开页面弹出对话框、鼠标指针移过时显示下拉菜单等，都是事件对用户操作的处理。虽然传统的 JavaScript 事件也能完成这些交互，但 jQuery 增强并扩展了基本的事件处理机制。本章将通过对比来讲解 jQuery 中与 JavaScript 中相同的常用事件，如鼠标事件、键盘事件等，在此基础上重点讲解 jQuery 中特有的绑定事件、移出事件与复合事件。

　　此外，本章还将讲解 jQuery 中用于提高用户体验度，增强视觉效果的动画方法，如元素的显示隐藏、淡入/淡出等动画特效。jQuery 简单优雅的代码，为提高页面的交互性和用户的体验性均带来了极大的方便。

预习作业

1. 简答题

（1）jQuery 事件分类有哪些？

（2）写出至少两种 jQuery 鼠标事件。

2. 编码题

使用 jQuery 事件机制实现文字的显示和隐藏，要求如下：

（1）在页面上增加两个按钮，按钮上的文字分别为"显示文字""隐藏文字"。

（2）在页面上增加一个 div 标签，标签内容为"欢迎学习 jQuery 事件与动画特效！"。

（3）分别给两个按钮增加事件，当单击"显示文字"按钮时，显示 div 标签中的内容；当单击"隐藏文字"按钮时，隐藏 div 标签中的内容。

任务1 jQuery 中的事件机制

　　众所周知，在加载页面时，会触发 load 事件；当用户单击某个按钮时，会触发该按钮的 click 事件。这些事件就像日常生活中，人们按下开关，灯就亮了（或者灭了），往游戏机里投入游戏币，就可以启动游戏一样。通过事件可以实现各项功能或执行某项操作，事件在元素对象与功能代码间起着重要的桥梁作用。

6.1.1　jQuery 事件的分类

在 jQuery 中，事件分为两大类：简单事件（基础事件）和复合事件。jQuery 中的简单事件，与 JavaScript 中的事件一样，都有 window 事件、鼠标事件、键盘事件、表单事件等，只是对应的方法名称略有不同。复合事件则是截取、组合用户操作，并且以多个函数作为响应而自定义的处理程序。

在 JavaScript 中，绑定事件和事件处理函数的语法格式如下。

事件名="函数名()";

或者

DOM 对象.事件名=函数;

在事件绑定处理函数后，可以通过 DOM 对象.事件名( )的方式显式调用处理函数。

在 jQuery 中，简单事件和 JavaScript 中的事件一致，也提供了特有的事件方法，将事件和处理函数绑定。下面按照简单事件的类型分别介绍。

1. window 事件

window 事件是当用户执行某些会影响浏览器的操作时而触发的事件。例如，打开网页时加载页面、关闭窗口、调节窗口大小、移动窗口等操作引发的事件处理。在 jQuery 中，常用的 window 事件有文档载入事件，对应的方法是 ready( )，在前面已经介绍过其用法，这里不再讲解。

2. 浏览器事件

在浏览网页时，经常会调整浏览器窗口的大小，在调整窗口大小时，页面会发生一些变化，这些都是通过 jQuery 中的 resize( )方法触发 resize 事件，进而处理相关函数来完成页面特效的。resize( )方法的语法如下所示。

$(selector).resize( );

前两种事件的使用频率虽然不高，但是很重要。在 jQuery 的事件操作中，鼠标事件和键盘事件使用最为广泛，接下来就来学习一下鼠标事件和键盘事件。

3. 鼠标事件

鼠标事件就是用户在文档上移动或单击鼠标时产生的事件。常用的鼠标事件有 click、mouseover、mouseout 等，它们的方法如表 6-1 所示。

表 6-1　常用鼠标事件的方法

方　　法	描　　述	执 行 时 机
click( )	触发或将函数绑定到指定元素的 click 事件	鼠标单击时
mouseover( )	触发或将函数绑定到指定元素的 mouseover 事件	鼠标指针移过时
mouseout( )	触发或将函数绑定到指定元素的 mouseout 事件	鼠标指针移出时
mouseenter( )	触发或将函数绑定到指定元素的 mouseenter 事件	鼠标指针进入时
mouseleave( )	触发或将函数绑定到指定元素的 mouseleave 事件	鼠标指针离开时

从表 6-1 中可以看到，jQuery 中的事件名称与 JavaScript 中的事件名称不一样，如

143

6
Chapter

单击事件，在 JavaScript 中写作 onclick，而在 jQuery 中则为 click，后期在项目开发中一定要区分二者。

下面使用 mouseover()方法与 mouseout()方法制作一个主导航特效，如图 6.1 所示，当鼠标指针移入时，添加当前导航项的背景；如图 6.2 所示，当鼠标指针移出时，还原当前导航项的背景样式。代码如示例 1 所示。

图6.1　鼠标指针移入

图6.2　鼠标指针移出

示例 1

```
......//省略部分代码
<div class="nav-box" style="margin-top: 30px;">
    <div class="wrap" style="width: 723px;background: #fff">
        <ul class="nav-ul">
            <li class="all"><a href="">首页</a></li>
            <li><a href="">秒杀</a></li>
            <li><a href="">优惠</a></li>
            <li><a href="">PLUS 会员</a></li>
            <li><a href="">闪购</a></li>
            <li><a href="">服饰</a></li>
            <li><a href="">婴孕童</a></li>
            <li><a href="">家具</a></li>
            <li><a href="">电器城</a></li>
            <div class="clearfix"></div>
        </ul>
    </div>
</div>
......//省略部分代码
$(document).ready(function(){
    /**主菜单鼠标移入时背景颜色加深**/
    $(".nav-ul a").mouseover(function(){
        $(this).css("background-color","rgba(0,0,0,.5)");
```

```
        });
    $(".nav-ul a").mouseout(function(){
            $(this).css("background-color","#efefef");
        });
    });
    ......//省略部分代码
```

mouseenter( )和 mouseover( )的用法一样，都是在鼠标指针移至页面元素上时触发事件，它们的区别如下。

> mouseover( )：鼠标指针进入被选元素时触发，或者鼠标指针在被选元素的子元素上来回进入时也会触发。

> mouseenter( )：鼠标指针进入被选元素时触发，但鼠标指针在被选元素的子元素上来回进入时不会触发。

mouseout( )和 mouseleave( )的用法基本一样，都是鼠标指针离开页面元素上时触发事件，区别如下。

> mouseout( )：鼠标指针离开被选元素时触发，或者鼠标指针在被选元素的子元素上来回离开也会触发。

> mouseleave( )：鼠标指针离开被选元素时触发，但鼠标指针在被选元素的子元素上来回离开时不会触发。

读者可自行使用 mouseenter( )和 mouseleave( )完成示例 1，看看页面效果如何，进一步掌握这几个方法的用法。

在 Web 应用中，鼠标事件非常重要，它们在改善用户体验方面功不可没，常常用于网站导航、下拉菜单、选项卡、轮播广告等网页组件的交互制作。

4. 键盘事件

键盘事件是当键盘聚焦到 Web 浏览器时，用户每次按下或者释放键盘上的按键都会产生事件。常用的键盘事件有 keydown、keyup 和 keypress。

keydown 事件发生在键盘按键被按下的时候，keyup 事件发生在键盘按键被释放的时候，在 keydown 和 keyup 之间还会触发另外一个事件——keypress 事件。当按键重复产生字符时，在 keyup 事件之前可能会产生很多 keypress 事件。keypress 是较为高级的文本事件，它的事件对象指定产生的字符，而不是按下的键。所有浏览器都支持 keydown、keyup 和 keypress 事件，常用键盘事件的方法如表 6-2 所示。

表 6-2　常用键盘事件的方法

方　　法	描　　述	执 行 时 机
keydown( )	触发或将函数绑定到指定元素的 keydown 事件	按下按键时
keyup( )	触发或将函数绑定到指定元素的 keyup 事件	释放按键时
keypress( )	触发或将函数绑定到指定元素的 keypress 事件	产生可打印的字符时

下面通过制作如图 6.3 所示的页面，来更好地理解 keydown、keyup 和 keypress 事件的执行时机。

图6.3　键盘事件

在密码框中输入内容时将触发三个键盘事件，并把触发的事件的内容显示在页面中，如图 6.4 所示，按 Enter 键，将弹出"确认要提交么？"的提示框，如图 6.5 所示，主要代码如示例 2 所示。

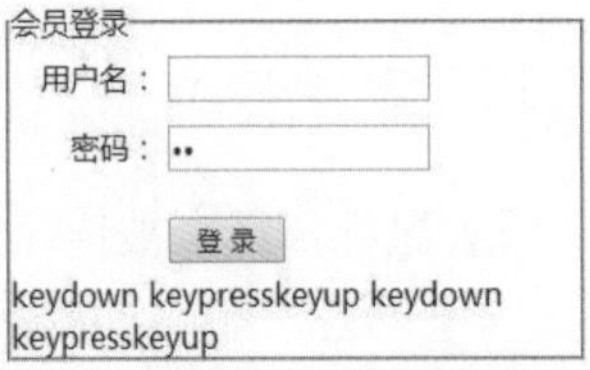

图6.4　密码框输入内容显示的事件内容

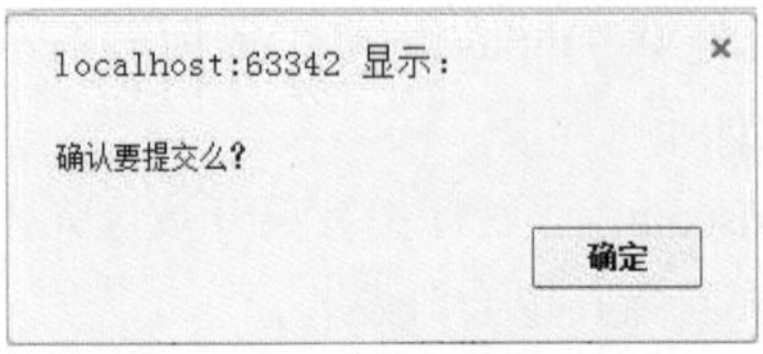

图6.5　按Enter键弹出提示

示例 2

```html
<!--省略部分代码-->
<dl>
    <dt>用户名：</dt>
    <dd><input id="userName" type="text" /></dd>
</dl>
<dl>
    <dt>密码：</dt>
    <dd><input id="password" type="password" /></dd>
</dl>
<dl>
    <dt></dt>
    <dd><input type="submit" value="登  录" /> </dd>
</dl>
<span id="events"></span>
<!--省略部分代码-->
```

jQuery 代码如下：

```javascript
$(document).ready(function () {
    $("[type=password]").keyup(function () {
        $("#events").append("keyup");
    }).keydown(function (e) {
        $("#events").append(" keydown");
    }).keypress(function () {
        $("#events").append(" keypress");
    });
```

```
$(document).keydown(function (event) {
    if (event.keyCode == "13") {              //按 Enter 键
        alert("确认要提交么？");
    }
});
});
```

从键盘事件的方法中可以获取当前按键的键值（keyCode），识别是按下了哪个键。示例 2 展示了这种用法，需要注意所用的方法中要定义一个参数，表示当前的事件对象。从该示例也可以看出，这三个键盘事件的执行顺序依次是 keydown、keypress 和 keyup。

另外，需要注意事件的作用范围。上述代码中，$(document).keydown( )表示键盘事件作用于 HTML DOM 中的任意对象，$("[type=password]").keyup( )表示键盘事件只对密码框起作用。

键盘事件常用于类似淘宝搜索框中的自动提示、快捷键的判断、表单字段校验等场合，在这里只需理解键盘事件触发的时机，能够制作一些简单的特效即可。

> **说明**
>
> 上述代码中的 append( )方法用于向 DOM 元素中添加内容，后面章节将进行系统的介绍。

6.1.2　上机训练

> 上机练习 1——制作京东首页右侧固定层

需求说明

制作如图 6.6 所示的京东首页右侧的固定层，共六个图标，分别是京东会员、购物车、我的关注、我的足迹、我的消息和咨询 JIMI。

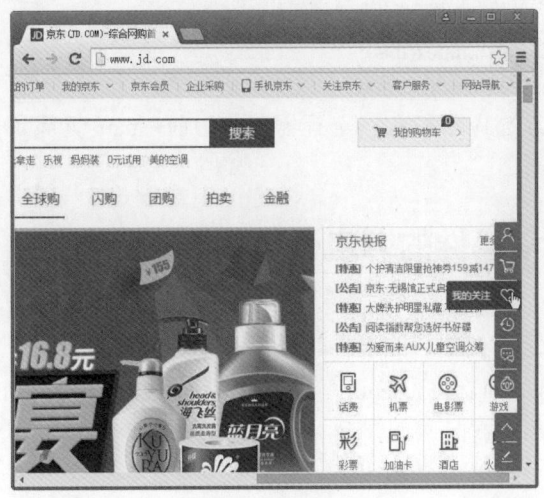

图6.6　京东首页

（1）默认状态下仅显示图标，背景颜色为深灰色，如图 6.7 所示；当鼠标指针移至图标上时，背景颜色为深红色，并且在图标左侧显示文本，如图 6.8 所示。

图6.7 　默认状态 　　　　　　　　　图6.8 　鼠标指针移至元素的状态

（2）使用鼠标事件、show( )、hide( )、css( )方法完成页面特效。

（3）页面完成效果见本书素材中"京东首页右侧固定层.jpg"。

实现思路及关键代码

（1）使用列表制作页面内容，使用<span>和<p>分别显示背景图片和文本内容，关键代码如下所示。

```
<nav id="nav">
    <li><span></span><p>京东会员</p></li>
    <li><span></span><p>购物车</p></li>
    <li><span></span><p>我的关注</p></li>
    <li><span></span><p>我的足迹</p></li>
    <li><span></span><p>我的消息</p></li>
    <li><span></span><p>咨询 JIMI</p></li>
</nav>
```

（2）使用 index( )获取当前鼠标指针移至元素在列表中的索引值，使用 eq( )获取当前元素所在<li>，关键代码如下所示。

```
var index=$("#nav li span").index(this);
$("#nav li:eq("+index+") span~p").show();
```

（3）使用同辈元素选择器和 eq( )选择器获取当前<span>元素的兄弟元素<p>。

任务2 **jQuery 事件的绑定、移除与复合事件**

在 jQuery 中，绑定事件与移除事件也属于简单事件，主要用于绑定或移除其他简单事件，如 click、mouseover、mouseout 等，也可以用于绑定或移除自定义事件。

在实际网页开发中，有时需要对同一个元素进行多个不同的事件处理。例如，鼠标指针移至某一个元素上时出现一种特效，离开时又显示不同的特效，这就需要使用绑定事件方法 bind( )一次性绑定或移除一个或多个事件；既然有绑定事件，那么就有移除绑定事件的方法 unbind( )，下面就来看看二者的使用方法。

6.2.1　事件绑定

在 jQuery 中，如果需要为匹配的元素同时绑定一个或多个事件，则可以使用 bind( ) 方法，其语法格式如下。

bind(type,[data],fn)

其中，参数 data 不是必需的，详细说明如表 6-3 所示。

表 6-3　bind( )方法的参数说明

参数类型	参数含义	描　　述
type	事件类型	主要包括 click、mouseover、mouseout 等简单事件，此外，也可以是自定义事件
[data]	可选参数	作为 event.data 属性值传递给事件的额外数据对象，该参数不是必需的
fn	处理函数	用来绑定处理函数

1．绑定单个事件

为了能更好地理解 bind( )方法在网页中的应用，接下来实现鼠标指针移至"我的"时显示二级菜单，代码如示例 3 所示。

示例 3

```
<!--省略部分代码-->
<li class="on">
    <a href="" class="menu-btn">我的</a>
    <ul class="topDown">
        <li><a href="">我的积分</a></li>
        <li><a href="">我的收藏</a></li>
        <li><a href="">我的余额</a></li>
        <li><a href="">我的评论</a></li>
        <li><a href="">电子书架</a></li>
    </ul>
</li>
<!--省略部分代码-->
```

使用 bind( )方法绑定事件，实现鼠标指针移至"我的"时显示二级菜单，代码如下所示。

```
$(document).ready(function(){
    $(".on").bind("mouseover",function(){
        $(".topDown").show();
    });
});
```

在浏览器中查看页面效果，如图 6.9 和图 6.10 所示。

2．同时绑定多个事件

使用 bind( )方法不仅可以一次绑定一个事件,还可以同时绑定多个事件。上面的例子中,鼠标指针移至导航显示二级菜单,但是鼠标指针离开后,二级菜单并没有消失,和网上看到的实际效果并不一样。下面使用 bind( )方法为匹配的元素同时绑定多个事件,仍然使用示例

3 中的 HTML 代码，要求鼠标指针移出导航时，隐藏二级菜单，jQuery 代码如下所示。

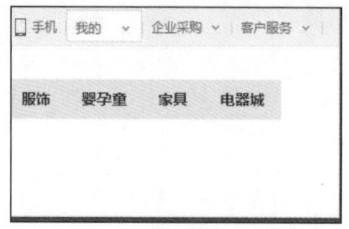

图6.9　导航初始页面

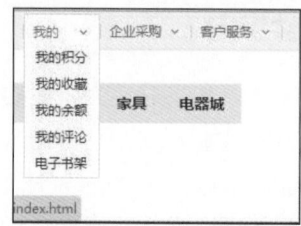

图6.10　鼠标指针移至导航显示二级菜单

```
$(document).ready(function(){
    //bind 两个事件
    $(".top-m .on").bind({
        mouseover:function(){
            $(".topDown").show();
        },
        mouseout:function(){
            $(".topDown").hide();
        }
    });
});
```

运行上面的代码，就能够实现当鼠标指针移至"我的"上时显示二级菜单，移开时隐藏二级菜单。

6.2.2　事件移除

在 jQuery 中，还提供了移除事件的方法。在绑定事件时，可以使用 bind()方法为匹配元素绑定一个或多个事件，同样可以使用 unbind( )方法为匹配元素移除单个或多个事件，其语法格式如下。

unbind([type],[fn])

unbind( )方法有两个参数，这两个参数都不是必需的，当 unbind( )不带参数时，表示移除绑定的全部事件。unbind( )方法的参数说明如表 6-4 所示。

表 6-4　unbind( )方法的参数说明

参数类型	参数含义	描　　述
[type]	事件类型	主要包括 click、mouseover、mouseout 等简单事件，还可以是自定义事件
[fn]	处理函数	用来解除绑定的处理函数

由于事件移除操作，使用非常简单，这里就不赘述了，若想详细了解，可扫描二维码查看关于事件移除的全部操作。

jQuery事件
移除

6.2.3　jQuery 复合事件

在 jQuery 中有两个复合事件的处理方法——hover( )和 toggle( )方法，

它们与 ready( )类似，都是 jQuery 自定义的方法。

1．hover( )方法

在 jQuery 中，hover( )方法用于模拟鼠标指针移入和移出事件。当鼠标指针移至元素上时，会触发指定的第一个函数（enter）；当鼠标指针移出这个元素时，会触发指定的第二个函数（leave），该方法相当于 mouseenter 和 mouseleave 事件的组合。其语法格式如下。

hover(enter,leave);

下面使用 hover( )方法实现图书导航中"我的"二级菜单的显示和隐藏，其 jQuery 代码如示例 4 所示。

示例 4

```
$(document).ready(function(){
    $(".top-m .on").hover(function(){
        $(".topDown").show();
    },
    function(){
        $(".topDown").hide();
    }
    );
});
```

在浏览器中运行代码，页面效果如图 6.9 所示。当鼠标指针移至"我的"上时，显示二级菜单，如图 6.10 所示；当鼠标指针离开时，二级菜单隐藏，如图 6.9 所示。

2．toggle( )方法

在 jQuery 中，toggle( )分为带参数的方法和不带参数的方法。带参数的方法用于模拟鼠标连续单击事件。第一次单击元素，触发指定的第一个函数(fn1)；再次单击元素，触发指定的第二个函数（fn2）；如果有更多函数，则依次触发，直到最后一个。随后的每次单击都重复对这几个函数轮番调用，toggle( )方法的语法格式如下。

toggle(fn1,fn2,…,fnN);

示例 5 的 jQuery 代码展示了单击页面内容，页面背景按红、绿、蓝循环切换的功能。

示例 5

```
<!--省略部分代码-->
<input type="button" value="点我吧">
<p>我一会显示一会隐藏</p>
jQuery 切换背景颜色代码如下所示:
$(document).ready(function(){
    $("input").toggle(
        function(){$("body").css("background","#ff0000");},
        function(){$("body").css("background","#00ff00");},
        function(){$("body").css("background","#0000ff");}
    )
})
```

在浏览器中运行示例，页面效果如图 6.11 所示，单击"点我吧"按钮，页面背景颜色变为红色，如图 6.12 所示，第二次单击"点我吧"按钮，页面背景颜色变为绿色，第三次单击"点我吧"按钮，页面背景颜色变为蓝色，如图 6.13 和图 6.14 所示。继续单击"点我吧"按钮，背景颜色将依次以红色、绿色、蓝色变化。

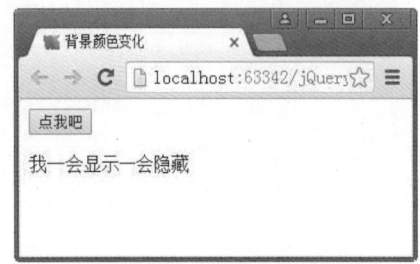

图6.11　页面初始状态

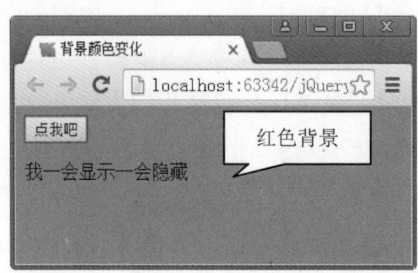

图6.12　红色背景

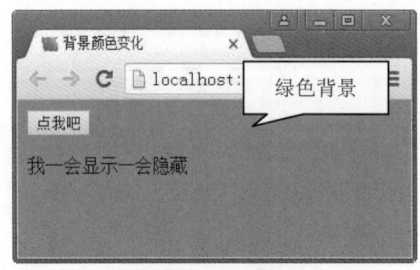

图6.13　绿色背景

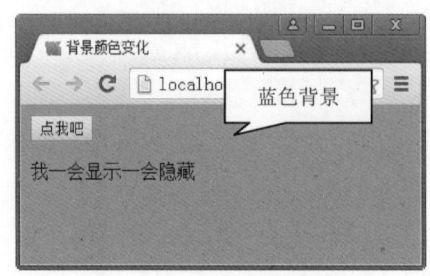

图6.14　蓝色背景

toggle( )方法不带参数时，与 show( )和 hide( )方法的作用一样，用于切换元素的可见状态。如果元素是可见的，则切换为隐藏状态；如果元素是隐藏的，则切换为可见状态。语法格式如下所示。

toggle();

修改示例 5 的代码，单击按钮，使\<p\>元素在显示和隐藏之间切换，代码如下所示。

$("input").click(function(){$("p").toggle();})

同 toggle( )方法一样，toggleClass( )方法也可以对样式进行切换，实现事件触发时某元素在"加载某个样式"和"移除某个样式"之间切换，语法格式如下所示。

toggleClass(className);

在示例 5 的基础上增加样式 red，代码如下所示。

```
.red{
    font-size: 28px;
    color: red;
}
```

修改示例 5 的代码，单击按钮，使\<p\>标签中的字体在加载类样式 red 和移除类样式 red 之间切换，代码如下所示。

$("input").click(function(){$("p").toggleClass("red");})

综上所述，对 toggle( )和 toggleClass( )方法总结如下。

➢ toggle(fn1,fn2,…,fnN)实现单击事件的切换，无须额外绑定 click 事件。

➢ toggle( )实现事件触发对象在显示和隐藏状态之间的切换。

➢ toggleClass( )实现事件触发对象在加载某个样式和移除某个样式之间的切换。

6.2.4　上机训练

┌─────────────────────────┐
│ 上机练习 2——仿京东左侧菜单 │
└─────────────────────────┘

需求说明

制作京东首页左侧菜单，如图 6.15 所示。

（1）使用 hover( )实现鼠标指针移至菜单上时，显示二级菜单；鼠标指针移出当前菜单时，隐藏二级菜单。

（2）使用 toggleClass( )实现鼠标指针移至菜单上时，背景颜色变为橙色；鼠标指针移出当前菜单时，背景颜色恢复为原来的颜色，如图 6.16 所示。

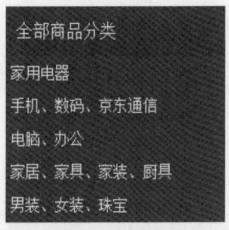

图6.15　京东首页左侧菜单初始状态

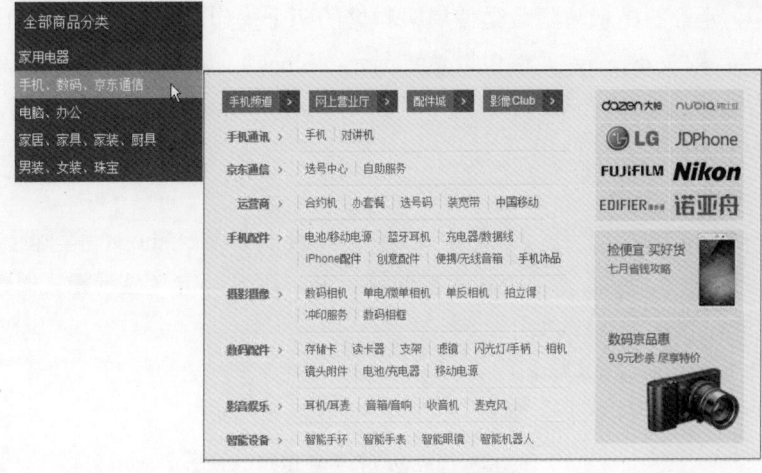

图6.16　显示二级菜单

任务 3　jQuery 中的动画操作

如果说行（action）胜于言，那么在 JavaScript 的世界里，效果会让操作（action）大放异彩。jQuery 不仅能够轻松地为页面操作添加简单的视觉效果，甚至能创建出更为精致的动画效果。

jQuery 效果能够增添页面的艺术性，一个元素逐渐滑入视野而不是突然出现，带给人的美感是不言而喻的。此外，当页面发生变化时，通过效果吸引用户的注意力，会显著增强页面的可用性。jQuery 提供了很多动画效果，例如：

➢ 元素的显示与隐藏

➢ 元素的淡入和淡出

➢ 元素的滑动

➢ 自定义动画

jQuery 动画特效的应用场景非常广泛，下面简单举几个例子，相信读者在日常网购、页面浏览、游戏中都已经接触过了。

➢ 各大网站焦点图轮播显示是打开京东、淘宝、当当任意一个网站，都能够看到的特效。

➢ 网页的菜单列表中，二级菜单的显示和隐藏。

➢ 游戏特效。例如"水果连连看"这款游戏中，两个连在一起的水果水平消失的特效。

这样的特效举不胜举，下面就来学习 jQuery 中制作动画特效的方法，来掌握并应用它们为页面添加动画效果，让页面变得更加丰富多彩。

6.3.1　元素的显示与隐藏

在页面中，元素的显示与隐藏是使用极频繁的两个操作，前面已经学习了使用 css( )方法可以改变元素的 display 属性值以达到显示（block）和隐藏（none）元素的目的，也可以使用方法 show( )和 hide( )。前面学习的是 show( )和 hide( )的基础应用，本节学习 show( )和 hide( )的完整语法应用。

1. 元素显示

在 jQuery 中，可以使用 show( )方法控制元素的显示。show( )等同于$(selector).css("display", "block")，除了可以控制元素的显示外，还可以定义显示元素时的效果，如显示速度。show( )的语法格式如下。

$(selector).show([speed],[callback])

show( )的参数说明如表 6-5 所示。

表 6-5　show( )的参数说明

参　　数	描　　述
speed	可选。规定元素从隐藏到完全可见的速度。默认为"0"；可选值：毫秒（如 1000）、slow、normal、fast 在设置速度的前提下，元素从隐藏到完全可见的过程中，会逐渐地改变高度、宽度、外边距、内边距和透明度
callback	可选。show 函数执行完之后要执行的函数

2. 元素隐藏

在 jQuery 中，与 show( )方法对应的是 hide( )方法，该方法可以控制元素隐藏。hide( )方法等同于$(selector).css("display","none")，除了可以控制元素的隐藏外，还可以定义隐藏元素时的效果，如隐藏速度。hide( )方法的语法格式如下。

$(selector).hide([speed],[callback])

其参数设置方式与 show( )方法相同，绝大多数情况下，hide( )方法与 show( )方法总是成对使用。

在前面的学习中，已经多次应用到 show( )和 hide( )，下面主要演示如何设置显示和隐藏的速度。在示例 3 的基础上，实现鼠标指针移至"我的"上时显示二级菜单，离开时隐藏二级菜单，jQuery 代码如示例 6 所示。

示例 6

```
$(document).ready(function(){
    $(".top-m .on").hover(function(){
        $(".topDown").show("slow");
    },
        function(){
            $(".topDown").hide("fast");
        }
    );
});
```

在浏览器中打开页面，可以看到二级菜单慢慢地显示出来，隐藏也不再是一下就看不到了，也有一定的延迟。

6.3.2　元素的淡入淡出特效

jQuery 提供的动画效果非常丰富，除了显示和隐藏元素外，还能改变元素透明度和高度。下面看看用于改变元素透明度的方法 fadeIn( )和 fadeOut( )。

1. 元素淡入

在 jQuery 中，如果元素是隐藏的，则可以使用 fadeIn( )方法控制元素淡入，它与 show( )方法相似，也可以定义元素淡入时的效果，如显示速度。fadeIn( )方法的语法格式如下。

$(selector).fadeIn([speed],[callback])

fadeIn( )方法的参数说明如表 6-6 所示。

表 6-6　fadeIn( )方法的参数说明

参　　数	描　　述
speed	可选。规定元素从隐藏到完全可见的速度。默认为"0"；可选值：毫秒（如 1000）、slow、normal、fast 在设置速度的前提下，元素从隐藏到完全可见的过程中，会逐渐地改变其透明度，实现一种淡入的效果
callback	可选。fadeIn 函数执行完之后要执行的函数；除非设置了 speed 参数，否则不能设置该参数

2. 元素淡出

在 jQuery 中，与 fadeIn( )方法对应的是 fadeOut( )方法，它们经常结合使用。fadeOut( )方法除了可以控制元素淡出外，还可以定义元素淡出时的效果，如淡出速度。fadeOut( )方法的语法格式如下。

$(selector).fadeOut([speed],[callback])

其参数设置方式与 fadeIn( )方法相同。

一般来说，fadeIn( )方法与 fadeOut( )方法常用在网页中为轮播广告、菜单、信息提示框和弹出窗口等制作动画效果。为了理解这两个方法在实际网页中的应用，制作如图 6.17 所示的页面，实现单击按钮时图片的淡入和淡出，代码如示例 7 所示。

图6.17　淡入淡出原始页面

示例 7

HTML 代码如下所示。

```
<img src="images/ad.jpg"  /><br/>
<input name="fadein_btn" type="button" value="淡入" />
<input name="fadeout_btn" type="button" value="淡出" />
```

使用 jQuery 实现图片的淡入和淡出，代码如下所示。

```
$(document).ready(function() {
    $("input[name=fadein_btn]").click(function(){
        $("img").fadeIn("slow");
    });
    $("input[name=fadeout_btn]").click(function(){
        $("img").fadeOut(1000);
    });
});
```

从代码中可以看到，单击"淡入"按钮，以速度"slow"显示图片，单击"淡出"按钮，以 1000 毫秒的速度显示图片。

6.3.3　元素的滑动特效

在 jQuery 中，用于改变元素高度的方法是 slideUp( )和 slideDown( )。若元素的 display 属性值为 none，当调用 slideDown( )方法时，元素会从上向下延伸显示，而 slideUp( )方法正好相反，元素会从下到上缩短直至隐藏。slideUp( )和 slideDown( )方法的语法格式如下。

```
$(selector). slideUp ([speed],[callback])
$(selector). slideDown ([speed],[callback])
```

与 fadeIn( )和 fadeOut( )方法中的参数一样，speed 也为可选参数，用来规定改变元素高度的时长，它的取值也可以是 slow、fast 或毫秒。

callback 为可选参数，表示改变元素高度后执行的函数名称，这个参数在实际网页开发中应用并不是很多，了解即可。

下面使用 slideUp( )方法与 slideDown( )方法制作如图 6.18 所示的效果。单击标题"窗边的小豆豆"时，相关的文字说明先缓慢向上收起，然后缓慢向下展开，页面代码如示例 8 所示。

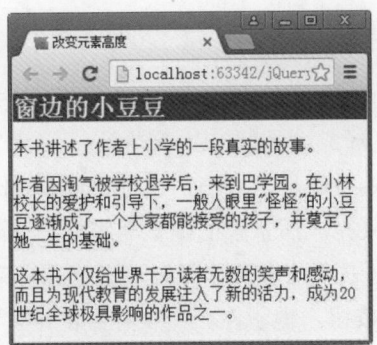

图6.18　改变元素高度

示例 8

HTML 代码如下所示：

```
<div id="box">
    <h2>窗边的小豆豆</h2>
    <div class="txt">
        <p>本书讲述了作者上小学的一段真实的故事。</p>
        <p>作者因淘气被学校退学后，来到巴学园。在小林校长的爱护和引导下，一般人眼里"怪怪"的小豆豆逐渐成了一个大家都能接受的孩子，并奠定了她一生的基础。</p>
        <p>这本书不仅给世界千万读者无数的笑声和感动，而且为现代教育的发展注入了新的活力，成为 20 世纪全球极具影响的作品之一。</p>
    </div>
</div>
```

使用 jQuery 实现单击标题正文内容先缓慢向上收起，再缓慢向下展开的效果，代码如下所示：

```
$(document).ready(function() {
    $("h2").click(function(){
        $(".txt").slideUp("slow");
        $(".txt").slideDown("slow");
    });
});
```

 注意

jQuery 中的所有动画效果，都可以设置三种速度参数，即 slow、normal、fast（三者对应的时间分别为 0.6 秒、0.4 秒和 0.2 秒）。

当使用关键字作为速度参数时，需要使用双引号引起来，如 fadeIn("slow")；而使用数值作为速度参数时，则不需要使用双引号，如 fadeIn(500)。需要注意的是，当使用数值作为参数时，其单位为毫秒，而不是秒。

6.3.4 自定义动画特效

在 jQuery 中，除了以上学习的几种动画，还可以创建自定义动画来实现更加复杂的动画效果。

$(selector). animate({params},speed,callback)

与 show( )和 hide( )中的参数用法一样，自定义动画方法 animate( )的参数说明如下。

> params：必须，定义形成动画的 CSS 属性。

> speed：可选，规定效果时长，取值：毫秒、fast、slow。

> callback：可选，效果完成后执行的函数名称。

下面通过"英雄难过棍子关"游戏来学习自定义动画特效，游戏界面如图 6.19 所示。按下按钮，棍子变长，松开按钮，棍子停止变长并且倒下，英雄沿棍子向下一个柱子跑去，如图 6.20 所示。如果英雄跑向下一个柱子，则每个柱子依次向左移动。

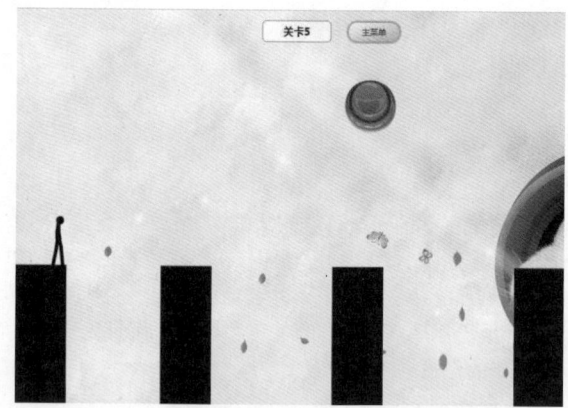

图6.19 "英雄难过棍子关"游戏开始状态

图6.20 棍子倒下状态

下面仅演示如何使用动画实现简化的"英雄难过棍子关"游戏，HTML 代码如示例 9 所示。

示例 9

HTML 代码如下所示：

```
<div class="btn-box">
      <p class="btn-main">
          <button class="btnClick"></button>
      </p>
   </div>
<div class="container">
   <div class="stick"></div>
   <div class="man"><img src="images/stick_stand.png"/></div>
   <div class="well-box"><div class="well"></div><div class="well"></div></div>
</div>
```

省略 CSS 代码，在浏览器中查看，页面效果如图 6.21 所示。

图6.21　"英雄难过棍子关"游戏初始状态

下面开始正式制作"英雄难过棍子关"游戏，分如下步骤完成。

（1）按下按钮，棍子开始变长，jQuery 代码和向上变长棍子的 CSS 代码如下所示。

```
$(".btnClick").mousedown(function(){
    if(stop){
        $(".stick").animate({"width":"500px"},2500);      //棍子变长
    }
});
.stick{
    position:absolute;
    left:50px;
    bottom:100%;
    height:5px;
    width:0;
    background:#096;
    transform:rotate(-90deg);
    -ms-transform:rotate(-90deg);              /*IE9*/
```

```
    -moz-transform:rotate(-90deg);              /*Firefox*/
    -webkit-transform:rotate(-90deg);           /*Ssfari   and Chrome*/
    -o-transform:rotate(-90deg);                /*Opera*/
    transform-origin:0 100%;
    -ms-transform-origin:0 100%;
    -moz-transform-origin:0 100%;
    -webkit-transform-origin:0 100%;
    -o-transform-origin:0 100%;
    transition:transform 0.35s linear;
    -moz-transition:transform 0.35s linear;
    -webkit-transition:transform 0.35s linear;
    -o-transition:transform 0.35s linear;
}
```

在浏览器中运行代码，按下按钮，棍子开始变长，页面效果如图 6.22 所示。

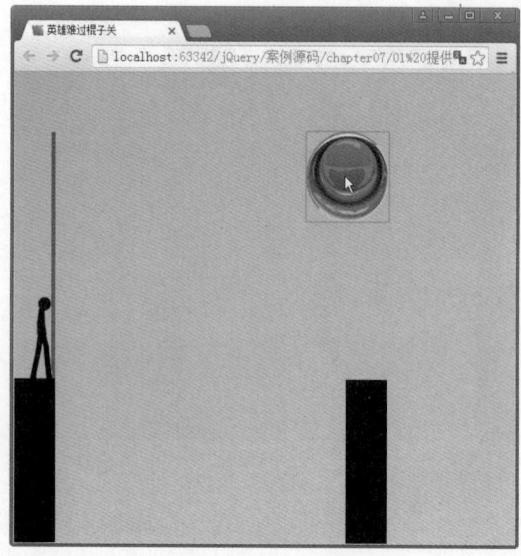

图6.22　棍子变长

（2）松开按钮，棍子倒下，调用函数 moveMan( )，英雄开始沿棍子向第二个柱子跑去，jQuery 代码和相关的 CSS 代码如下所示。

```
$(".btnClick").mouseup(function(){
    if(stop){
        $(".stick").stop();                 //棍子停止变长
        stop = false;
        $(".stick").addClass("stickDown");  //棍子倒下
        moveMan();
    }
});
.stickDown{
    transform:rotate(0deg);
    -ms-transform:rotate(0deg);
```

```
        -moz-transform:rotate(0deg);
        -webkit-transform:rotate(0deg);
        -o-transform:rotate(0deg);
}
```

在浏览器中运行游戏，棍子倒下，效果如图 6.23 所示。

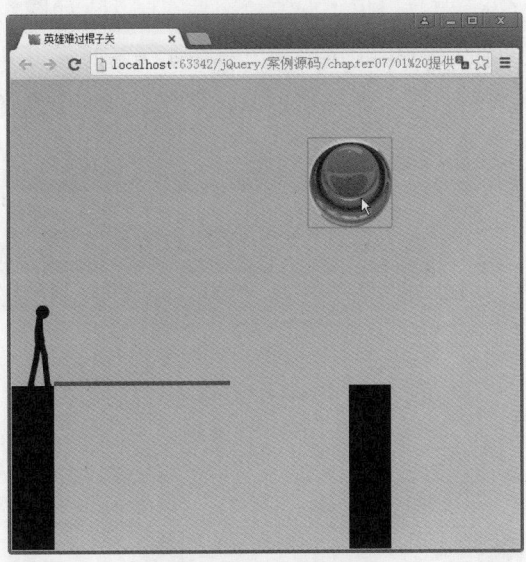

图6.23　棍子倒下

（3）棍子倒下后，延迟 600 毫秒，英雄开始沿棍子向第二个柱子跑去，如果棍子长度小于或大于两个柱子间的距离，英雄会掉下去；否则英雄跑到第二个柱子上，所有柱子向左移动。关键 jQuery 代码如下所示。

```
function moveMan(){
    var stickW = $(".stick").width();//获取倒下棍子的长度
    setTimeout(function(){
        $(".man").find("img").attr("src","images/stick.gif");
        $(".man").find("img").animate({"left":stickW+"px"},1000,function(){
            var wellL = $(".well").eq(1).offset().left;//柱子距离屏幕左侧的距离
            var well0 = $(".well").eq(0).offset().left;//柱子距离屏幕左侧的距离
            colWidth= $(".well").eq(0).width();
            var range = wellL-well0-colWidth;//获取两个柱子之间的距离
            if( (stickW < range) || (stickW > wellL)){ //判断人物是否落下
                $(".man").animate({"bottom":"0px"});
            }
            else{//如果成功，人物变为初始状态
                $(".man").find("img").attr("src","images/stick_stand.png").css({"left":0}).hide();
                $(".stick").removeClass("stickDown").width(0);//棍子变为初始状态
                var oldL = $(".well-box").offset().left;
                $(".well-box").animate({"left":-wellL+oldL},500,function(){//柱子移动
                    $(".man").find("img").show();
                    stop = false;//按钮不可以单击
```

6
Chapter

161

```
                });
            }
        });
    },600);
}
```

在浏览器中运行游戏，英雄沿棍子向第二个柱子跑去，如图 6.24 所示；如果棍子长度小于或大于两个柱子间的距离，则英雄掉下去，如图 6.25 所示；否则英雄跑到第二个柱子上，所有柱子向左移动，棍子和英雄恢复初始状态，如图 6.26 所示。

图6.24　英雄向第二个柱子跑去

图6.25　英雄掉下去了

到这里有人要问了，使用 animate( )一次只能改变一个 CSS 属性吗？当然不是，

animate( )可以同时操作多个属性来实现生动的动画效果，读者可以在此游戏的基础上增加柱子高度、透明度等属性来加强对 animate( )的掌握。

图6.26 英雄成功跑到第二个柱子

6.3.5 上机训练

╭┄┄┄┄┄┄┄┄┄┄┄┄┄┄┄┄┄┄┄┄┄┄┄┄┄┄┄┄┄╮
┊ 上机练习 3——制作京东常见问题分类页面 ┊
╰┄┄┄┄┄┄┄┄┄┄┄┄┄┄┄┄┄┄┄┄┄┄┄┄┄┄┄┄┄╯

需求说明

制作如图 6.27 所示的京东常见问题分类页面。

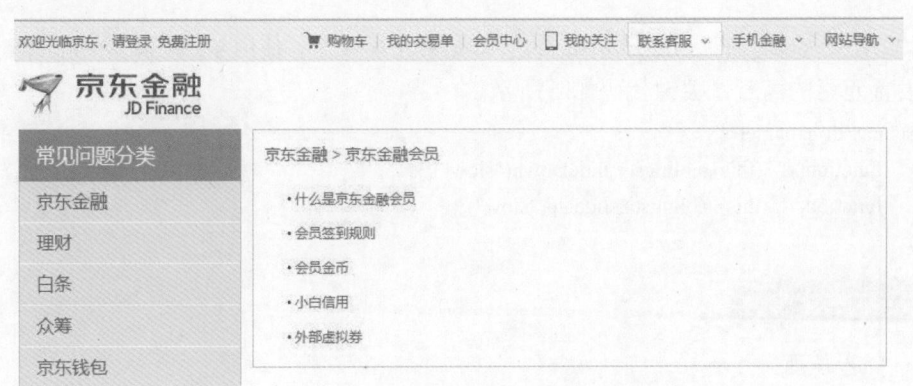

图6.27 京东常见问题分类页面

（1）使用复合事件 hover( )实现鼠标指针移至"联系客服"上时，二级菜单以"slow"速度显示，如图 6.28 所示；当鼠标指针离开时，二级菜单以"fast"速度隐藏。

（2）单击"常见问题分类"下的一级菜单时，使用 slideDown( )方法实现二级菜单以"slow"速度显示，如图 6.29 所示；再次单击一级菜单时，使用 slideUp( )方法实现二级菜单以"slow"速度隐藏。

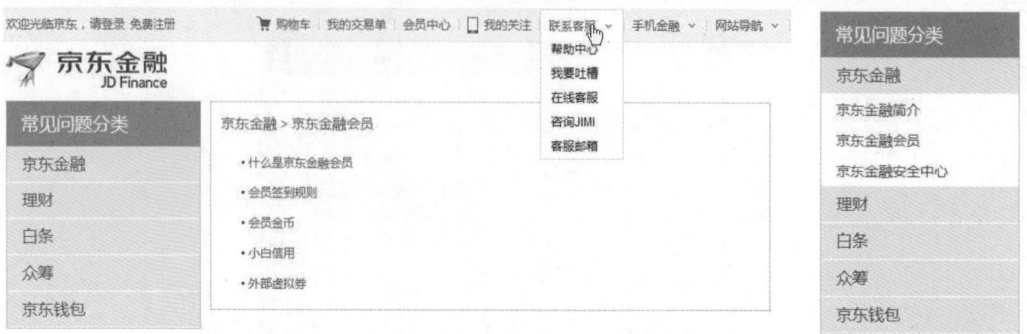

图6.28 显示"联系客服"的二级菜单   图6.29 显示问题分类
                                                      二级菜单

实现思路及关键代码

（1）使用列表制作左侧常见问题分类二级菜单，关键代码如下所示。

```
<li>
    <dl>
    <dt>众筹</dt>
    <dd><a href="#">产品众筹</a></dd>
    <dd><a href="#">轻众筹</a></dd>
    <dd><a href="#">产品众筹发起者常见问题</a></dd>
    <dd><a href="#">产品众筹支持者常见问题</a></dd>
    <dd><a href="#">产品众筹永久众筹常见问题</a></dd>
    <dd><a href="#">京东众创常见问题</a></dd>
    </dl>
</li>
```

（2）使用 siblings( )方法获取<dt>的所有兄弟元素<dd>，使用 slideUp( )和 slideDown( )方法设置元素的高度，关键代码如下所示。

```
$(".nav dt").toggle(
    function(){ $(this).siblings().slideDown("slow");},
    function(){$(this).siblings().slideUp("slow");}
)
```

本章作业

一、选择题

1. 在 jQuery 中，属于鼠标事件方法的是（   ）。

    A．onclick( )   B．mouseover( )

    C．onmouseout( )   D．blur( )

2. 在 jQuery 中既可以模拟鼠标连续单击事件，又可以切换元素可见状态的方法是（   ）。

    A．hide( )   B．toggle( )   C．hover( )   D．slideUp( )

3．关于 bind( )方法与 unbind( )方法说法正确的是（　　）。（选择两项）

    A．bind( )方法可以用来移除单个或多个事件

    B．unbind( )方法可以同时移除多个事件，但不能移除单个事件

    C．使用 bind( )方法可以同时绑定鼠标事件和键盘事件

    D．unbind( )方法是与 bind( )方法对应的方法

4．若要求隐藏<span>元素，则下列选项正确的是（　　）。（选择两项）

    A．$("span").css("display","none")

    B．$("span").addClass("display","none")

    C．$("span").show( )

    D．$("span").hide( )

5．在 jQuery 中，关于 fadeIn( )的说法正确的是（　　）。

    A．可以改变元素的高度

    B．可以改变元素的透明度

    C．可以改变元素的宽度

    D．与 fadeIn( )相对的方法是 fadeOn( )

二、简答题

1．jQuery 中有哪些基础事件方法？

2．jQuery 中常用的动画方法有哪些？简述它们的特点。

3．将一个 HTML DOM 元素隐藏有哪几种方式？

4．制作页面导航特效，初始状态下仅显示"购物特权"主菜单，单击"购物特权"，二级菜单在显示和隐藏之间切换，如图 6.30 所示。当鼠标指针移至二级子菜单上时，为子菜单添加背景色，如图 6.31 所示。

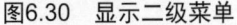

图6.30　显示二级菜单　　　　图6.31　二级子菜单添加背景色

5．制作如图 6.32 所示的页面，单击底部箭头时，隐藏菜单项的后四项，如图 6.33 所示，并且底部箭头向下；再次单击底部箭头，显示隐藏的菜单项，并且底部箭头向上，如图 6.32 所示。

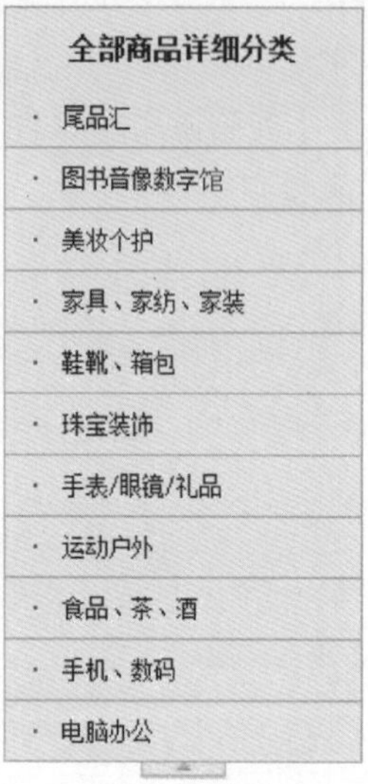

全部商品详细分类

· 尾品汇

· 图书音像数字馆

· 美妆个护

· 家具、家纺、家装

· 鞋靴、箱包

· 珠宝装饰

· 手表/眼镜/礼品

· 运动户外

· 食品、茶、酒

· 手机、数码

· 电脑办公

图6.32　初始状态

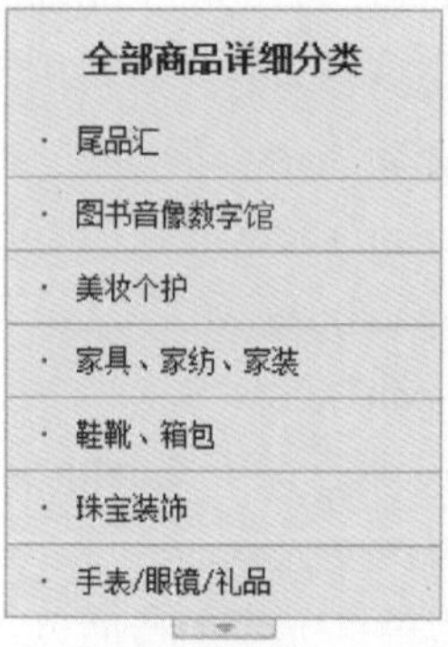

全部商品详细分类

· 尾品汇

· 图书音像数字馆

· 美妆个护

· 家具、家纺、家装

· 鞋靴、箱包

· 珠宝装饰

· 手表/眼镜/礼品

图6.33　隐藏菜单项

说明

为了方便读者验证作业答案，提升专业技能，请扫描二维码获取本章作业答案。

jQuery 中的 DOM 操作

技能目标

❖ 掌握 jQuery 操作 CSS 样式的方法
❖ 掌握 jQuery 如何操作文本内容与属性值
❖ 掌握并使用 jQuery 操作 DOM 节点
❖ 掌握 jQuery 遍历 DOM 节点的方法
❖ 了解 jQuery 操作 CSS-DOM 的方法

价值目标

　　本章将详细介绍如何使用 jQuery 操作 DOM 中的各种元素和对象，在实际的应用中，DOM 可以实现跨平台、跨语言的标准访问。本章将丰富读者的知识和国际化视野，培养读者的理论自信。

本章知识梳理

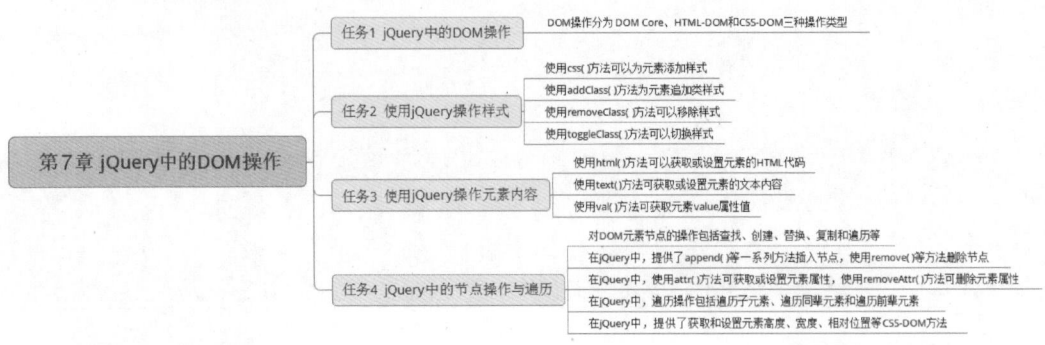

本章简介

DOM 为文档提供了一种结构化的表示方式，通过操作 DOM 可以改变文档（如HTML、XML 等）的内容和展现形式。在实际运用中，DOM 更像是一座桥梁，通过它可以实现跨平台、跨语言的标准访问。

本章将详细介绍如何使用 jQuery 操作 DOM 中的各种元素和对象。

预习作业

1．简答题

（1）在 jQuery 中可以使用哪个方法设置和获取样式值？

（2）在 jQuery 中追加样式和移除样式分别使用哪个方法？

2．编码题

使用 jQuery 中的 DOM 操作实现文字修改和颜色修改，要求如下：

（1）在页面上添加一段代码："<div id="test"class=""title-style">欢迎学习 jQuery!</div>"。

（2）使用 jQuery 中的类选择器获取元素并将文字颜色改为红色。

（3）使用 jQuery 中的 ID 选择器获取元素并将文字内容修改为"您好，jQuery！"。

任务 1 jQuery 中的 DOM 操作

在 jQuery 中，DOM 操作是一个非常重要的组成部分。jQuery 中提供了一系列操作DOM 的方法，它们不仅简化了传统 JavaScript 操作 DOM 时冗繁的代码，而且解决了让开发者苦不堪言的跨平台浏览器兼容性问题。此外，DOM 操作还让页面元素真正动起来，可以动态地增减和修改数据，令用户与计算机交互更加便捷，交互形式更加多样。

7.1.1 DOM 操作的分类

JavaScript 操作 DOM 分为三类——DOM Core（核心）、HTML-DOM 和 CSS-DOM。

jQuery 操作 DOM 同样分为这三类，现在回顾一下使用 JavaScript 操作 DOM。

JavaScript 中的 getElementById( )、getElementsByTagName( )等方法都是 DOM Core 的组成部分。例如，使用 document. getElementById ("nav")可以获取页面中 id 为 nav 的元素。

相对于 DOM Core 获取对象、属性而言，使用 HTML-DOM 时，代码通常较为简短。例如，document. getElementById ("intro").innerHTML 可以获取 id 为 intro 元素的内容。

在 JavaScript 中，CSS-DOM 技术的主要作用是获取和设置 style 对象的各种属性。例如，document. getElementsByTagName ("p").style.color="#ff0000"可以设置<p>元素中的文本颜色为红色。

jQuery 作为 JavaScript 的程序库，继承并发扬了 JavaScript 对 DOM 对象的操作特性，使开发人员可以方便地操作 DOM 对象。下面来看看在 jQuery 中有哪些 DOM 操作。

7.1.2　jQuery 中的 DOM 操作

jQuery 中的 DOM 操作主要分为样式操作、内容（文本和 value 属性值）操作、节点操作，节点操作又包含属性操作、节点遍历和 CSS-DOM 操作。其中最核心的部分是节点操作和节点遍历，掌握了这两部分内容，可以毫不夸张地说，jQuery 已经学会了一半。

下面就通过图 7.1 来理清 DOM 操作的知识结构，以便更有效地学习 jQuery 中的 DOM 操作。

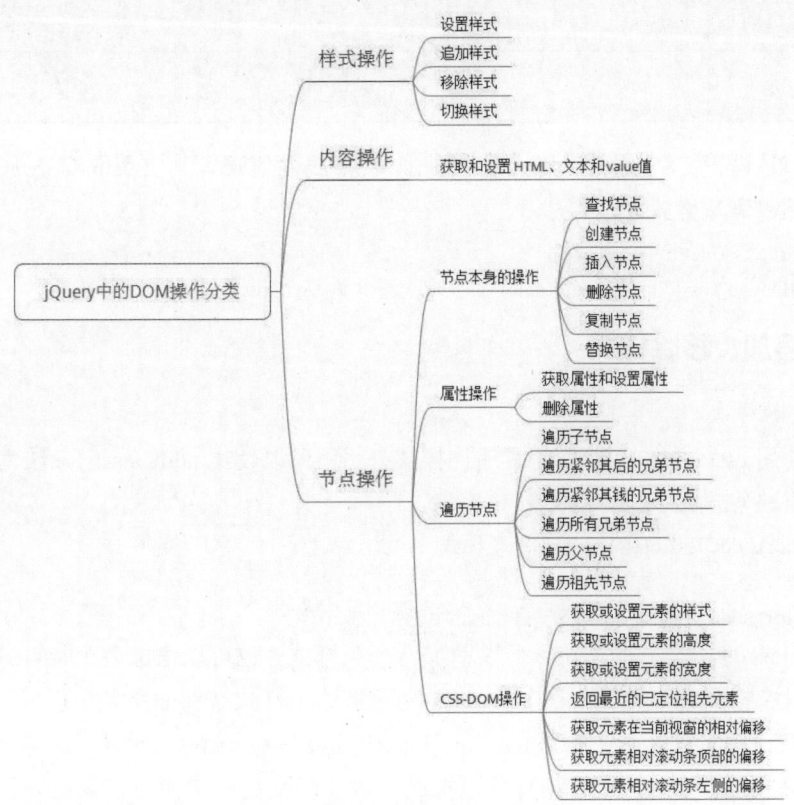

图7.1　jQuery中的DOM操作

理清了 jQuery 中 DOM 操作的脉络结构之后，下面就来详细讲解各种 DOM 操作的用法。

任务 2　使用 jQuery 操作样式

在 jQuery 中，对元素的样式操作主要包括直接设置样式值、获取样式值、追加样式、移除样式和切换样式。下面详细介绍它们的特点和用法。

7.2.1　设置、获取样式值

在 jQuery 中，使用 css( )方法可以为指定的元素设置样式值，在前面章节中已经多次应用，这里只简单回顾一下，其语法格式如下。

$(selector).css(name,value) //设置单个属性

或者

$(selector).css({name:value, name:value,name:value…})　//同时设置多个属性

css( )方法的参数说明如表 7-1 所示。

表 7-1　css( )方法的参数说明

参　　数	描　　述
name	必需。规定 CSS 属性的名称，该参数可以是任何 CSS 属性。 例如，font-size、background 等
value	必需。规定 CSS 属性的值，该参数可以是任何 CSS 属性值。 例如，#000000、24px 等

以上都是设置 CSS 属性，那么如何获取 CSS 属性值呢？其实获取 CSS 属性值的方法也很简单，语法格式如下。

$(selector).css(name) //获取属性

$(".textDown").css("background-color")//获取类样式为 textDown 的背景颜色值

7.2.2　追加、移除样式

1. 追加样式

除了使用 css( )方法可以为元素追加样式外，还可以使用 addClass( )方法为元素追加样式。其语法格式如下。

$(selector).addClass(class) // 追加单个样式

或

$(selector).addClass(class1 class2 … classN)// 追加多个样式

其中 class 为类样式的名称，可以增加一个类样式，也可以增加多个类样式，各个类样式之间以空格隔开。使用 addClass(class)为元素添加样式在前面章节中已经使用过，这里不再赘述。下面主要演示使用 addClass(class1 class2…classN)为元素增加多个样式，页面效果如图 7.2 所示。当鼠标指针移至标题上时，正文内容增加背景颜色并且显示虚线边框，如图 7.3 所示。页面代码如示例 1 所示。

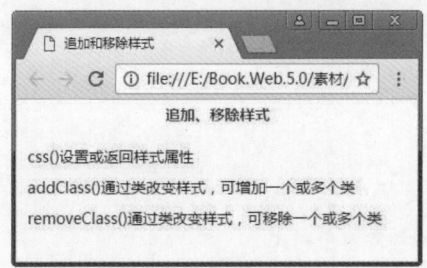

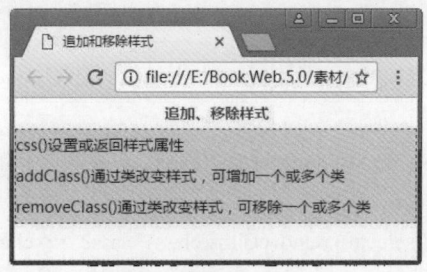

图7.2　页面初始状态　　　　　　　　图7.3　增加两个样式

HTML 和 CSS 样式如下所示。

```
......//省略部分代码
<style type="text/css" >
    .title {font-size:14px; color:#03F; text-align: center; }
    .text{ padding:10px;}
    .content {background-color:#ddd; }
    .border {border:1px dashed #03f; }
</style>
</head>
<body>
    <h2 class="title" >追加、移除样式</h2>
    <p class="text">
        css()设置或返回样式属性<br>
        addClass()通过类改变样式，可增加一个或多个类<br>
        removeClass()通过类改变样式，可移除一个或多个类
    </p>
</body>
```

jQuery 代码如下所示。

```
$(document).ready(function(){
    $("h2").mouseover(function() {
        $("p").addClass("content border");
    });
});
```

从以上代码中可以看到，当鼠标指针移至<h2>上时，使用 addClass( )方法为<p>元素增加了两个样式 content 和 border，为<p>元素增加了背景颜色和虚线边框。

 注意

　　　　使用 addClass( )方法仅仅是追加类样式，即在保留原有类样式的基础上追加新样式，如标签<p>，执行代码$("p").addClass("content border")之后，会变成<p class="text content border">，即仍然保留原有类样式 text，只是新增了类样式 content 和 border。在 JavaScript 中使用 className 仅能设置一个样式，而使用 addClass( ) 追加样式更加方便。通常为元素添加 CSS 样式时，addClass( )比 css( )更加常用，因为使用 addClass( )添加样式，更加符合 W3C 规范中"结构与样式分离"的准则。

2. 移除样式

在 jQuery 中，与 addClass( )方法相对应的是移除样式方法 removeClass( )，其语法格式如下。

$(selector).removeClass(class)   //移除单个样式

或者

$(selector).removeClass(class1 class2 … classN)   //移除多个样式

其中，参数 class 为类样式名称，是可选的。与 addClass()类似，只不过 removeClass()是删除对应的样式。依旧使用示例 1，若要在鼠标指针移出<h2>时，移除<p class="text content border">中的类样式 text 和 content，jQuery 代码如下所示。

```
$("h2").mouseout(function() {
    $("p").removeClass("text content");
});
```

运行结果如图 7.4 所示，可以看到<p>元素去掉了背景颜色，并且 10px 的内边距消失，文本内容紧贴边框显示，说明使用 removeClass( )成功地移除了样式 text 和 content。

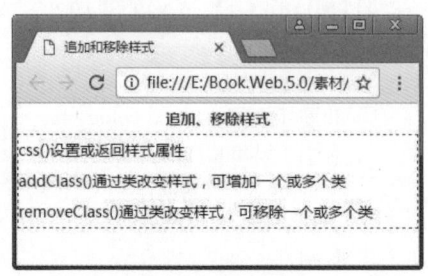

图7.4　移除样式后

7.2.3　样式的切换与判断

1. 切换样式

在前面的章节中学习过，在 jQuery 中，使用 toggle( )方法可以切换元素的可见状态，使用 toggleClass( )方法还可以切换不同元素的类样式，其语法格式如下。

$(selector).toggleClass(class)

其中，参数 class 为类样式的名称，功能是当元素中含有名称为 class 的 CSS 类样式时，删除该类样式，否则增加一个名称为 class 的类样式。前面章节已经学习过，这里不再赘述。

2. 判断样式

在实际网页中，会经常用到追加样式和移除样式。如果需要追加的样式已经应用到指定元素，还需要追加吗？如果需要移除的样式根本就没有应用到指定的元素，还需要移除吗？如何判断某元素已应用指定的样式呢？在 jQuery 中，提供了 hasClass( )方法来判断元素是否包含指定的样式，其语法如下所示。

$(selector). hasClass(class);

参数 class 是类名，为必填参数，返回值是布尔型。功能是在规定元素中查找，如果包含查找的类则返回 true，否则返回 false。

为了理解 hasClass( )方法的用法，修改示例 1，当鼠标指针移至标题上时，增加样式 content，当鼠标指针离开时则移除样式 content，jQuery 代码如示例 2 所示。

示例 2

```
......//省略 HTML 修改的代码
$(document).ready(function(){
    $("h2").mouseover(function() {
        if(!$("p").hasClass("content ")){
```

```
        $("p").addClass("content ");
    }
});
$("h2").mouseout(function() {
    if($("p").hasClass("content ")) {
        $("p").removeClass("content ");
    }
});
});
```

运行示例 2，当鼠标指针移至标题上时页面效果如图 7.5 所示，当鼠标指针离开时页面效果如图 7.2 所示。

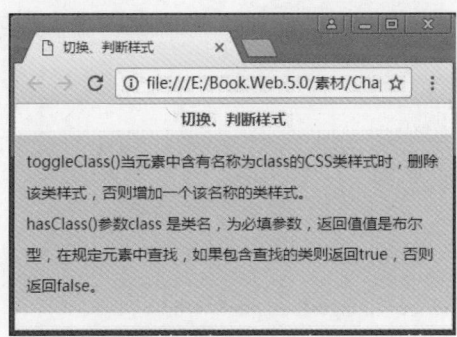

图7.5　增加样式content

<h2>任务3　使用 jQuery 操作元素内容</h2>

除了可以对样式进行操作外，jQuery 还提供了对元素内容进行操作的方法，即对 HTML 代码（包括标签和标签内容）、标签内容和属性值内容进行操作，下面就来介绍三者的特点及用法。

7.3.1　操作 HTML 代码

在 jQuery 中，可以使用 html( )方法对 HTML 代码进行操作，该方法类似于 JavaScript 中的 innerHTML，通常用于动态地新增或替换页面内容，如使用 QQ 空间中的说说发表心情、填写表单时出现的提示等，都可以使用 html( )方法实现，其语法格式如下。

html([content])

html( )方法的参数说明如表 7-2 所示。

表 7-2　html( )方法的参数说明

参　　数	描　　述
content	可选。有参数时，规定被选元素的新内容，可以包含 HTML 标签；无参数时，表示获取被选元素的文本内容

制作如图 7.6 所示的页面，单击标题"常见问题"，使用 html( )方法在页面上增加问

题列表，如图 7.7 所示；单击"×"按钮，使用 html( )方法取消问题列表，如图 7.6 所示。其代码如示例 3 所示。

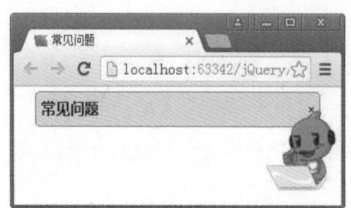
图7.6　常见问题页面初始状态

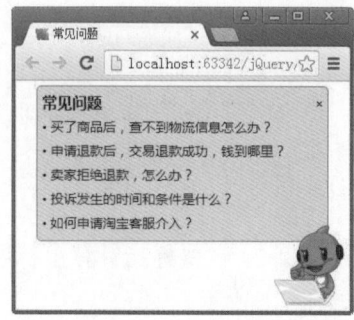
图7.7　使用html( )方法增加问题列表

示例 3

HTML 关键代码如下所示。

```
<section>
    <span>×</span>
    <h1>常见问题</h1>
    <div class="proList"></div>
    <div class="img"><img src="images/boy.png"></div>
</section>
```

jQuery 代码如下所示。

```
$(document).ready(function(){
    $("h1").click(function(){
        var str="<ul><li>买了商品后，查不到物流信息怎么办？</li><li>申请退款后，交易退款成功，钱到哪里？</li><li>卖家拒绝退款,怎么办？</li><li>投诉发生的时间和条件是什么？</li><li>如何申请淘宝客服介入？</li></ul>";
        $(".proList").html(str);
    });
    $("span").click(function(){
        $(".proList").html("");
    })
});
```

7.3.2　操作标签内容

在 jQuery 中，使用 text( )方法可以获取或设置元素的文本内容，不含 HTML 标签。其语法格式如下。

```
text([content])
```

text( )方法的参数说明如表 7-3 所示。

表 7-3　text( )方法的参数说明

参　　数	描　　述
content	可选。有参数时，规定被选元素的新文本内容，特殊字符会被编码；无参数时，表示获取被选元素的文本内容

依旧使用示例 3 中的代码，仅将 html( )方法换成 text( )方法，jQuery 关键代码如下。

```
$(document).ready(function(){
    $("h1").click(function(){
        ......//省略部分代码
    $(".proList").text(str);//  此处将之前的 html()方法替换为 text()方法
    });
    $("span").click(function(){
        $(".proList").text("");//  此处将之前的 html()方法替换为 text()方法
    })
});
```

在浏览器中打开页面，单击标题显示页面内容，如图 7.8 所示。

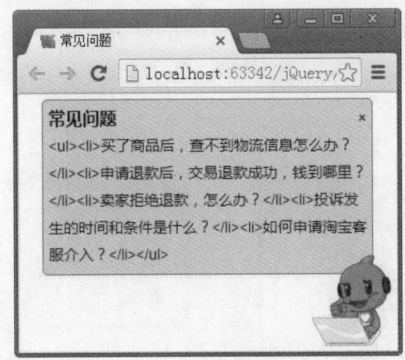

图7.8　使用text ( )方法增加问题列表内容

虽然 html( )方法与 text( )方法都可以用来获取元素内容和动态改变元素内容，但二者也存在一些区别，如表 7-4 所示。

表 7-4　html( )方法和 text( )方法的区别

语法格式	参数说明	功能描述
html( )	无参数	用于获取第一个匹配元素的 HTML 内容或文本内容
text( )	无参数	用于获取所有匹配元素的文本内容
html(content)	content 参数为元素的 HTML 内容	用于设置所有匹配元素的 HTML 内容或文本内容
text (content)	content 参数为元素的文本内容	用于设置所有匹配元素的文本内容

 注意

html( )方法仅支持(X)HTML 文档，不支持 XML 文档；而 text( )方法既支持HTML 文档，也支持 XML 文档。虽然 html( )方法与 text( )方法在操作文本内容时，区别不是很大，但是 html( )方法不仅能获取和设置文本内容，还能设置 HTML 内容。因此在实际应用中，html( )方法比 text( )方法更常用。

7.3.3　操作属性值

在 jQuery 中，除了 html( )方法和 text( )方法可以获取与设置元素内容外，还提供了获取元素 value 属性值的方法 val( )。该方法常用于操作表单的<input>元素。例如淘宝网的搜索功能，当文本框获得焦点时，初始的 value 属性值变为空；当文本框失去焦点时，value 属性值又恢复为初始状态。val( )方法的语法格式如下。

 val([value])

val( )方法的参数说明如表 7-5 所示。

表 7-5 val( )方法的参数说明

参　　数	描　　述
value	可选。有参数时，规定被选元素的新内容；无参数时，返回值为第一个被选元素的 value 属性值

制作如图 7.9 所示的搜索框特效。当搜索框获得焦点时，初始值"洗衣机"消失，如图 7.10 所示；当搜索框失去焦点时，如果搜索框内容为空则该初始值出现。代码如示例 4 所示。

图7.9 搜索框初始状态

图7.10 搜索框获得焦点

示例 4

HTML 关键代码如下所示。

```html
<input name="" type="text" class="search_txt" value="洗衣机" id="searchtxt" />
<input type="button" class="search_btn" />
```

jQuery 关键代码如下所示。

```javascript
$(document).ready(function(){
    $("#searchtxt").focus(function(){        // 搜索框获得鼠标焦点
        var txt_value =   $(this).val();      // 得到当前搜索框的值
        if(txt_value=="洗衣机"){
            $(this).val("");                  // 如果符合条件，则清空搜索框内容
        }
    });
    $("#searchtxt").blur(function(){         // 搜索框失去鼠标焦点
        var txt_value =   $(this).val();      // 得到当前搜索框的值
        if(txt_value==""){
            $(this).val("洗衣机");            // 如果符合条件，则设置内容
        }
    });
});
```

注意

focus( )方法表示搜索框获得焦点，而 blur( )方法表示搜索框失去焦点，知道这两个方法的用法即可，后面的章节中会详细讲解。

7.3.4 上机训练

┌─────────────────────────────┐
上机练习 1——制作 QQ 简易聊天框
└─────────────────────────────┘

训练要点

➢ 使用 html( )方法获取和设置页面内容。

➢ 使用 val( )方法获取聊天内容。

➢ 使用 addClass( )方法为指定元素追加样式。

➢ 使用数组保存聊天人员的头像和昵称。

➢ 使用随机函数获取聊天人员的头像和昵称。

需求说明

制作如图 7.11 所示的 QQ 简易聊天框。

（1）在输入框中输入聊天内容，单击"发送"按钮，页面上显示聊天内容，如图 7.12 和图 7.13 所示，左侧显示聊天者的头像，右侧显示聊天者的昵称和聊天内容。使用 addClass( )方法为聊天内容添加背景颜色、边框为圆角；聊天内容发送完毕后，内容显示在聊天区域，输入框中内容清空。

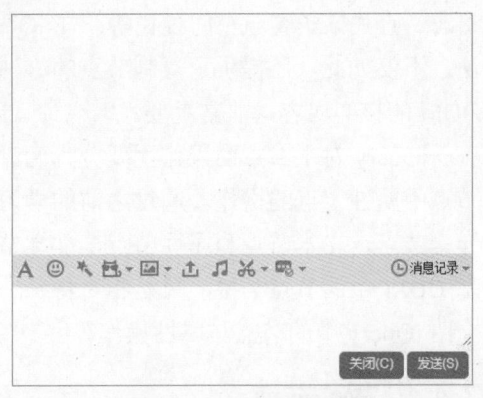

图7.11　QQ简易聊天框

（2）如果聊天内容较多，则在聊天区域垂直方向显示滚动条，如图 7.14 所示。

（3）如果输入框中没有输入内容，则单击"发送"按钮，不进行任何操作。

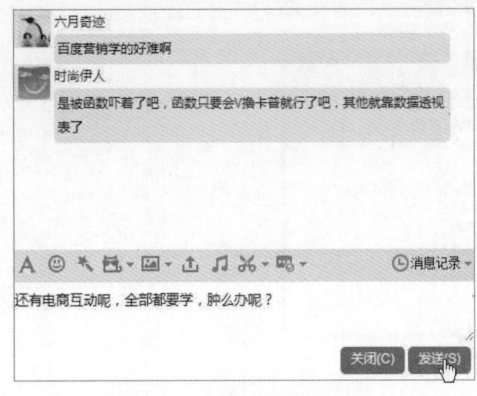

图7.12　输入聊天内容

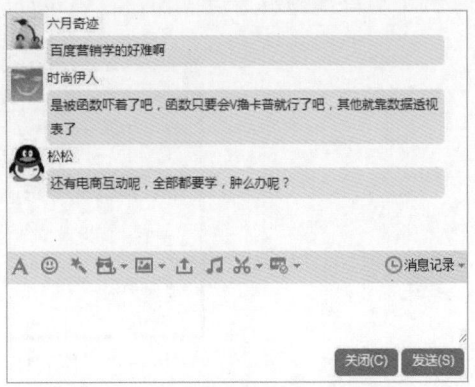

图7.13　聊天内容显示在聊天区域

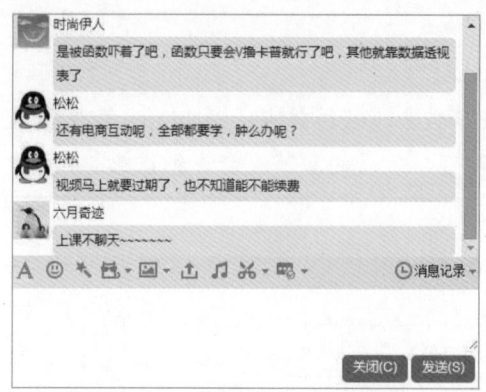

图7.14　垂直方向显示滚动条

任务 4 **jQuery 中的节点操作与遍历**

　　上网冲浪时，常常进行增删改查，如增加或删除购物车内商品的数量、修改发布的日志、查找某条腾讯空间说说等。在 jQuery 的 DOM 操作中，同样提供了相应的操作方法，不仅如此，还提供了复制节点的方法。jQuery 中的节点与属性操作是 jQuery 操作 DOM 的核心内容，非常重要。

　　jQuery 对于节点的操作主要分为两种类型，一种是对节点本身的操作，另一种是对节点中属性节点的操作。通过之前的学习，已经十分清楚 DOM 模型中的节点类型分为元素节点、文本节点和属性节点，文本节点与属性节点又包含在元素节点之中，它们都是 DOM 中的节点类型，只是相对特殊。下面就从节点操作和属性操作两大方面来详细介绍 jQuery 中的节点与属性操作。

7.4.1　操作节点

　　在 jQuery 中，节点操作主要分为创建、查找、插入、删除、替换和复制几种。其中，查找、创建、插入、删除和替换节点是日常开发中使用最多，也是最为重要的。

　　为了更好地理解节点操作，首先设计一个如图 7.15 所示的页面。

图7.15　初始页面

　　主要 HTML 代码如示例 5 所示。

示例 5

```
<h2>热门动画排行</h2>
<ul class="animationList">
    <li>名侦探柯南</li>
    <li>阿拉蕾</li>
    <li>海贼王</li>
</ul>
```

首先看看如何使用 jQuery 查找节点。

1. 创建节点元素

在前面章节讲解 jQuery 的语法时，介绍过$( )函数。$( )函数用于将匹配到的 DOM 元素转换为 jQuery 对象，它就好像一个零配件的生产工厂，所以被形象地称为工厂函数。$( )方法的语法格式如下。

```
$(selector)
```
或者
```
$(element)
```
或者
```
$(html)
```

其参数说明如表 7-6 所示。

表 7-6　$( )的参数说明

参　　数	描　　述
selector	选择器。使用 jQuery 选择器匹配元素
element	DOM 元素。以 DOM 元素来创建 jQuery 对象
html	HTML 代码。使用 HTML 字符串创建 jQuery 对象

关于$(selector)与$(element)的用法在前面已经使用过很多次了，如$("li")和$(document)，本章主要介绍如何使用$(html)创建元素。下面使用$(html)创建三个新的<li>元素节点，其 jQuery 代码如下。

```
var $newNode=$("<li></li>");                              //创建空的<li>元素节点
var $newNode1=$("<li>死神</li>");                          //创建含文本的<li>元素节点
var $newNode2=$("<li title='标题为千与千寻'>千与千寻</li>");//创建含文本与属性的<li>元素节点
```

这相当于在工厂函数$()中直接写了一段 HTML 代码，该代码使用双引号包裹，属性值使用单引号包裹，这样就创建了一个新元素。以上 jQuery 代码仅是创建了一个新元素，并未将元素添加到 DOM 文档中，要想新增一个节点，还必须把创建好的新元素插入到 DOM 文档中。下面就来介绍如何将创建好的新元素插入到 DOM 中，以形成一个新的 DOM 节点。

2. 查找节点

要想对节点进行操作，即增、删、改和复制，首先必须找到要操作的元素。在 jQuery 中，可以使用 jQuery 选择器获取<ul>元素。其代码如下。

```
$("h2").hide();                          //获取<h2>元素，并将其隐藏
$("li").css("background-color", "blue"); //获取<li>元素，并为其添加背景颜色
```

3. 插入节点

在 jQuery 中，要想实现动态地新增节点，必须对创建的节点执行插入或追加操作。jQuery 提供了多种方法可以实现节点的插入，从插入方式上主要分为两大类：内部插入节点和外部插入节点，其对应的具体方法如表 7-7 所示。

表 7-7　插入节点方法

插入方式	方法	描述
内部插入	append(content)	向选择的元素内部插入内容，$(A).append(B)表示将 B 追加到 A 中
	appendTo(content)	把选择的元素追加到另一个指定的元素集合中，$(A).appendTo(B)表示把 A 追加到 B 中
	prepend(content)	向每个选择的元素内部前置内容，$(A). prepend (B)表示将 B 插入到 A 之前
	prependTo(content)	将所有匹配元素前置到指定的元素中。该方法仅颠倒了常规 prepend( )方法插入元素的操作，$(A). prependTo (B)表示将 A 前置到 B 中
外部插入	after(content)	在每个匹配的元素之后插入内容，$(A).after (B)表示将 B 插入到 A 之后
	insertAfter(content)	将所有匹配元素插入指定元素的后面。该方法仅颠倒了常规 after( )方法插入元素的操作，$(A). insertAfter (B)表示将 A 插入到 B 之后
	before(content)	向选择的元素外部插入内容，$(A). before (B)表示将 B 插入到 A 之前
	insertBefore(content)	将匹配的元素插入到指定元素的前面，该方法仅颠倒了常规 before( )方法插入元素的操作，$(A). insertBefore (B)表示将 A 插入到 B 之前

下面将新创建的节点$newNode1、$newNode2 插入到如图 7.15 所示的无序列表中，分别使用 append( )方法和 prepend( )方法实现，代码如下所示。

```
$("ul").append($newNode1);
$("ul").prepend($newNode2);
```

在浏览器中打开页面，效果如图 7.16 所示，可以看到节点$newNode1 被追加到列表后面，而节点$newNode2 被插入到列表前面。

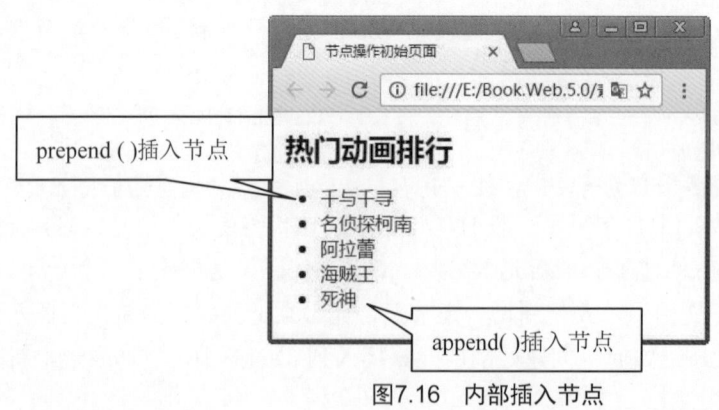

图7.16　内部插入节点

以上演示了内部插入节点的方法，下面在前述代码的基础上分别使用 after( )方法和 before( )方法插入两个节点到如图 7.16 所示的页面中，代码如下所示。

```
var $newNode3=$("<li>火影忍者</li>");
var $newNode4=$("<li>龙珠超</li>");
$("ul").after($newNode3);
```

```
$("ul").before($newNode4);
```

在浏览器中打开页面，效果如图 7.17 所示，可以看到节点$newNode3 被插入到列表外面且在列表后面，而节点$newNode4 被插入到列表外面且在列表前面。

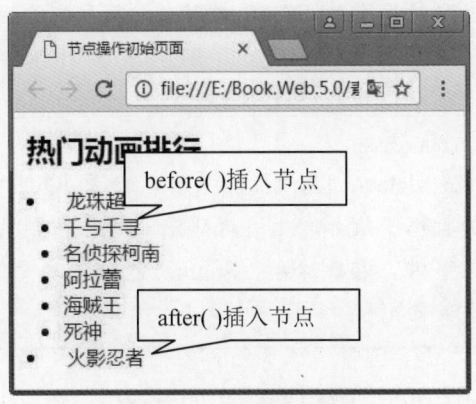

图7.17　外面插入节点

通过以上的演示，已经基本掌握了如何在页面中插入节点，其他几个方法不再详细讲解。如果有不清楚的，可以扫描二维码结合视频进行学习。

jQuery插入
节点

4．删除节点

在操作 DOM 时，删除多余或指定的页面元素是非常必要的。好比小明刚在别人的微博上写了一条回复，又感觉措辞不够妥当，必须删除一样。删除也是必不可少的 DOM 操作之一。jQuery 提供了 remove( )、detach( )和 empty( )三种删除节点的方法，其中 detach( )的使用频率不太高，了解即可。

下面首先介绍 remove( )方法，该方法用于删除匹配元素及其包含的文本和子节点，其语法格式如下。

```
$(selector).remove([expr])
```

参数 expr 为可选项，如果有参数，则该参数为筛选元素的 jQuery 表达式，通过该表达式可以获取指定元素并进行删除。

在示例 5 的基础上删除"名侦探柯南"，jQuery 代码如下所示。

```
$(".animationList li:eq(1)").remove();
```

在浏览器中打开页面，效果如图 7.18 所示，"名侦探柯南"所在的节点被删除。

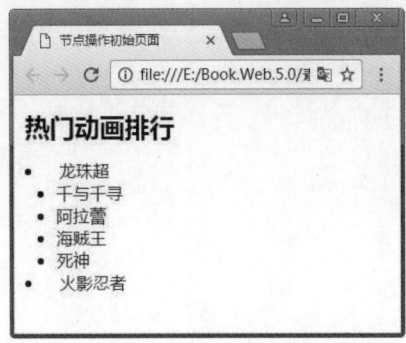

图7.18　remove( )方法删除节点

> ⚠️ **注意**
>
> remove( )方法与 detach( )方法都能将匹配的元素从 DOM 文档中删除。两者的相同之处是都能将匹配的元素从 DOM 中删除，而且删除后该元素在 jQuery 对象中仍然存在。例如，下面的代码执行后，虽然 id 为 "name" 的元素在页面中不存在了，但是$name 对象中仍然包含这个元素。
>
> var $name = $("#name ").remove();
>
> 两者的不同之处是 detach( )在删除元素后，会在 jQuery 对象中仍然会保留元素的绑定事件和附加数据。例如，上述代码中，如果在删除前，id 为 "name 的元素已经绑定了 click 事件，在删除后，$name 包含的元素仍然绑定着该事件。而 remove( )方法没有这种作用。

除了能够使用 remove( )方法移除 DOM 中的节点外，还可以使用 empty( )方法。严格意义上来讲，empty( )方法并不是删除节点，而是清空节点，它能清空元素中的所有后代节点。其语法格式如下。

$(selector).empty()

依旧在示例 5 的基础上清空 "名侦探柯南"，jQuery 代码如下。

$(".animationList li:eq(1)").empty();

在浏览器中打开页面，效果如图 7.19 所示，"名侦探柯南" 内容被删除，但是<li>节点仍然存在。

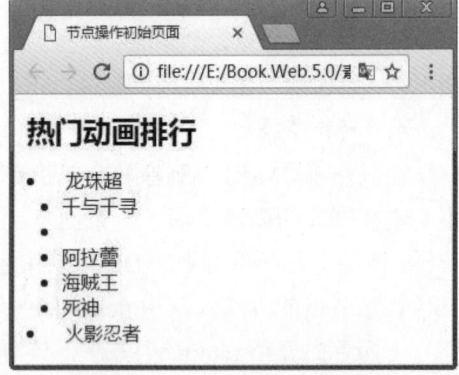

图7.19　empty( )方法删除内容

对比图 7.18 和图 7.19 不难发现，remove( )方法与 empty( )方法的区别就在于前者删除了整个节点，而后者仅删除了节点中的内容。

5. 复制节点

在 jQuery 中，若要对节点进行复制，则可以使用 clone( )方法。该方法能够生成被选元素的副本，包含子节点、文本和属性。其语法格式如下。

$(selector).clone([includeEvents])

参数 includeEvents 为可选项，取值 ture 或 false，规定是否复制元素的所有事件处理，为 true 时复制事件处理，为 false 时不复制。

在热门动画排行初始页面的基础上，实现节点的复制，效果如图 7.20 所示，代码如示例 6 所示。

示例 6

HTML 关键代码如下所示。

```
<div class="contain">
 <h2>热门动画排行</h2>
 <ul   class="animationList">
```

```
        <li>名侦探柯南</li>
        <li>阿拉蕾</li>
        <li>海贼王</li>
        <li>火影忍者</li>
    </ul>
</div>
```

jQuery 关键代码如下所示。

```
$(".animationList li:eq(1)").click(function(){
    $(this).clone(true).appendTo(".animationList");
    })
$(".animationList li:eq(2)").click(function(){
    $(this).clone(false).appendTo(".animationList");
    })
```

从代码中可以看到，列表中第二行"阿拉蕾"和第三行"海贼王"均绑定了单击事件，单击第二行实行 true 复制，单击第三行实现 false 复制。

在浏览器中运行示例 7，分别单击第二、三行，将复制内容并添加至页面第五、六行，如图 7.20 中①②箭头指向的两行内容；单击第五行"阿拉蕾"成功在页面复制第七行，如图 7.20 中③箭头指向的内容，说明取值为 ture 时，在复制内容的同时也复制了事件；单击第六行"海贼王"，结果页面无任何变化，说明取值为 false 时仅复制内容。

6. 替换节点

在 jQuery 中，如果需要替换某个节点，可以使用 replaceWith( )方法和 replaceAll( )方法。replaceWith( )方法的作用是将所有匹配的元素都替换成指定的 HTML 或者 DOM 元素。例如，在热门动画排行初始页面的基础上，把"海贼王"替换成"你喜欢的动漫？"，jQuery 代码如示例 7 所示。

示例 7

```
var $newNode1=$("<li>你喜欢的动漫？</li>");
$(".animationList li:eq(2)").replaceWith($newNode1);
```

在浏览器中打开页面，效果如图 7.21 所示，第三行列表内容被成功替换。

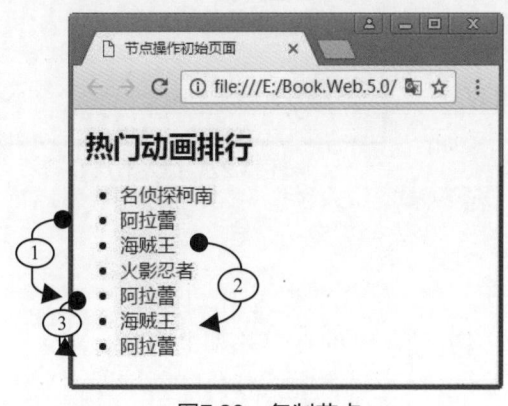

图7.20　复制节点

图7.21　替换节点内容

使用方法 replaceAll( )同样可以实现图 7.21 所示的效果，该方法与 replaceWith( )方法的作用相同，与 append( )方法和 appendTo( )方法类似，只是颠倒了 replaceWith( )方法的操作顺序，使用 replaceWith( )方法的代码如下所示。

```
$($newNode1).replaceAll(".animationList li:eq(2)");
```

7.4.2　操作属性

jQuery 不仅提供了元素节点的操作方法，还提供了属性节点的操作方法。在 jQuery 中，有两种操作属性的方法，即 attr( )方法和 removeAttr( )方法，这两种方法在日常开发中使用得非常频繁。下面详细介绍它们的使用方法。

1. 元素属性的获取与设置

在 jQuery 中，可以使用 attr( )方法来获取与设置元素属性，使用 removeAttr( )方法来删除元素属性。下面首先介绍 attr( )的使用方法。其语法格式如下。

```
$(selector).attr([name])   //获取属性值
```

或者

```
$(selector).attr({[name1:value1], [name2:value2],…,[nameN:valueN]})   //设置多个属性值
```

参数 name 表示属性名称，参数 value 表示属性值。

下面在热门动画列表初始页面的基础上，在<h2>元素之前新建节点，HTML 代码如示例 8 所示。

示例 8

```
<div class="contain">
    <div><img   src="images/hzw.jpg"  alt=" 海 贼 王 "
width="195" height="260"></div>
    <h2>热门动画排行</h2>
    <ul   class="animationList">
        <li>名侦探柯南</li>
        <li>阿拉蕾</li>
        <li>海贼王</li>
        <li>火影忍者</li>
    </ul>
</div>
```

图7.22　插入节点

在浏览器中查看页面效果，如图 7.22 所示。现在实现单击图片获取图片的 alt 属性值，并以对话框的方式输出，如图 7.23 所示，jQuery 代码如下所示。

```
$(".contain img").click(function(){
    alert($(this).attr("alt"));
})
```

使用 attr( )方法设置图片的宽度和高度的属性值，jQuery 代码如下所示。

```
$(".contain img").attr({width:"200",height:"80"});
```

图片的宽度和高度分别设置为 200 和 80，在浏览器中打开页面，页面效果如图 7.24 所示，可以看到图片被压缩。

在 jQuery 中，很多方法都是同时实现获取与设置两种功能，即一个方法实现两个用途，无参数时获取元素，带参数时设置元素的文本、属性值等，如 attr( ) 方法、html( ) 方法、val( ) 方法等。

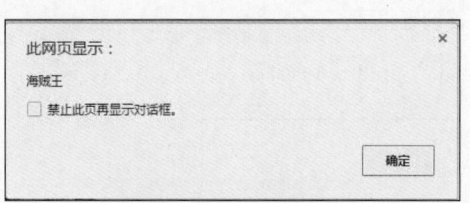

图7.23　获取属性值

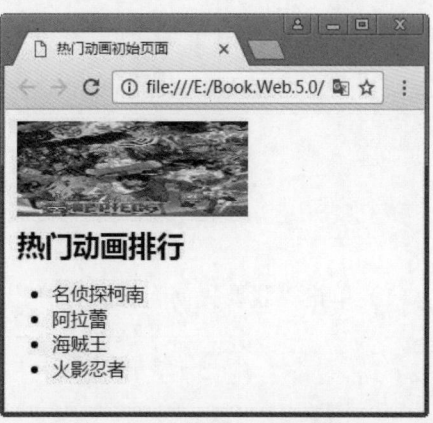

图7.24　使用attr( )方法设置属性值

2. 元素属性的删除操作

　　在 jQuery 中，与元素节点操作相同，对于属性节点而言也有删除属性的方法。如果想删除某个元素中特定的属性，则可以使用 removeAttr( ) 方法，它与 attr( ) 方法获取属性值的方法非常相似，其语法格式如下。

　　$(selector).removeAttr(name)

　　其中，参数 name 为元素属性的名称。下面在示例8的基础上，删除图片的alt属性，jQuery 代码如下所示。

　　$(".contain img").removeAttr("alt");

　　在浏览器中打开页面，效果如图 7.25 所示，可以看到<img>中已无 alt 属性。

图7.25　使用removeAttr( )方法删除属性

7.4.3　上机训练

上机练习 2——制作京东问答页面

训练要点

➢　创建节点元素。

➢　使用 append( )向指定节点之后插入节点元素。

➢　使用 prepend( )在指定节点之前插入节点元素。

➢ 使用 val( )获取表单元素的值。

➢ 使用 show( )显示元素，使用 hide( )隐藏元素。

需求说明

制作如图 7.26 所示的京东问答列表页面。

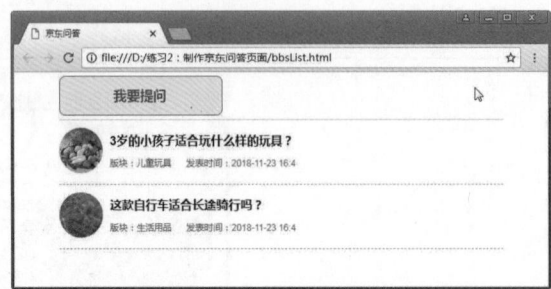

图7.26 京东问答列表页面

（1）单击"我要提问"按钮，弹出提问界面，如图 7.27 所示。

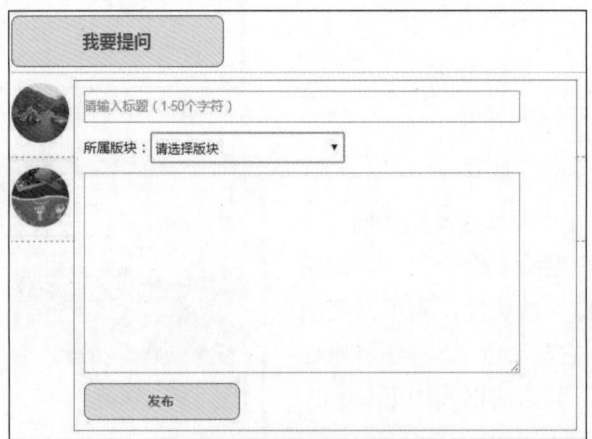

图7.27 提问默认界面

（2）在标题框中输入标题，选择所属版块，输入详细内容，如图 7.28 所示。

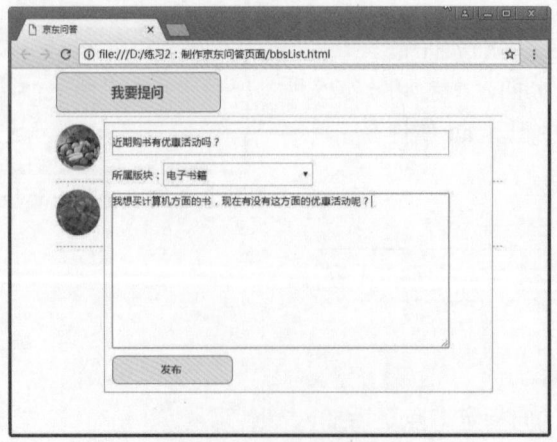

图7.28 输入详细内容

（3）单击"发布"按钮，新发布的提问显示在列表的第一个，如图 7.29 所示，新提问显示头像、标题、版块和发布时间。

图7.29　新提问显示在第一个

实现思路及关键代码

（1）使用数组保存提问者的头像，代码如下。

var tou=new Array("tou01.jpg","tou02.jpg","tou03.jpg","tou04.jpg");

（2）创建新的<li>节点，把头像、标题等内容插入<li>中。

（3）使用函数 floor( )和 random( )随机获取提问者的头像。

（4）设置头像，获取标题、版块、当前提问时间，关键代码如下。

var $touImg=$("<div><img src=images/"+tou[iNum]+"></div>");　//创建头像节点
var $title=$("<h1>"+$(".title").val()+"</h1>"); //设置标题节点

（5）使用 append( )把头像、标题、版块、时间插入<li>节点中。

（6）使用 prepend( )把<li>节点插入<ul>列表中。

（7）使用 val( )清空当前输入框中的内容，并且隐藏提问输入界面。

7.4.4　遍历节点

jQuery 不仅能够对获取到的元素进行操作，还能通过已获取到的元素选取与其相邻的兄弟元素、祖先元素等，再进行操作。

在 jQuery 中主要提供了遍历子元素、遍历同辈元素、遍历前辈元素和一些特别的遍历方法，即 children( )、next( )、prev( )、siblings( )、parent( )和 parents( )等。使用遍历节点的方式，能使代码更为简洁，操作更加方便，它们也是 jQuery 中 DOM 操作的核心内容之一。

为了更好地理解节点遍历，首先设计一个 HTML 页面，其关键代码如示例 9 所示。

示例 9

```
<style type="text/css" >
    .hot{ color:#F00;}
    a{     color:#000; text-decoration:none;}
</style>
```

```
</head>
<body>
<section>
    <img src="images/ad.jpg" alt="美梦成真系列抽奖" />
    <ul>
        <li><a href="#">小米的 MI 2 手机</a><span class="hot">火爆销售中</span></li>
        <li><a href="#">苹果 iPad mini</a></li>
        <li><a href="#">三星 GALAXY Ⅲ</a></li>
        <li><a href="#">苹果 iPhone 5</a></li>
    </ul>
</section>
</body>
```

在浏览器中运行页面，效果如图 7.30 所示。

1. 子元素遍历

在 jQuery 中，遍历子元素的方法只有一个，即 children( )方法。该方法用来获取元素的所有子元素，而不考虑其他后代元素。其语法格式如下。

$(selector).children([expr])

参数 expr 为可选项，是用于过滤子元素的表达式。

下面使用 children( )方法获取<body>元素的子元素个数，并以对话框的形式输出，jQuery 代码如下。

```
var $section =$("section").children();
alert($section.length);
```

运行代码后，弹出如图 7.31 所示的提示框，对照 HTML 代码不难发现，<section>元素的子元素只有<img>和<ul>元素。

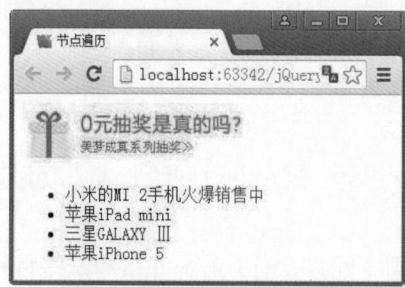

图7.30　节点遍历初始状态

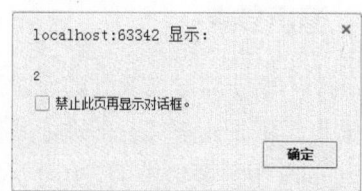

图7.31　遍历<section>子元素

2. 同辈元素遍历

在 jQuery 中，提供了三种遍历同辈元素的方法，即 next( )、prev( )、siblings( )，分别用来获取紧邻其后、紧邻其前和位于该元素前与后的所有同辈元素。

首先创建 CSS 样式 orange，设置背景颜色和超链接的字体颜色，代码如下所示。

```
.orange{
    background: #c3910b;
}
 .orange a{
```

```
    color: #ffffff;
}
```

下面以对比的方式，对 jQuery 中三种遍历同辈元素的方法进行讲解，如表 7-8 所示。

表 7-8　遍历同辈元素的方法说明

方　　法	描　　述	运　行　结　果
next([expr])	用于获取紧邻匹配元素之后的元素；参数 expr 可选；用于过滤同辈元素的表达式，如 **$("li:eq(1)").next().addClass("orange");**	
prev([expr])	用于获取紧邻匹配元素之前的元素；参数 expr 可选；用于过滤同辈元素的表达式，如 **$("li:eq(1)").prev().addClass("orange");**	
siblings([expr])	用于获取位于匹配元素前面和后面的所有同辈元素；参数 expr 可选；用于过滤同辈元素的表达式，如 **$("li:eq(1)").siblings().addClass("orange");**	

3．前辈元素遍历

在 jQuery 中，用于遍历前辈元素的方法主要有 parent( )和 parents( )。parent( )方法获取当前匹配元素集合中每个匹配元素的父级元素，而 parents( )方法获取当前匹配元素集合中每个匹配元素的祖先元素。它们的语法分别如下。

$(selector).parent([selector])
$(selector).parents([selector])

其中，参数 selector 均是可选的，表示被匹配元素的选择器表达式。parent( )方法和 parents( )方法在使用上非常相似，表 7-9 列举了它们的用法以及差异，分别使用它们获取示例 9 中类名为 hot 的父级元素。

表 7-9　parent( )方法与 parents( )方法的参数说明

参　　数	描　　述	示　　例
parent([selector])	参数可选。获取当前匹配元素集合中每个元素的父级元素	$(".hot").parent( )获取的是\<span>的直接上层\<li>元素；$(".hot").parent( ).parent( )获取上上层\<ul>元素；$(".hot").parent( ).parent( ).remove( )将删除当前\<ul>列表
parents([selector])	参数可选。获取当前匹配元素集合中每个元素的祖先元素	$(".hot").parents( )从当前匹配元素的直接父节点开始查找，查找范围为其父节点和祖先节点，获取到的节点依次是\<li>、\<ul>、\<section>、\<body>和\<html>

4．其他遍历方法

除了以上介绍的节点遍历方法外，jQuery 中还有许多其他遍历方法，如 each( )、end( )、find( )、filter( )、eq( )、first( )、last( )等。在这里主要介绍 each( )和 end( )的应用，其他遍历方法不再详细讲解。

jQuery其他
遍历方法

（1）each( )方法

each( )方法规定为每个匹配元素运行的函数，语法如下所示。

$(selector).each(function(index,element))

其中，参数 index 表示选择器的 index 位置，element 表示当前的元素，当返回值为 false 时，可用于及早停止循环。

现在单击图 7.30 的图片，使用 each( )方法输出列表内容，jQuery 代码如示例 10 所示。

示例 10

```
$(document).ready(function(){
    $("img").click(function(){
        $("li").each(function(){
            var str=$(this).text()+"<br>";
            $("section").append(str);
        })
    });
});
```

在浏览器中打开页面，单击图片，效果如图 7.32 所示。

（2）end( )方法

end( )方法结束当前链条中最近的筛选操作，并将匹配元素集还原为之前的状态，语法如下所示。

.end( );

为了演示 end( )方法的用法，在热门动画列表初始页面的基础上增加 jQuery 代码，如示例 11 所示。

示例 11

HTML 代码如下所示。

```
<div class="contain">
  <h2>热门动画排行</h2>
  <ul   class="animationList">
      <li>名侦探柯南</li>
      <li>阿拉蕾</li>
      <li>海贼王</li>
      <li>火影忍者</li>
  </ul>
</div>
```

jQuery 代码如下所示。

```
$(".contain :header").css({"background":"#2a65ba","color":"#ffffff"});
$(".animationList li").first().css("background","#b8e7f9").end().last().
    css("background","#d3f4b5");
$(".animationList li:last").css("border","none");     //最后一个<li>没有边框
```

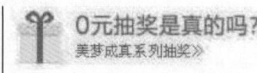

图7.32　each( )方法的应用

在浏览器中打开页面，效果如图 7.33 所示，第一行背景颜色为#b8e7f9，最后一行背景颜色为#d3f4b5，其中 first( )方法匹配元素集合中的第一个元素，last( )方法匹配元素

集合中的最后一个元素。

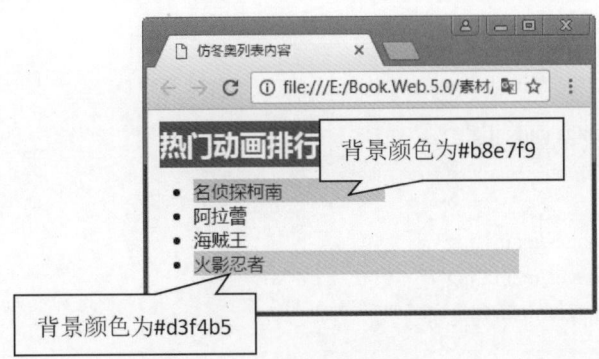

图7.33 end( )方法的应用

7.4.5 CSS-DOM 操作

jQuery 支持 CSS-DOM 操作，除了之前讲过的 css( )方法外，还有获取和设置元素高度、宽度、相对位置等的 CSS 操作方法，如表 7-10 所示。

表 7-10 CSS-DOM 相关操作方法说明

方 法	描 述	示 例
css( )	设置或返回匹配元素的样式属性	$("#box").css("background-color","green")
height([value])	参数可选。设置或返回匹配元素的高度。如果没有规定长度单位，则使用默认的 px 作为单位	$("#box").height(180)
width([value])	参数可选。设置或返回匹配元素的宽度。如果没有规定长度单位，则使用默认的 px 作为单位	$("#box").width(180)
offset([value])	返回以像素为单位的 top 和 left 坐标。此方法仅对可见元素有效	$("#box").offset( )
offsetParent( )	返回最近的已定位祖先元素。定位元素指的是 CSS position 值被设置为 relative、absolute 或 fixed 的元素	$("#box"). offsetParent ( )
position( )	返回第一个匹配元素相对于父元素的位置	$("#box"). position ( )
scrollLeft([position])	参数可选。设置或返回匹配元素相对于滚动条左侧的偏移	$("#box"). scrollLeft (20)
scrollTop([position])	参数可选。设置或返回匹配元素相对于滚动条顶部的偏移	$("#box"). scrollTop (180)

获取元素的高度除了可以使用 height( )方法之外，还可以使用 css( )方法，其代码为 $("#box").css("height")。二者的区别在于使用 css( )方法获取元素高度值与样式设置有关，可能会得到 "auto"，也可能会得到 "60px" 之类的字符串；而 height( )方法获得的高度值是元素在页面中的实际高度，与样式的设置无关，且不带单位；获取元素宽度的方式也是同理。

在前面制作随鼠标滚动的广告图片时，需要考虑浏览器的兼容性，而 CSS 方法则不需要考虑浏览器的兼容性，仅仅使用较少的代码就可以实现相同的效果。现在使用 jQuery

实现随鼠标滚动的广告图片，代码如示例 12 所示。

示例 12

HTML 代码如下所示。

```
<div id="adver">
    <img src="images/adv.jpg"/>
</div>
<div id="main">
    <img src="images/main1.jpg"/>
    <img src="images/main2.jpg"/>
    <img src="images/main3.jpg"/>
</div>
```

jQuery 代码如下所示。

```
var adverTop=parseInt($("#adver").css("top"));
var adverLeft=parseInt($("#adver").css("left"));
$(window).scroll(function(){
        var scrollTop = parseInt($(this).scrollTop());        //获取滚动条滚动的距离
        var scrollLeft = parseInt($(this).scrollLeft());       //获取滚动条滚动的距离
        $("#adver").offset({top:scrollTop+adverTop});
        $("#adver").offset({left:scrollLeft+adverLeft});
});
```

在浏览器中运行示例 12，无论滚动条如何滚动，广告图片的位置均相对于浏览器窗口不变，如图 7.34 所示。

图7.34　随鼠标滚动的广告图片

7.4.6　上机训练

上机练习 3——制作凡客诚品帮助中心页面

需求说明

制作如图 7.35 所示的凡客诚品帮助中心页面。

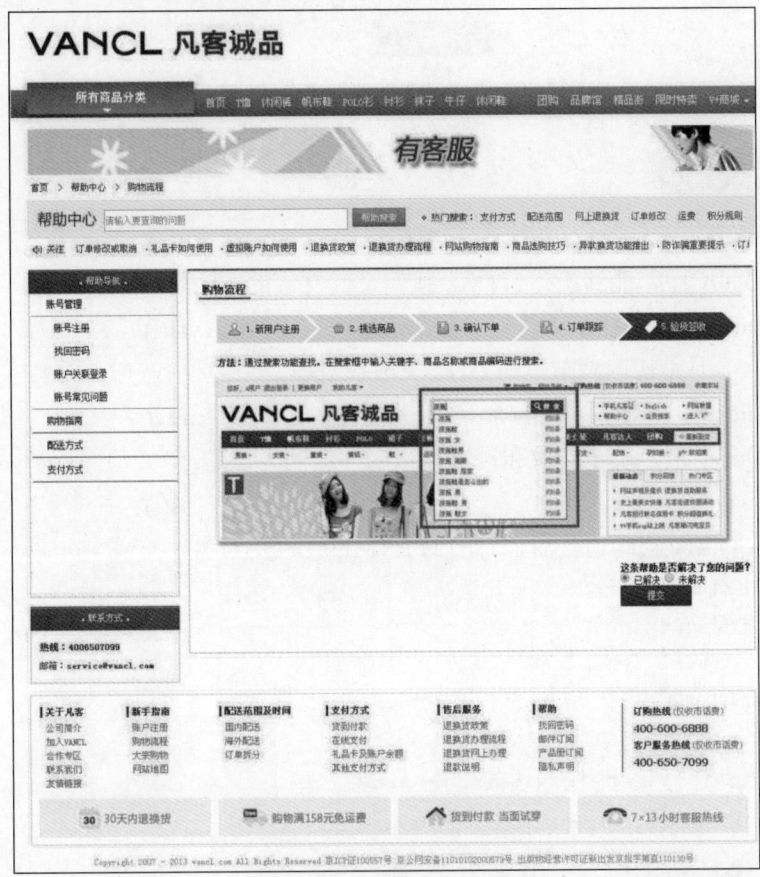

图7.35　帮助中心页面

（1）左导航效果为当前二级菜单项展开时，其余导航项均关闭，如图 7.36 所示。

（2）帮助中心后的文本框获得焦点时，默认文字消失；失去焦点时，其再次显示文字。

（3）购物流程区域：鼠标指针移过时，当前项高亮显示，鼠标指针移至其父元素或祖先元素时，当前项依旧高亮显示；只有当鼠标指针移至其同辈元素时，同辈元素高亮显示，去掉该元素高亮样式，如图 7.37 所示。

（4）右下角问题解决区域：选中"未解决"单选按钮时，出现如图 7.38 所示的内容。

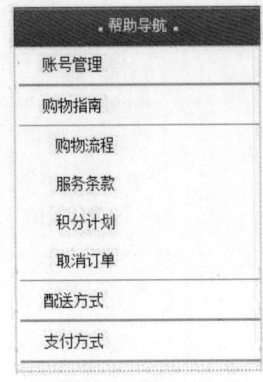

图7.36　左导航效果

购物流程

图7.37　购物流程效果

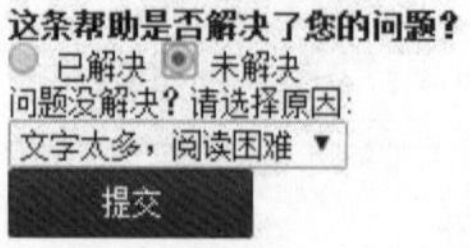

图7.38　选中"未解决"单选按钮效果

本章作业

一、选择题

1. 在 jQuery 中，能够操作 HTML 代码及其文本的方法是（　　）。

　A．attr( )　　　B．text( )　　　C．html( )　　　D．val( )

2. （　　）是遍历同辈节点的方法。（选择两项）

　A．next( )　　B．parent( )　　C．children( )　　D．prev( )

3. 在 jQuery 中，用于获取和设置元素属性值的方法是（　　）。

　A．val( )　　　B．attr( )　　　C．removeAttr( )　D．css( )

4. 以下 jQuery 代码运行后，对应的 HTML 代码变为（　　）。

HTML 代码：

`<p>你好!</p>`

jQuery 代码：

`$("p").append("<b>快乐达人</b>");`

　A．`<p>你好！</p><b>快乐达人</b>`

　B．`<p>你好！<b>快乐达人</b></p>`

　C．`<b>快乐达人</b> <p>你好！</p>`

　D．`<p><b>快乐达人</b>你好！</p>`

5. 若需要对 HTML 代码片段 1 进行操作，得到代码片段 2，则应选用 jQuery 代码（　　）。（选择两项）

　　代码片段 1：

　　`<p id="hello">欢迎登录！</p>`

　　代码片段 2：

　　`<p id="hello"><b>kisscat</b>欢迎登录！</p>`

　A．`$("#hello").prepend("<b>kisscat</b>");`

　B．`$("p").prepend("<b>kisscat</b>");`

　C．`$("#hello"). after ("<b>kisscat</b>");`

　D．`$("p"). after ("<b>kisscat</b>");`

二、简答题

1. jQuery 中有哪些 DOM 操作？

2. 简述 html( )方法、text( )方法和 val( )方法的异同。

3. 简述 css( )方法与 addClass( )方法的异同。

4. 制作如图 7.39 所示的游戏列表页面，游戏列表放置在一个边框颜色为#cccccc 的 1px 实线框中，该线框与浏览器四周间距为 10px，与其内容之间间距为 15px，标题文字大小为 14px，颜色为#0066ff，超链接文字颜色为#ff3300，鼠标指针移过时显示下划线；单击"删除"链接时，其对应的图片和名称等信息被删除，如图 7.40 所示；单击"新增游戏"按钮时，添加如图 7.41 所示的游戏信息。

图7.39　游戏列表页面

图7.40　删除信息

图7.41　增加游戏

5. 制作如图 7.42 所示的男生地带页面，当鼠标指针移过商品图片时，图片变为半透明显示，透明度为 0.6；当鼠标指针移出时，恢复正常显示，即图片透明度变为 1。

图7.42　男生地带页面

> **说明**
>
> 　　为了方便读者验证作业答案，提升专业技能，请扫描二维码获取本章作业答案。
>
>

第 8 章

表单验证

技能目标

❖ 掌握 String 对象验证表单的方法
❖ 掌握并灵活使用表单选择器选取页面元素
❖ 掌握并使用正则表达式验证页面输入内容
❖ 掌握 HTML5 方式验证表单内容

价值目标

本章将介绍正则表达式的知识，学习如何更精确、更高效地验证。
学习本章内容，可以培养读者对表单验证的一丝不苟的工匠精神。

本章知识梳理

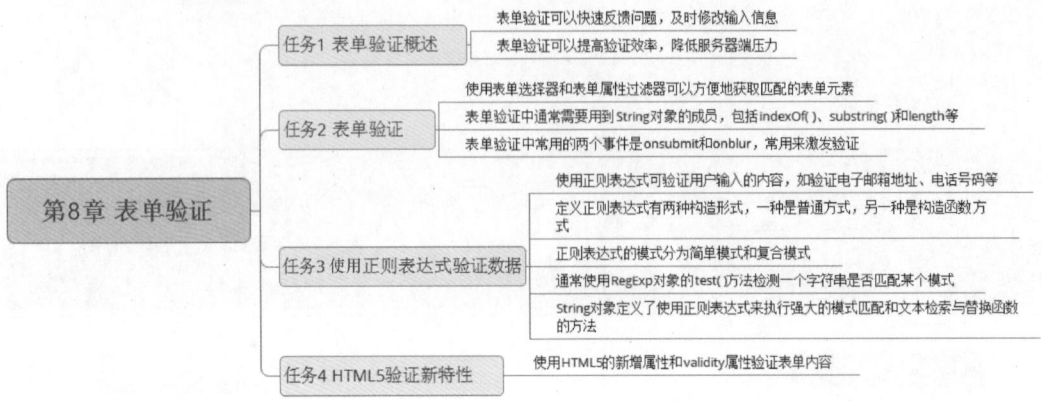

本章简介

本章将介绍一种非常实用的技术——表单验证，读者将学习到如何校验文本是否输入，如何检查 Email 地址的合法性、如何校验文本框是否包含数字等内容，这些都是实际开发中经常遇到的。

表单验证，其实是对前面章节所学内容的综合应用。本章将应用 JavaScript、jQuery 和 DOM 等知识，完成一个个表单验证实例。另外，本章还将介绍正则表达式的知识，学习如何使用它实现更精确、更高效的验证。最后，介绍 jQuery 的一种选择器——表单选择器，使用它可以方便地获取表单元素，实现更复杂表单的验证。

预习作业

1. 简答题

（1）写出至少两种表单数据验证方式。

（2）写出至少两种 HTML5 新增属性。

2. 编码题

使用正则表达式和 HTML5 新增验证方式实现登录界面数据验证，示例代码如下：

```
<form action="success.html" id="myform" method="post" name="myform" >
    <ul>
        <li class="bold">登录</li>
        <li><span>账户：</span><input type="text" /></li>
        <li><span>密码：</span><input type="password" /></li>
        <li><input name="btn" id="btn" type="submit" value="登录" /></li>
    </ul>
</form>
```

要求如下：

（1）使用 HTML5 新增属性，给"账户"增加输入信息提示，提示信息为："请输入手机号或邮箱!"。

（2）使用 HTML5 新增属性，给"密码"增加输入信息提示，提示信息为："请输入密码，长度不能少于 6 位！"。

（3）单击登录按钮时需要验证账户和密码是否符合规则，如果都符合规则，使用 alert 弹出"验证通过！"；如果有一项验证不通过，使用 alert 弹出"验证未通过！"。

注：账户输入数据为手机号或邮箱，才能验证通过；密码输入长度不少于 6 位，才能验证通过。

任务 1　表单验证概述

无论是动态网站，还是其他 B/S 结构的系统，都离不开表单。表单作为客户端向服务器端提交数据的主要载体，如果提交的数据不合法，将会引发各种各样的问题，那么如何避免出现问题呢？

8.1.1　为什么要验证表单

使用 JavaScript 可以十分便捷地进行表单验证，它不但能检查用户输入的无效或错误数据，还能检查用户遗漏的必选项，从而减轻服务器端的压力，避免服务器端的信息出现错误。

有时，在填写表单时，希望用户填入的资料必须是某种特定类型的信息（如 int），或者填入的值必须在某个特定范围之内（如月份必须是 1~12）。在正式提交表单之前，要检查这些值是否有效。先来了解一下什么是客户端验证和服务器端验证。客户端验证实际上就是在已下载的页面中，当用户提交表单时，直接在页面中调用脚本来进行验证，这样可以减少服务器端的运算压力。而服务器端验证则是将页面提交到服务器，由服务器端的程序对提交的表单数据进行验证，然后返回响应结果给客户端，如图 8.1 所示，缺点是每一次验证都要经过服务器，不但消耗时间较长，而且会大大增加服务器的负担。

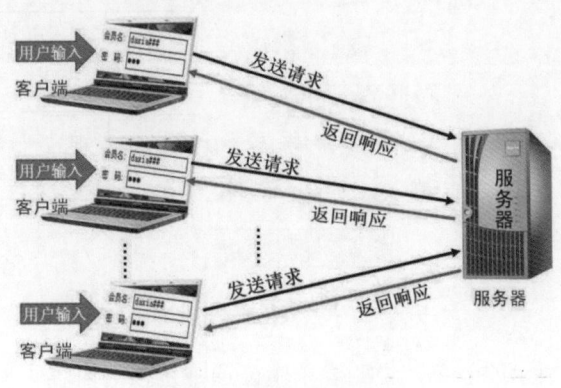

图8.1　服务器端验证

那么到底是在客户端验证好还是在服务器端验证好呢？下面先来看一个例子。假如有一个网站，每天大约有 10000 名用户注册使用它的服务，如果用户填写的表单信息都要让服务器检查是否有效，服务器每天就要对 10000 名用户的表单信息进行验证，这样服务器将会不堪重负，甚至会出现死机现象。最好的解决办法就是在客户端进行验证，这样就能把服务器端的任务分给多个客户端去完成，从而减轻服务器端的压力，让服务器专门去做其他更重要的事情。

基于以上原因，需要使用 JavaScript 在客户端对表单数据进行验证。下面来具体了解表单验证通常包括的内容。

8.1.2 验证哪些表单内容

在学习表单验证之前，先想想在表单验证过程中会遇到哪些需要控制的地方。就像软件工程思想一样，先分析一下要在哪些方面进行验证。

表单验证包括的内容非常多，如验证日期是否有效或日期格式是否正确，检查表单元素是否为空、Email 地址是否正确，验证身份证号，验证用户名和密码，验证字符串是否以指定的字符开头，阻止不合法的表单被提交等。下面就以常用的注册表单为例，来说明表单验证通常包括哪些内容。

在如图 8.2 所示的网站注册页面中，标注了常用的表单验证应该包括哪些内容，还说明了一些验证规则。

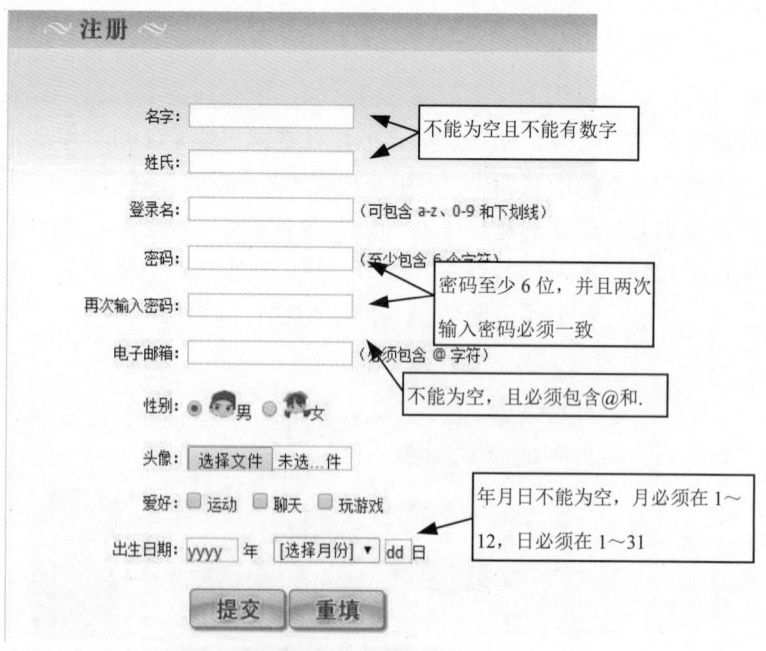

图8.2 注册表单验证的内容

下面结合图 8.2 所示的表单，说明表单验证通常包括的内容。

➢ 检查表单元素是否为空（如名字和姓氏不能为空）。

➢ 验证是否为数字（如出生日期中的年月日必须为数字）。

> ➢ 验证用户输入的邮件地址是否有效（如电子邮件地址中必须有 "@" 和 "." 字符）。
> ➢ 检查用户输入的数据是否在某个范围之内（如出生日期中的月份必须是 1~12，日期必须为 1~31）。
> ➢ 验证用户输入的信息长度是否足够（如输入的密码必须大于等于 6 个字符）。
> ➢ 检查用户输入的出生日期是否有效（如出生年份由四位数字组成，1、3、5、7、8、10、12 月为 31 天，4、6、9、11 月为 30 天，2 月根据是否是闰年判断为 28 天或 29 天）。

实际上，在设计表单时，还会因情况不同而遇到其他不同的问题，这就需要读者自己去定义一些规定和限制。

8.1.3　表单的验证步骤

在网上注册或填写表单数据时，如果数据不符合要求，通常会给出提示。例如，在注册页面输入了不合要求的电子邮箱地址时，将会弹出提示信息，那么这些提示信息在什么情况下会弹出？又如何编写 JavaScript 来验证表单数据的合法性？具体分析如下。

（1）首先获取表单元素的值，这些值一般都是 string 类型，包含数字、下划线等。

（2）使用 JavaScript 中的方法对获取的 string 类型的数据进行判断。

（3）表单 form 有一个事件 onsubmit，它是在提交表单之前调用的，因此可以在提交表单时触发 onsubmit 事件，然后对获取的数据进行验证。

任务 2　表单验证

使用 jQuery 进行表单验证，首先就是使用选择器获取元素，选择器包括 ID 选择器、类选择器等。但是在一些复杂的表单中，需要获取多个表单元素，jQuery 还提供了专门针对表单的一类选择器——表单选择器。

8.2.1　表单选择器语法

顾名思义，表单选择器就是用来选择文本输入框、按钮等表单元素的，和之前学习的 jQuery 选择器的使用方式是一致的，表 8-1 列出了表单选择器对应的语法。

表 8-1　表单选择器

语　　法	描　　述	示　　例
:input	匹配所有 input、textarea、select 和 button 元素	$("#myform :input")选取表单中所有的 input、select 和 button 元素
:text	匹配所有单行文本框	$("#myform :text")选取所有单行文本框
:password	匹配所有密码框	$("#myform :password")选取所有密码框
:radio	匹配所有单选按钮	$("#myform :radio")选取所有单选按钮，如\<input type="radio"/>
:checkbox	匹配所有复选框	$("#myform :checkbox")选取所有复选框，如\<input type="checkbox"/>

续表

语　法	描　　述	示　　例
:submit	匹配所有提交按钮	$("#myform :submit")选取所有提交按钮，如\<input type="submit"/>
:image	匹配所有图像域	$("#myform :image")选取所有图像域，如\<input type="image"/>
:reset	匹配所有重置按钮	$("#myform :reset")选取所有重置按钮，如\<input type="reset"/>
:button	匹配所有按钮	$("#myform :button")选取所有按钮
:file	匹配所有文件域	$("#myform :file")选取所有文件域，如\<input type="file"/>
:hidden	匹配所有不可见元素，或者 type 为 hidden 的元素	$("#myform :hidden")选取所有不可见元素，如\<input type="hidden"/>元素、style="display: none"元素

注意

虽然 jQuery 考虑了浏览器兼容性问题，但是由于浏览器版本众多，也不能做到百分之百的兼容。另外，不同版本的 jQuery 库兼容程度也不太一致，如上述":hidden"选择器在 Firefox 浏览器下，就不包括 option 元素。

除了基本的表单选择器，jQuery 还提供了针对表单元素的属性过滤器，可以根据表单元素的属性来获取特定属性的表单元素，如表 8-2 所示。

表 8-2　表单属性过滤器

语　法	描　　述	示　　例
:enabled	匹配所有可用元素	$("#userform :enabled")选取所有可用元素
:disabled	匹配所有不可用元素	$("#userform :disabled")选取所有不可用元素
:checked	匹配所有被选中元素（复选框、单选按钮、select 中的 option）	$("#userform :checked")选取所有被选中元素（复选框、单选按钮、select 中的 option）
:selected	匹配所有选中的 option 元素	$("#userform :selected")选取所有选中的 option 元素

8.2.2　表单内容验证

下面就来学习如何对 String 类型的数据进行验证。例如，在页面中输入了不符合要求的电子邮箱，会弹出如图 8.3 所示的提示信息。

表单选择器应用

1. String 对象验证邮箱

在学习数据类型时，已经初步接触了 String 对象的用法，下面结合电子邮件格式验证这一应用场景，进一步巩固它的用法。

在填写注册表单或登录电子邮箱时，经常需要输入 Email 地址。对输入的 Email 地址进行有效性验证，可以提高数据的有效性,避免不必要的麻烦。那么如何编写如图 8.4～图 8.7 所示的验证表单呢？当在如图 8.4 所示的 Email 文本框中没有输入任何内容而单击"登录"按钮时，将会弹出如图 8.5 所示的提示框，提示"Email 不能为空"；当输入"webmaster"再单击"登录"按钮时，将会弹出如图 8.6 所示的提示对话框，提示"Email 格式不正确 必须包含@"；当输入"webmaster@"再单击"登录"按钮时，将会弹出如

图 8.7 所示的提示对话框，提示"Email 格式不正确必须包含."。只有在 Email 地址中包含"@"和"."符号时，才是有效的 Email 地址。那么如何编写这样的 Email 地址验证脚本呢？

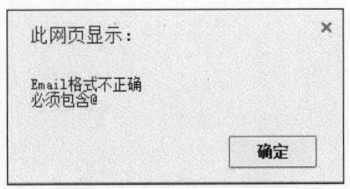

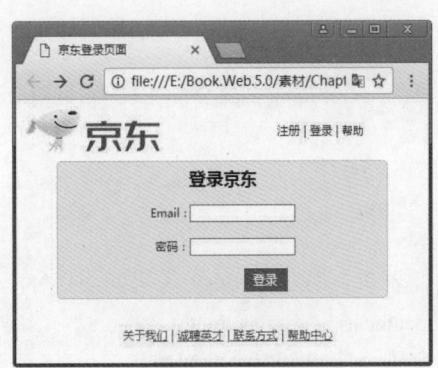

图8.3　弹出验证信息　　　　　　　　　图8.4　登录页面

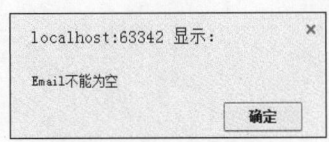

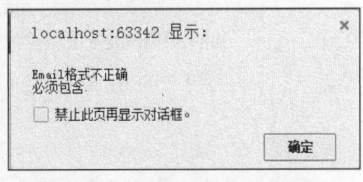

图8.5　Email不能为空　　　图8.6　Email中必须包含"@"　　　图8.7　Email中必须包含"."

思路分析

（1）先获取表单元素（Email 文本框）的值（string 类型），然后进行判断。

（2）使用 jQuery 表单选择器获得表单的输入元素（文本框对象），然后使用 val( )方法获取文本框的值。

（3）使用字符串方法（indexOf( )）来判断获得的文本框元素的值是否包含"@"和"."符号。

（4）编写了判断表单元素的值是否为空、是否包含"@"和"."符号的脚本函数之后，该如何调用呢？其实，Email 地址的有效性验证发生在单击"登录"按钮之后，所以该事件是在提交表单时产生的，应该使用单击按钮来触发 onsubmit 事件，然后执行脚本。使用 jQuery 后，可以相应地使用 jQuery 封装的事件方法 submit( )，它对应的是 onsubmit 事件。

（5）当调用脚本函数验证表单数据时，如何判断表单是否被提交呢？表单的 onsubmit 事件根据返回值是 true 还是 false 来决定是否提交表单。当返回值是 false 时，不能提交表单；当返回值是 true 时，提交表单。

下面根据分析来制作登录页面并进行验证。首先制作页面，在页面中插入一个表单，然后在表单中插入两个文本框，代码如示例 1 所示。

示例 1

HTML 关键代码如下所示。

```
<div class="register">
```

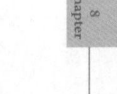

```
<form action="success.html" method="post" id="myform" name="myform" >
    <ul>
        <li class="bold">登录京东</li>
        <li><span>Email：</span><input type="text"class="inputs"/></li>
        <li><span>密码：</span><input type="password"class="inputs"/></li>
        <li>
            <input name="btn"id="btn"type="submit"value="登录"class="rb1"/>
        </li>
    </ul>
</form>
</div>
```

验证表单内容的 jQuery 代码如下所示。

```
$(document).ready(function(){
    $("form").submit(function(){
        var mail = $("#myform :text").val();
        if (mail=="") {//检测 Email 是否为空
            alert("Email 不能为空");
            return false;
        }
        if (mail.indexOf("@") == -1) {
            alert("Email 格式不正确\n 必须包含@");
            return false;
        }
        if (mail.indexOf(".") == -1) {
            alert("Email 格式不正确\n 必须包含.");
            return false;
        }
        return true;
    })
})
```

从上述验证 Email 中是否包含符号"@"和"."的代码可以看到，由于是从字符串的首字符开始验证，因此 indexOf( )方法中的第二个参数可以省略。mail.indexOf("@")==-1 用来检测是否包含"@"符号，若不包含，则表达式 mail.indexOf("@")的返回值为-1；相反，则返回找到的位置。同理，mail.indexOf(".")==-1 用来检测是否包含"."符号。

在浏览器中运行示例 1，如果 Email 文本框中输入的内容不符合要求，将弹出如图 8.5～图 8.7 所示的提示框。如果用户在 Email 文本框中输入了正确的电子邮件地址，那么在单击"登录"按钮之后，将显示 success.html 网页，如图 8.8 所示。

图8.8　登录成功的页面

在上面的例子中， jQuery 主要用来方便地获取表单元素的值，而对于字符串对象的判断和处理，还需要借助于原生 JavaScript 来实现；另外，还使用了

jQuery 事件方法 submit( )，该事件方法在表单提交时执行。

经验

要养成添加 return true/false 语句的习惯。在验证代码中，onsubmit 事件将根据返回结果决定是否提交表单到服务器。

2．验证文本框内容

在网站注册等页面中，除了要验证电子邮件的格式之外，用户名、密码等文本内容也经常需要验证。例如，验证文本框的内容不能为空，注册页面中两次输入的密码必须相同等。下面通过如图 8.9 所示的页面来学习如何验证文本框内容的合法性，要求如下。

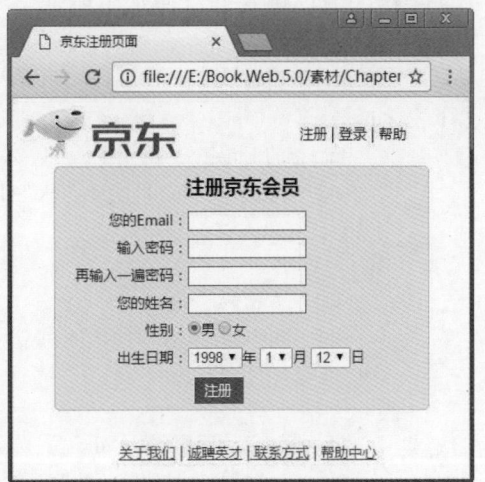

> ➢ 密码不能为空,并且密码包含的字符不能少于 6 个。
> ➢ 两次输入的密码必须一致。
> ➢ 姓名不能为空,并且姓名中不能包含数字。

思路分析

图8.9 京东注册页面

（1）首先制作如图 8.9 所示的表单页面，密码输入框的 id 分别为 pwd 和 repwd，姓名文本框的 id 为 user，编写脚本验证文本输入框中内容的有效性。

（2）使用 String 对象的 length 属性验证密码的长度，代码如下。

```
var pwd=$("#pwd").val();
if(pwd.length<6){
    alert("密码必须等于或大于 6 个字符");
    return false;
}
```

（3）验证两次输入的密码是否一致。当两个输入框的内容相同时，表示一致，代码如下。

```
var repwd=$("#repwd").val();
if(pwd!=repwd){
    alert("两次输入的密码不一致");
    return false;
}
```

（4）判断姓名中是否包含数字。首先使用 length 属性获取文本长度，然后使用 for 循环和 substring( )方法依次获取单个字符，最后判断每个字符是否是数字，代码如下。

```
var user=$("#user").val();
for(var i=0;i<user.length;i++){
```

```
    var j=user.substring(i,i+1)
    if(isNaN(j)==false){    //isNaN 函数用于判断是否有数字
      alert("姓名中不能包含数字");
      return false;
    }
}
```

根据以上的分析编写代码，完成京东注册页面的验证，代码如示例 2 所示。

示例 2

关键的 HTML 表单代码如下所示。

```html
<form method="post" name="myform" id="myform">
    <h1 class="bold">注册京东会员</h1>
    <dl>
        <dt>您的 Email：</dt>
        <dd><input id="email" type="text" class="inputs" /></dd>
    </dl>
    <dl>
        <dt>输入密码：</dt>
        <dd><input id="pwd" type="password" class="inputs" /></dd>
    </dl>
    <dl>
        <dt>再输入一遍密码：</dt>
        <dd><input id="repwd" type="password" class="inputs" /></dd>
    </dl>
    <dl>
        <dt>您的姓名：</dt>
        <dd><input id="user" type="text" class="inputs" /></dd>
    </dl>
    <dl>
        <dt>性别：</dt>
        <dd>
            <input name="sex" type="radio"value="1"checked="checked"/>男
            <input name="sex" type="radio" value="0" />女
        </dd>
    </dl>
    <dl>
        <dt class="left">出生日期：</dt>
        <dd>
            <select name="year">
                <option value="1998">1998</option>
            </select>年
            <select name="month">
                <option value="1">1</option>
            </select>月
            <select name="day">
```

```
                <option value="12">12</option>
            </select>日
        </dd>
    </dl>
    <dl>
        <dt> </dt>
        <dd><input name="btn"type="submit"value="注册"class="rb1"/></dd>
    </dl>
</form>
```

jQuery 验证表单的代码如下所示。

```
$(document).ready(function(){
        $("#myform").submit(function(){
            var pwd = $("#pwd").val();
            if (pwd == "") {
                alert("密码不能为空");
                return false;
            }
            if (pwd.length < 6) {
                alert("密码必须等于或大于 6 个字符");
                return false;
            }
            var repwd = $("#repwd").val();
            if (pwd != repwd) {
                alert("两次输入的密码不一致");
                return false;
            }
            var user = $("#user").val();
            if (user == "") {
                alert("姓名不能为空");
                return false;
            }
            for (var i = 0; i < user.length; i++) {
                var j = user.substring(i, i + 1);
                if (isNaN(j) == false) {
                    alert("姓名中不能包含数字");
                    return false;
                }
            }
            return true;
        })
    })
```

在浏览器中运行示例 2，单击"注册"按钮时，如果没有输入密码，则弹出如图 8.10 所示的提示框；如果密码长度小于 6，则弹出如图 8.11 所示的提示框；如果两次输入的密码不相同，则弹出如图 8.12 所示的提示框；如果没有输入姓名，则提示姓名不能为空；

如果输入的姓名中含有数字，则弹出如图 8.13 所示的提示框。

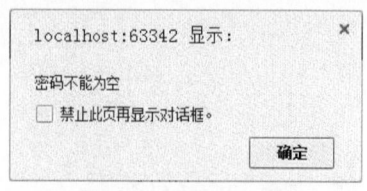

图8.10　密码不能为空

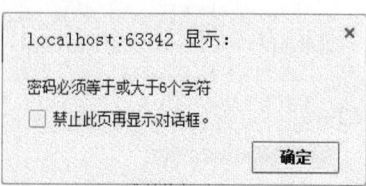

图8.11　密码必须等于或大于6个字符

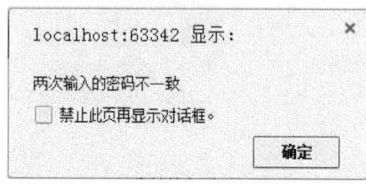

图8.12　两次输入的密码不一致

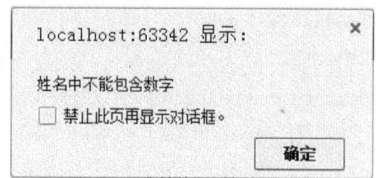

图8.13　姓名中不能包含数字

8.2.3　上机训练

上机练习 1——验证注册页面中的电子邮箱

需求说明

根据如图 8.14 所示的贵美商城注册页面，验证电子邮箱输入框中输入内容的有效性，要求如下。

（1）电子邮箱不能为空。

（2）电子邮箱中必须包含符号"@"和"."。

（3）当电子邮箱输入框中的内容正确时，页面跳转到注册成功页面（register_success.htm）。

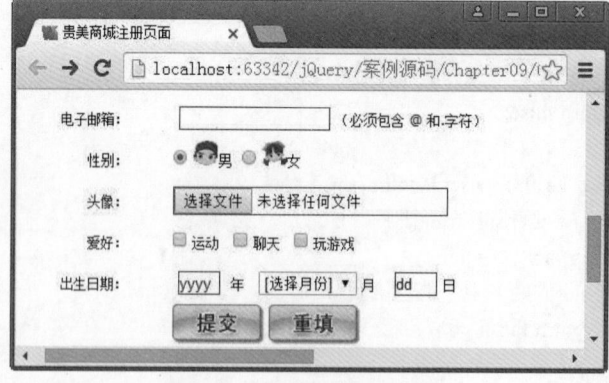

图8.14　贵美商城注册页面

8.2.4　验证提示特效

在网上注册或填写各种表单时，某些文本框中会自动显示提示信息，如图 8.15 所示的 Email 自动提示文本。单击此文本框时提示文本会自动清除，文本框的效果发生变化，如图 8.16 所示。类似这样的效果是如何实现的呢？

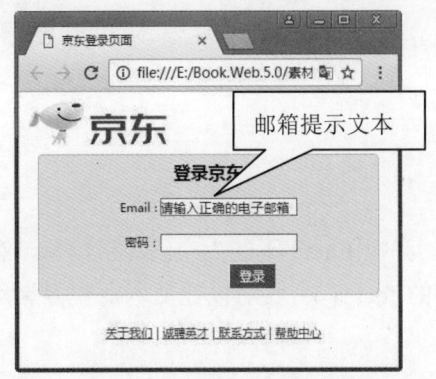

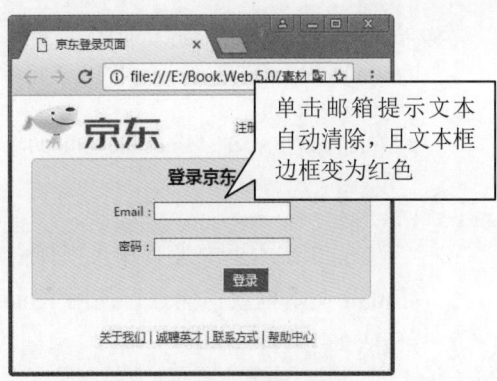

图8.15　Email文本框中自动显示提示文本　　　图8.16　文本框边框变化效果

1. 验证事件和方法

文本框作为一个 HTML DOM 元素，可以应用 DOM 相关的方法和事件，通过这些方法和事件可以改变文本框的效果，表 8-3 列出了常用的事件和方法。

表 8-3　表单验证常用的事件和方法

类　别	名　称	描　述
事件	onblur	失去焦点，当光标离开某个文本框时触发
	onfocus	获得焦点，当光标进入某个文本框时触发
方法	blur( )	从文本域中移开焦点
	focus( )	在文本域中设置焦点，即获得光标
	select( )	选取文本域中的内容，突出显示输入区域的内容

下面应用这些事件和方法来动态地改变文本框的效果。以京东登录页面中的邮箱文本输入框为例，要求如下。

➢ 文本框自动显示提示输入正确电子邮箱的信息。

➢ 单击文本框时，清除自动提示的文本，并且文本框的边框变为红色。

➢ 单击"登录"按钮时，验证 Email 文本框不能为空，并且必须包含字符"@"和"."。

➢ 当用户输入无效的电子邮件地址时，单击"登录"按钮将弹出提示框。

➢ 单击提示框上的"确定"按钮之后，Email 文本框中的内容将被自动选中并且高亮显示，提示用户重新输入，如图 8.17 所示。

下面重点分析如何自动清除文本提示信息、使文本框改变效果和获得光标等。

➢ 单击文本框时清除自动提示的文本信息使用 onfocus 事件。将光标移入文本框，然后把文本框的值设为空，并且设置文本框的边框颜色，关键代码如下。

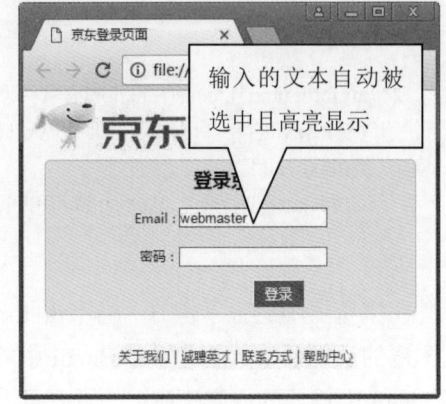

图8.17　文本框应用了select( )方法

209

```
$("#myform :text").focus(function(){
    if ($(this).val() == "请输入正确的电子邮箱") {
        $(this).val("");
        $(this).css("border", "1px solid #ff0000");
    }
});
```

➢ 当 Email 文本框中没有输入任何内容时，弹出 Email 不能为空的提示信息，然后 Email 文本框获得焦点，使用 jQuery 中的 focus( )方法可以让文本框获得焦点，代码如下。

```
$("#myform :text").focus();
```

➢ 自动选中 Email 文本框中的内容并且高亮显示，要使用 jQuery 中的 select( )方法，关键代码如下。

```
$("#myform :text").select();
```

根据以上分析，实现上述要求的 JavaScript 代码如示例 3 所示。

示例 3

```
$(document).ready(function(){
    $("#myform").submit(function () {
        var mail = $("#myform :text").val();
        if (mail == "") {//检测 Email 是否为空
            alert("Email 不能为空");
            $("#myform :text").focus();
            return false;
        }
        if (mail.indexOf("@") == -1 || mail.indexOf(".") == -1) {
            alert("Email 格式不正确\n 必须包含符号@和.");
            $("#myform :text").select();
            return false;
        }
        return true;
    });
})
$("#myform :text").focus(function(){
    if ($(this).val() == "请输入正确的电子邮箱") {
        $(this).val("");
        $(this).css("border", "1px solid #ff0000");
    }
});
```

在浏览器中运行示例 3，当单击 Email 文本框时，自动清除 Email 提示文本，并且文本框的边框显示为红色。当 Email 中输入的内容不符合要求时，弹出对应的提示信息。当 Email 中输入的内容正确时，将显示登录成功的页面。

有时在表单中输入不合要求的内容时，并不是以弹出提示框的方式警示，而是直接在文本框后面显示提示信息，效果如图 8.18 所示。由于"再输入一遍密码"和"您的姓名"文本框中的内容不符合要求，当光标离开文本框后，直接在对应的文本框后面提示错误信息，从而让用户能方便、及时、有效地改正输入的错误信息，这样的效果如何实现呢？

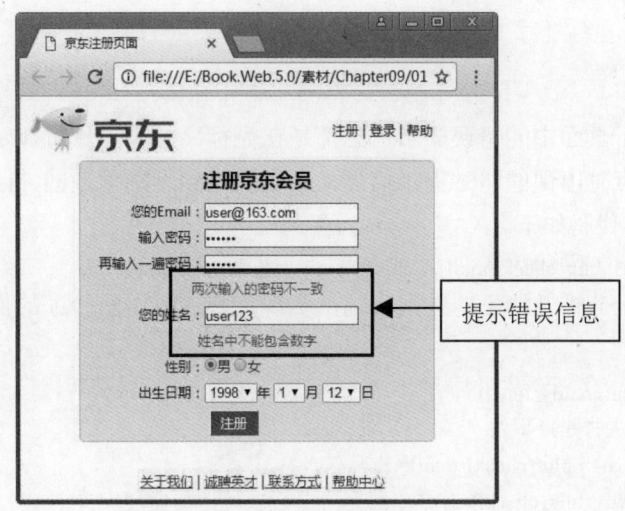

图8.18　文本输入提示效果

2. 文本输入提示特效

文本输入提示特效就是在光标离开文本域时，验证文本域中的内容是否符合要求。如果不符合要求，则要即时地提示错误信息。

下面以京东注册页面为例，学习如何制作文本输入提示特效，页面的验证要求与示例 2 相同。

思路分析

（1）由于错误信息是动态显示的，可以先把错误信息显示在<span>中，然后使用 jQuery 的 html( )方法设置<span>和</span>之间的内容。以 Email 为例，表单元素和相关错误信息显示的 HTML 代码如下。

```
<input id="email"type="text"class="inputs"/><span id="DivEmail"></span>
```

（2）编写脚本验证函数。首先设置<span>中的内容为空，然后验证 Email 是否符合要求，如果不符合要求，则使用 html( )方法在 div 中显示错误信息，代码如下。

```
function checkEmail() {
    var $mail = $("#email");
    var $divID = $("#DivEmail");
    $divID.html("");
    if ($mail.val() == "") {
        $divID.html("Email 不能为空");
        return false;
    }
    if ($mail.val().indexOf("@") == -1) {
        $divID.html("Email 格式不正确，必须包含@");
        return false;
    }
```

```
if ($mail.val().indexOf(".") == -1) {
    $divID.html("Email 格式不正确，必须包含.");
    return false;
}
return true;
}
```

（3）由于页面中的错误提示信息都是在光标离开文本域时显示的，因此可以知道是光标失去焦点时出现的即时提示信息，所以要用到刚刚学过的 blur( )事件方法。以验证 Email 为例，代码如下。

```
$("#email").blur(checkEmail);// checkEmail 为验证函数
```

根据以上分析及给出的关键代码，实现京东注册页面验证的代码，如示例 4 所示。

示例 4

```
$(document).ready(function(){
    //绑定失去焦点事件
    $("#email").blur(checkEmail);
    $("#pwd").blur(checkPass);
    $("#repwd").blur(checkRePass);
    $("#user").blur(checkUser);
    //提交表单,调用验证函数
$("#myform").submit(function () {
    var flag = true;
    if (!checkEmail()) flag = false;
    if (!checkPass()) flag = false;
    if (!checkRePass()) flag = false;
    if (!checkUser()) flag = false;
    return flag;
    });
})
    //验证 Email
    function checkEmail() {
    //省略 Email 验证代码
    }
    //验证输入密码
    function checkPass() {
    var $pwd = $("#pwd");
    var $divID = $("#DivPwd");
    $divID.html("");
    if ($pwd.val() == "") {
        $divID.html("密码不能为空");
        return false;
    }
    if ($pwd.val().length < 6) {
        $divID.html("密码必须等于或大于 6 个字符");
        return false;
```

```
    }
    return true;
  }
//验证重复密码
function checkRePass() {
  var $pwd = $("#pwd");        //输入密码
  var $repwd = $("#repwd");    //再次输入密码
  var $divID = $("#DivRepwd");
  $divID.html("");
  if ($pwd.val() != $repwd.val()) {
    $divID.html("两次输入的密码不一致");
    return false;
  }
  return true;
}
//验证用户名
function checkUser() {
    var $user = $("#user");
    var $divID = $("#DivUser");
    $divID.html("");
    if ($user.val() == "") {
        $divID.html("姓名不能为空");
        return false;
    }
    for (var i = 0; i < $user.val().length; i++) {
        var j = $user.val().substring(i, i + 1)
        if (j >= 0) {
            $divID.html("姓名中不能包含数字");
            return false;
        }
    }
    return true;
}
```

在浏览器中运行示例 4，单击 Email 文本输入框，然后什么内容也不输入，光标离开 Email 文本框，将提示"Email 不能为空"的错误信息，如图 8.19 所示。如果输入的内容不符合要求，则根据情况显示不同的错误信息；如果输入的内容符合要求，则不会显示任何提示信息。

提示

　　本例使用<span>显示提示信息，也可以使用块级元素<div>实现，但要设置错误信息和文本框显示在同一行，需要使用 CSS 样式设置<div>的 display 属性值为 inline 或 inline-block，即把<div>设置为内联元素或行内块级元素。

8
Chapter

图8.19　提示Email不能为空

8.2.5　上机训练

上机练习2——验证贵美网站的注册页面

需求说明

使用文本输入提示的方式验证贵美网站的注册页面，验证要求如下。

（1）名字和姓氏均不能为空，并且不能含有数字。

（2）密码不能少于6位，两次输入的密码必须相同。

（3）电子邮箱不能为空，并且必须包含符号"@"和"."。

页面完成后，如果文本框中输入的内容不符合要求，光标离开文本框后将在对应的文本框后面显示有关错误的提示信息，如图 8.20 所示。

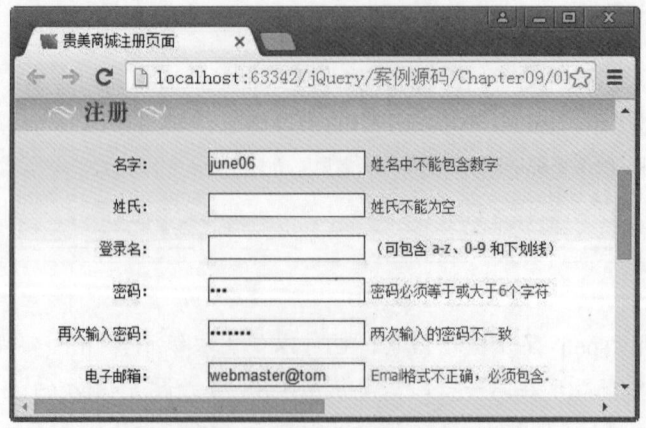

图8.20　有关错误的文本提示

任务 3　使用正则表达式验证数据

前面学习了如何使用 JavaScript 验证邮箱、用户名、密码等文本输入内容，下面介绍另一种表单验证技术——正则表达式。

8.3.1　使用正则表达式验证背景

在开发 HTML 表单时经常会对用户输入的内容进行验证。例如，验证邮箱是否正确，当用户输入 "june@."，如图 8.21 所示，然后单击 "登录" 按钮进行 Email 验证时，检测的结果却认为这是一个正确的邮箱地址。

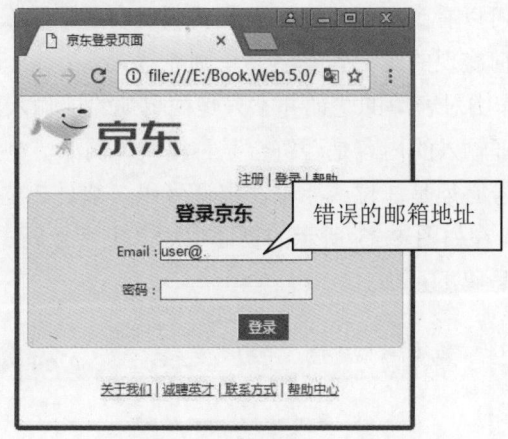

图8.21　邮箱验证

这并不是一个正确的邮箱，但检测却认为是正确的，为什么会出现这样的情况呢？因为只检测邮箱地址中是否包含符号 "@" 和 "."，这样简单的验证是不能严谨地验证邮箱是否正确的。下面看一个非常严谨的邮箱验证，如图 8.22 所示。当输入 rose@sina.时，检测的结果是电子邮箱格式不正确，重新输入 "rose@sina.c"，检测的结果仍然不正确，输入 "rose@sina.com" 时才检测通过。

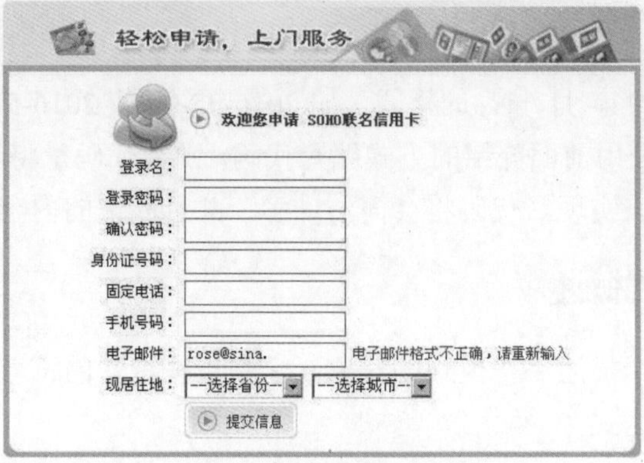

图8.22　电子邮箱格式验证

从上面的例子可以看出，必须输入正确的邮箱地址，否则检测不能通过。这么严谨的邮箱格式验证，是否需要写许多代码呢？下面来看一下验证邮箱地址的代码。

```
function checkEmail(){
    var email=$("#email").val();
    var $email_prompt=$("#email_prompt");
    $email_prompt.html("");
    var reg= /^\w+@\w+(\.[a-zA-Z]{2,3}){1,2}$/;
    if(reg.test(email) ==false){
        $email_prompt.html("电子邮件格式不正确,请重新输入");
        return false;
    }
    return true;
}
```

从上面的代码可以看到，仅仅用了几行代码就实现了这么严谨的验证，是不是很神奇呢？那么这是如何实现的呢？答案——正则表达式。

实际上，在工作中对表单的验证并不只是简单地验证输入内容的长度，是否是数字、字母等，通常会验证输入的内容是否符合某种格式。例如，电话号码必须是"区号-电话号码"的格式，区号必须是 3 位或 4 位，电话号码必须是 7 位或 8 位，如 010-21456548或 0377-68945125。在如图 8.23 所示的页面中输入电话号码"010-231243560"，验证的结果是输入的电话号码不正确。

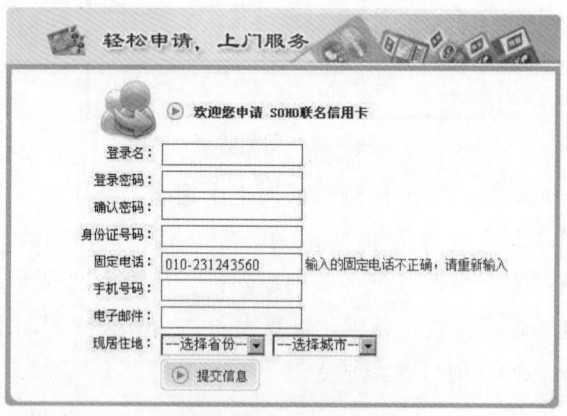

图8.23　验证固定电话

还有日期必须是"年-月-日"的格式，如 2016-05-09 或 2016-5-12，都是必须符合某些格式的验证。如果使用前面介绍的方式编写代码，那么代码量将非常大，也非常烦琐，如果使用正则表达式来实现，代码将会简洁许多，并且验证的内容会非常准确。

8.3.2　正则表达式概述

正则表达式是一个描述字符模式的对象，它由一些特殊的符号组成，其组成的字符模式用来匹配各种表达式。

RegExp 对象是 Regular Expression（正则表达式）的缩写，它是对字符串执行模式匹配的强大工具。简单的模式可以是一个单独的字符，复杂的模式则包括了更多的字符，如用于验证电子邮件地址、电话号码、身份证号码等字符串。

1. 定义正则表达式

正则表达式有两种构造形式，一种是普通方式，另一种是构造函数方式。

（1）普通方式

普通方式的语法格式如下。

var reg=/表达式/修饰符

➤ 表达式：代表了某种规则，可以使用某些特殊字符来代表特殊的规则，后面会详细介绍。

➤ 修饰符：用来扩展表达式的含义，主要有三个修饰符。

◆ g：代表可以进行全局匹配。

◆ i：代表不区分大小写匹配。

◆ m：代表可以进行多行匹配。

上面三个修饰符可以任意组合，代表某种复合含义，当然也可以不加修饰符。例如：

var reg=/white/;

var reg=/white/g;

（2）构造函数

构造函数方式的语法格式如下。

var reg=new RegExp("表达式","修饰符");

其中表达式与修饰符的含义与普通方式中的含义相同。例如：

var reg=new RegExp("white");

var reg=new RegExp("white","g");

说明

普通方式中的表达式必须是一个常量字符串，而构造函数中的表达式既可以是一个常量字符串，也可以是一个 JavaScript 变量。例如，将用户的输入作为表达式的参数：

var reg=new RegExp($("#id").val(),"g");

2. 表达式的模式

不管是使用普通方式还是使用构造函数方式定义正则表达式，都需要规定表达式的模式。从规范上讲，表达式的模式分为简单模式和复合模式两种。

（1）简单模式

简单模式是指通过普通字符的组合来表达的模式。例如：

var reg=/china/;

var reg=/abc8/;

简单模式只能表示具体的匹配，如果要匹配一个邮箱地址或一个电话号码，就只能使用复合模式了。

（2）复合模式

复合模式是指通过通配符来表达的模式。例如：

var reg=/^\w+$/;

其中，+、\w、^和$都是通配符，代表着特殊的含义，复合模式可以表达更为抽象化的规则模式。

在介绍正则表达式的使用之前，首先学习一下 RegExp 对象，如表 8-4 所示。

表 8-4　RegExp 对象的方法

方　法	描　述
test( )	检索字符串中指定的值，返回 true 或 false

test( )方法用于检测一个字符串是否匹配某个模式，语法格式如下。

正则表达式对象实例.test(字符串)

如果字符串中含有与正则表达式匹配的文本，返回 true；否则，返回 false。例如：

var str="my cat";

var reg=/cat/;

var result=reg.test(str);// result 值为：true

JavaScript 除了支持 RegExp 对象的正则表达式方法外，还支持 String 对象的正则表达式方法。String 对象定义了使用正则表达式来执行强大的模式匹配和文本检索与替换函数的方法，如表 8-5 所示。

表 8-5　String 对象的方法

方　法	描　述
match( )	找到一个或多个正则表达式的匹配
search( )	检索与正则表达式相匹配的值
replace( )	替换与正则表达式匹配的字符串
split( )	把字符串分割为字符串数组

➢ match( )方法。

match( )方法可以在字符串内检索指定的值，找到一个或多个正则表达式的匹配。该方法类似于 indexOf( )方法，但是 indexOf( )方法返回字符串的位置，而不是指定的值。match( )方法的语法格式如下。

字符串对象.match(字符串或 RegExp 对象)

例如：

var str="my cat";

var reg=/cat/;

var result=str.match(reg);// result 值为：cat

➢ search ( )方法

search ( )方法用于在字符串中查找指定的子字符串或检索与正则表达式相匹配的子字符串，如果没有找到任何匹配的子字符串，则返回−1。语法格式如下。

字符串对象.search("子字符串"或"正则表达式")

如果没有找到任何与指定的子字符串或正则表达式匹配的子字符串，则返回-1。例如：

```
var str="red,blue,green,white";
str.search("e")    // 返回值为：1
str.search(/green/) //  返回值为：9
str.search("green2") //  返回值为：-1
```

➤ replace( )方法。

replace( )方法用于在字符串中用一些字符替换另一些字符，或替换一个与正则表达式匹配的子字符串，语法格式如下。

字符串对象.replace(RegExp 对象或字符串,"替换的字符串")

如果设置了全文搜索，则符合条件的 RegExp 或字符串都将被替换；否则只替换第一个，返回替换后的字符串。例如：

```
var str="cat,cat,cat,cat";
var result=str.replace(/cat/,"dog");// result 值为："dog,cat,cat,cat"
var results=str.replace(/cat/g,"dog");// results 值为："dog,dog,dog,dog"
```

➤ split( )方法。

split( )方法将字符串分割成一系列子字符串并通过一个数组将这一系列子字符串返回，语法格式如下。

字符串对象.split(分割符,n)

分割符可以是字符串，也可以是正则表达式。n 用于限制输出数组的个数，为可选项，如果不设置 n，则返回包含整个字符串的元素数组。例如：

```
var str="red,blue,green,white";
var result=str.split(",");
console.log(result.join("\n")); // console.log() 方法可以直接在控制台打印数据
```

在浏览器控制台运行上面的代码，结果如图 8.24 所示。

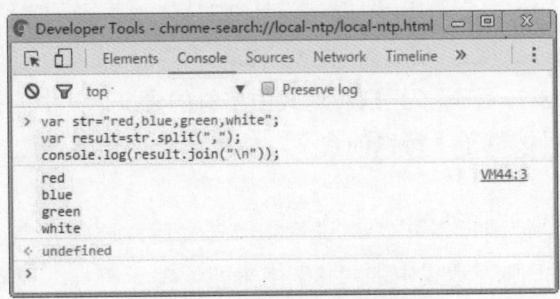

图8.24　split( )方法的应用

以上学习了正则表达式的常用方法,那么如何定义一个正则表达式来进行模式匹配呢? 例如，前面验证电子邮箱格式的正则表达式 "reg=/^\w+@\w+(\.[a-zA-Z]{2,3}){1,2}$/" 中的符号都代表什么含义呢? 表 8-6 列出了正则表达式中的常用符号和用法。

表 8-6　正则表达式的常用符号

符　　号	描　　述
/.../	代表一个模式的开始和结束
^	匹配字符串的开始

续表

符　号	描　　述
$	匹配字符串的结束
\s	任何空白字符
\S	任何非空白字符
\d	匹配一个数字字符，等价于[0-9]
\D	匹配除了数字之外的任何字符，等价于[^0-9]
\w	匹配一个数字、下划线或字母字符，等价于[A-Za-z0-9_]
\W	匹配任何非单字字符，等价于[^a-zA-z0-9_]
.	匹配除了换行符之外的任意字符

从验证邮箱格式的正则表达式可以看出，字符"@"前后的字符可以是数字、字母或下划线，但是字符"."之后的字符只能是字母，那么{2,3}又是什么意思呢？有时会希望某些字符在一个正则表达式中只出现规定的次数。表8-7列出了正则表达式中用于设置重复次数的字符。

表8-7　正则表达式的重复字符

符　号	描　　述
{n}	匹配前一项 n 次
{n,}	匹配前一项 n 次，或者多次
{n,m}	匹配前一项至少 n 次，但是不能超过 m 次
*	匹配前一项 0 次或多次，等价于{0,}
+	匹配前一项 1 次或多次，等价于{1,}
?	匹配前一项 0 次或 1 次，也就是说前一项是可选的，等价于{0,1}

从表 8-7 中可以知道，字符串"(\.[a-zA-Z]{2,3}){1,2}"表示字符"."后可以加 2~3个字母，并且可以出现一次或两次，即匹配".com"".com.cn"这样的字符串。

通过表 8-6 和表 8-7，了解了正则表达式中字符的含义，其中的符号称为元字符，可以看到$、+、?等符号被赋予了特殊的含义，如果在一个正则表达式中要匹配这些字符本身，该怎么办呢？

在 JavaScript 中，使用反斜杠"\"进行字符转义后，这些元字符就可以作为普通字符进行匹配。例如，正则表达式中的"\$"用来匹配美元符号，而不是行尾。类似地，正则表达式中的"\."用来匹配点符号，而不是任何字符的通配符。

注意

正则表达式中的三种括号( )、[ ]和{ }，区别如下。

➤ ( )用于提取匹配的字符串，表达式中有几个( )，就有几个相应的匹配字符串。

➤ [ ]用于定义匹配的字符串，如[A-Za-z0-9]表示字符串要匹配英文字母和数字。

➤ { }用来匹配长度，如\s{3}表示匹配三个空格。

8.3.3　正则表达式的实际应用

了解了如何定义一个正则表达式，在实际的工作中可以使用正则表达式来验证哪些内容呢？针对如图 8.25 和图 8.26 所示的两个新用户注册页面，需要验证的内容有用户名、密码、电子邮箱、手机号码等，主要是检查输入的内容是否满足长度需求、文字中是否有特殊字符等。例如，用户名是否只有中文字符、英文字母、数字及下划线，手机号码是否由数字组成，身份证号码的长度是否是 15 位或 18 位，以及是否全由数字组成等。

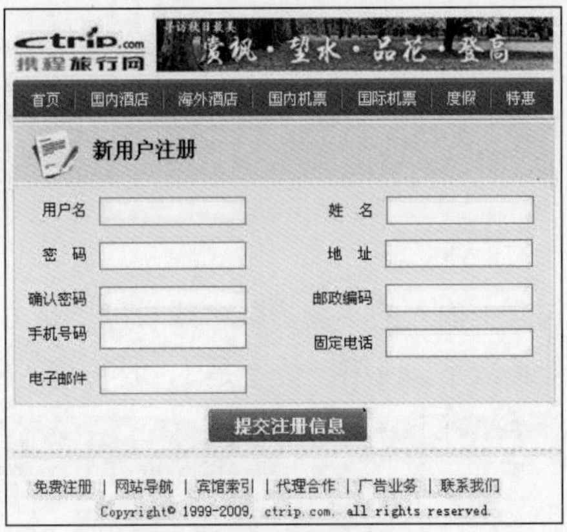

图8.25　新用户注册

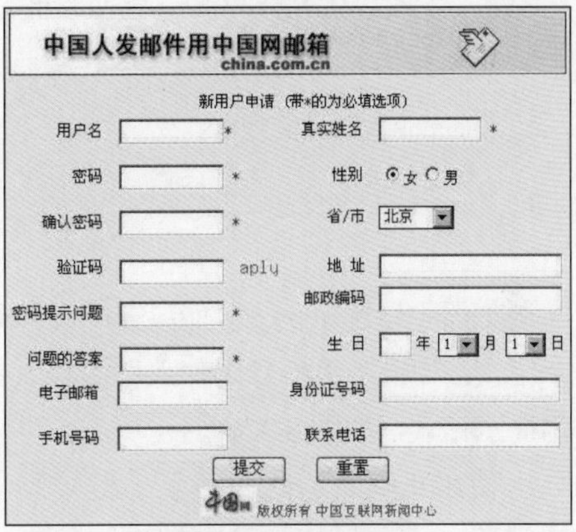

图8.26　邮箱申请

上面提到的都是网页中经常用到的验证内容，那么如何编写正则表达式来实现呢？例如，图 8.26 中邮政编码、手机号码的验证，我国的邮政编码都是 6 位的，而手机号码都是 11 位的，并且第一位都是 1，对邮政编码和手机号码进行验证的正则表达式如下。

```
var regCode=/^\d{6}$/;
var regMobile=/^1\d{10}$/;
```

验证邮政编码和手机号码的代码如示例 5 所示。

示例 5

HTML 代码如下所示。

```
<ul>
    <li>邮政编码：<input id="code"type="text"/><div id="divCode"></div></li>
    <li>手机号码：<input id="mobile"type="text"/><div id="divMobile"></div></li>
</ul>
```

jQuery 代码如下所示。

```
$(document).ready(function(){
    $("#code").blur(function(){
        var code = $(this).val();
        var $codeId = $("#divCode");
        var regCode = /^\d{6}$/;
        if (regCode.test(code) == false) {
            $codeId.html("邮政编码不正确，请重新输入");
            return false;
        }
```

```
            $codeId.html("");
            return true;
        });
        $("#mobile").blur(function(){
            var mobile = $(this).val();
            var $mobileId = $("#divMobile");
            var regMobile = /^1\d{10}$/;
            if (regMobile.test(mobile) == false) {
               $mobileId.html("手机号码不正确，请重新输入");
               return false;
            }
            $mobileId.html("");
            return true;
        })
    })
```

在浏览器中运行示例 5，如果在邮政编码输入框中输入的不全是数字或长度不是 6 位，均提示错误；如果在手机号码输入框中输入的不全是数字，或第一位不是 1，或长度不是 11 位，均提示错误，如图 8.27 所示。

以上使用正则表达式验证了手机号码和邮政编码，但是只规定了字符串的长度及字符串中某一位上的数字的范围，如果要对年龄进行验证，而年龄必须为 0～120，该如何编写正则表达式呢？

图8.27　邮政编码和手机号码输入不正确

思路分析

（1）10～99 是两位数，十位是 1～9，个位是 0～9，正则表达式为[1-9]\d。

（2）0～9 是一位数，正则表达式为\d。

（3）100～119 是三位数，百位是 1，十位是 0～1，个位是 0～9，正则表达式为 1[0-1]\d。

（4）根据以上分析可知，所有年龄的个位都是 0～9；当百位是 1 时，十位是 0～1；当年龄为两位数时，十位是 1～9，因此描述 0～119 这个范围的正则表达式为(1[0-1]|[1-9])?\d。

（5）120 是特殊的一种情况，需要单独列出来。

使用正则表达式验证年龄的完整代码如示例 6 所示。

示例 6

HTML 代码如下所示。

```
年龄：<input id="age" type="text"/><span id="divAge"></span>
```

jQuery 代码如下所示。

```
$(document).ready(function(){
  $("#age").blur(function(){
    var age = $(this).val();
    var $ageId = $("#divAge");
    var regAge = /^120$|^((1[0-1]|[1-9])?\d)$/m;
     if (regAge.test(age) == false) {
```

```
$ageId.html("年龄不正确，请重新输入");
    return false;
}
    $ageId.html("");
    return true;
    })
})
```

上述校验年龄的正则表达式，对于"01""012""0012"这样的数字，校验结果是不合法的，对用户来说似乎有些苛刻，毕竟在正常年龄前多个 0，仍然可以理解，因此可以进一步修改正则表达式，允许开头有任意个 0，表示为"[0]*"，验证年龄的完整正则表达式则变成"^[0]*(120|((1[0-1]|[1-9])?\d))$"。

从前面的示例可以看出，结果匹配得越精确，则编写的正则表达式就越复杂。编写一个复杂的表达式，应该先分解问题，从简单的表达式开始，然后组合成复杂的表达式。

到这里为止，学习了什么是正则表达式以及如何定义一个正则表达式，并且使用正则表达式进行了简单的验证。下一节综合运用以上所学的知识，验证一个用户的注册页面，学习并巩固复杂正则表达式的验证技术。

 **经验**

在实际的开发中经常遇到对电子邮箱地址、用户名、密码、日期和各种号码等的判断，这些正则表达式可以在网上查阅资料，一般不用自己书写。

8.3.4 上机训练

(上机练习 3——验证博客园用户注册页面)

需求说明

使用正则表达式验证博客园注册页面，如图 8.28 所示，验证用户名、密码、电子邮箱、手机号码和生日，具体要求如下。

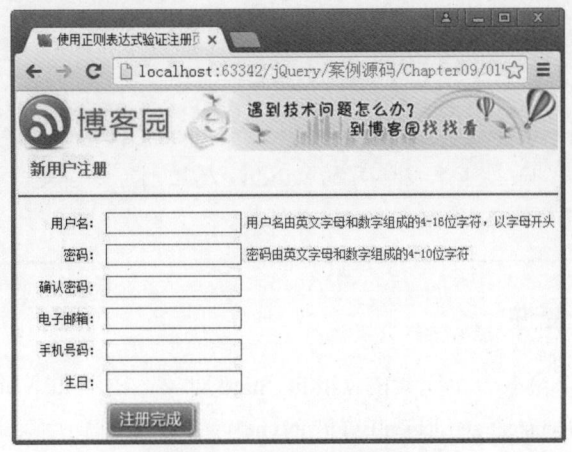

图8.28 博客园注册页面

（1）用户名只能由英文字母和数字组成，长度为 4～16 位字符，并且以英文字母开头。

（2）密码只能由英文字母和数字组成，长度为 4～10 位字符。

（3）手机号码只能是以 1 开头的 11 位数字。

（4）生日的年份为 1900～2016，生日的格式为 1980-5-12 或 1988-05-04。

任务 4　HTML5 验证新特性

前面学习了表单验证技术，以及使用正则表达式精确地验证表单内容输入的合法性，在工作中能够方便地验证表单内容。实际上，在 HTML5 出现以后，增加了一些表单元素的属性，通过这些属性可以更方便地验证表单内容的合法性，并且 HTML5 提供了 ValidityState 对象，也可以用于验证表单，下面分别学习这两种验证表单的方式。

8.4.1　HTML5 新属性

HTML5 新增了如表 8-8 所示的表单元素属性，用来对<input>的输入内容进行限制和验证。

表 8-8　HTML5 新增验证属性

属　　　性	描　　　述
placeholder	提供一种提示（hint），当输入域为空时显示，获得焦点输入内容后消失
required	规定输入域不能为空
pattern	规定验证 input 域的模式（正则表达式）

HTML5 新属性使用比较简单，这里就不过多的赘述了，可扫描二维码，结合视频学习 HTML5 新属性的使用。

HTML5新
属性的使用

注意

使用 HTML5 的表单属性 required、placeholder 和 pattern 进行表单验证的方式，提示不是很明确，而接下来要学习的 validity 属性则可以自定义错误信息，使提示的信息更加明确。

8.4.2　validity 属性

validity 属性可以获取表单元素的 validityState 对象，语法如下所示。

```
var validityState=document.getElementById("uName").validity;
```

validityState 对象包括八个属性，分别针对八个方面的错误进行验证，如表 8-9 所示。

表 8-9　validityState 对象

属　　　性	描　　　述
valueMissing	表单元素设置了 required 属性，为必填项。如果必填项的值为空，就无法通过表单验证，valueMissing 属性会返回 true，否则返回 false
typeMismatch	输入值与 type 类型不匹配。HTML5 新增的表单类型如 email、number、url 等，都包含一个原始的类型验证。如果用户输入的内容与表单类型不符合，则 typeMismatch 属性将返回 true，否则返回 false
patternMismatch	输入值与 pattern 属性的正则表达式不匹配。如果输入的内容不符合 pattern 验证模式的规则，则 patternMismatch 属性将返回 true，否则返回 false
tooLong	输入的内容超过了表单元素的 maxLength 属性限定的字符长度。虽然在输入的时候会限制表单内容的长度，但在某种情况下（如通过程序设置）还是会超出最大长度限制。如果输入的内容超过了最大长度限制，则 tooLong 属性返回 true，否则返回 false
rangeUnderflow	输入的值小于 min 属性的值。如果输入的数值小于最小值，则 rangeUnderflow 属性返回 true，否则返回 false
rangeOverflow	输入的值大于 max 属性的值。如果输入的数值大于最大值，则 rangeOverflow 属性返回 true，否则返回 false
stepMismatch	输入的值不符合 step 属性推算出的规则。用于填写数值的表单元素可能需要同时设置 min、max 和 step 属性，这就限制了输入的值必须是最小值与 step 属性值的倍数之和。例如，0～10，step 属性值为 2，合法值即为该范围内的偶数，其他数值均无法通过验证。如果输入值不符合要求，则 stepMismatch 属性返回 true，否则返回 false
customError	使用 setCustomValidity( ) 方法自定义错误提示信息：setCustomValidity(message) 会把错误提示信息自定义为 message，此时 customError 属性值为 true；setCustomValidity(" ") 会清除自定义的错误信息，此时 customError 属性值为 false

　　validityState 对象的八个属性，实际开发中应用较多的为 valueMissing、typeMismatch、patternMismatch。下面就用示例 7 来演示这几个属性的应用。

示例 7

HTML 代码：

```
<!--省略部分代码-->
<div class="reg-main">
 <h3>注册账号</h3>
 <form action="" method="post" class="reg-form">
    <div class="reg-input">
        <label><i>*</i>昵称：</label>
        <input type="text" id="uName" required placeholder="英文、数字长度为 6-10 个字符"
pattern="[a-zA-Z0-9]{6,10}"   />
    </div>
    <div class="reg-input">
        <label><i>*</i>密码：</label>
        <input type="password" id="pwd" required  placeholder="长度为 6-16 个字符" pattern="
[a-zA-Z0-9]{6,16}"/>
    </div>
    <div class="reg-input">
        <label>手机号码：</label>
        <input type="text" pattern="^1[34578][0-9]{9}$"/>
        <span id="tel-tip">忘记密码时找回密码使用</span>
```

```
        </div>
        <div class="reg-input">
            <label><i>*</i>邮箱：</label>
            <input type="email" required id="email"/>
        </div>
        <div class="reg-input">
            <label>年龄：</label>
            <input type="number" min="12"/>
        </div>
        <div class="submit-box">
            <input type="submit" id="submit" value="立即注册" >
        </div>
    </form>
</div><!—省略部分代码-->
```

JavaScript 代码：

```
$(document).ready(function(){
    $("#submit").click(function(){
        var u=document.getElementById("uName");
        if(u.validity.valueMissing==true){
            u.setCustomValidity("昵称不能为空");
        }
        else if(u.validity.patternMismatch==true){
            u.setCustomValidity("昵称必须是 6~10 位的英文和数字");
        }
        else{
            u.setCustomValidity("");
        }
        var pwd=document.getElementById("pwd");
        if(pwd.validity.valueMissing==true){
            pwd.setCustomValidity("密码不能为空");
        }
        else if(pwd.validity.patternMismatch==true){
            pwd.setCustomValidity("密码必须是 6~16 位的英文和数字");
        }
        else{
            pwd.setCustomValidity("");
        }
        var email=document.getElementById("email");
        if(email.validity.valueMissing==true){
            email.setCustomValidity("邮箱不能为空");
        }
        else if(email.validity.typeMismatch==true){
            email.setCustomValidity("邮箱格式不正确");
        }
        else{
```

```
        email.setCustomValidity("");
    }
})
})
```

在浏览器中打开页面，当输入内容不符合要求时，弹出自定义的提示，如图 8.29 和图 8.30 所示，这样的提示非常人性化，用户能接收到非常准确的提示信息。

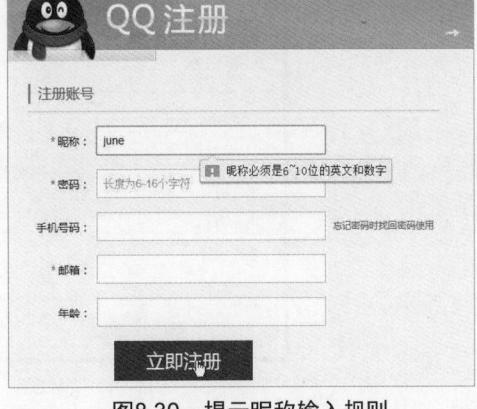

图8.29　提示昵称不能为空　　　　　图8.30　提示昵称输入规则

8.4.3　上机训练

┌───┐
│ 上机练习 4——使用 HTML5 方式验证博客园用户注册页面 │
└───┘

需求说明

使用 HTML5 新增属性和 validity 属性相结合的方式验证博客园用户注册页面中的用户名、密码、电子邮箱、手机号码和生日，具体要求如下。

（1）使用 HTML5 属性设置用户名和密码默认提示信息，如图 8.31 所示。

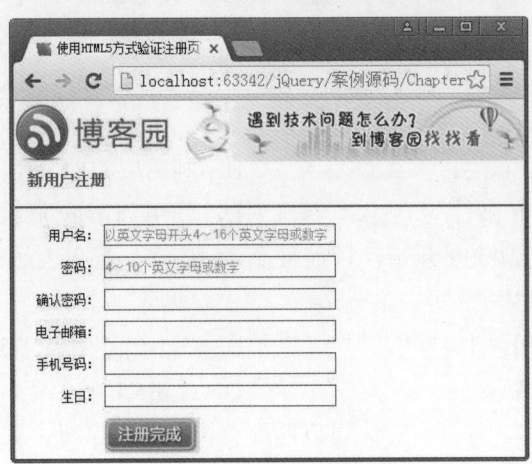

图8.31　博客园注册页面

（2）用户名只能由英文字母和数字组成，长度为 4～16 个字符，并且以英文字母开头，当输入内容不符合要求时给出提示，如图 8.32 所示。

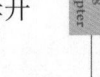

（3）密码只能由英文字母和数字组成，长度为 4～10 个字符。

（4）手机号码只能是以 1 开头的 11 位数字。

（5）生日的年份为 1900～2016，生日格式为 1980-5-12 或 1988-05-04。

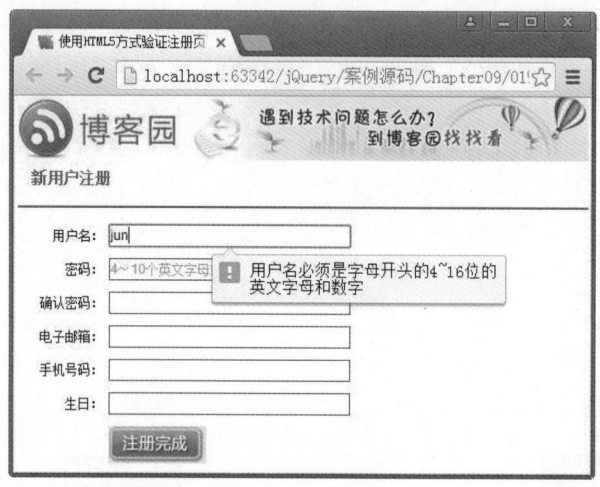

图8.32　错误提示

本章作业

一、选择题

1. 对字符串 str="welcome to china"进行下列处理，描述结果正确的是（　　　）。

    A．str.substring(1,5)的返回值是"elcom"

    B．str.length 的返回值是 16

    C．str.indexOf("come",4)的返回值为 4

    D．str.toUpperCase( )的返回值是"Welcome To China"

2. 下面选项中，（　　　）能获得焦点。

    A．blur( )　　　　　　B．select( )　　　　　C．focus( )　　　　D．onfocus( )

3. （　　　）能够动态改变层中的提示内容。

    A．利用 html( )方法　　　　　　　　　　B．利用层的 id 属性

    C．使用 onblur 事件　　　　　　　　　　D．使用 display 属性

4. 腾讯 QQ 号从 10000 开始，目前最高为 10 位，正则表达式（　　　）可以匹配 QQ 号。

    A．/^[1-9][0-9]{4,10}$/　　　　　　　B．/^[1-9][0-9]{4,9}$/

    C．/^\d{5,10}$/　　　　　　　　　　　D．/^\d[5,10]$/

5. 下列正则表达式中，（　　　）可以匹配首位是小写字母，其他位是小写字母或数字的最少两位的字符串。

    A．/^\w{2,}$/　　　　　　　　　　　　B．/^[a-z][a-z0-9]+$/

    C．/^ [a-z0-9]+$/　　　　　　　　　　D．/^[a-z]\d+$/

二、简答题

1. 简单描述使用正则表达式验证表单内容的优点。

2. ("input")和(":input")有什么区别？

3. 制作百度注册页面，使用 jQuery 验证用户名、密码等表单数据的有效性，要求如下。

➢ 光标离开文本框时，验证数据的合法性，如果不符合要求，则给出提示，如图 8.33 所示。

➢ 提交表单时使用 submit( )方法验证数据的合法性，根据验证函数的返回值是 true 或 false 来决定是否提交表单。

➢ 用户名不能为空，长度为 4～12 个字符，并且用户名只能由字母、数字和下划线组成。

➢ 密码长度为 6～12 个字符，两次输入的密码必须一致。

➢ 必须选择性别。

➢ 电子邮件地址不能为空，并且必须包含字符"@"和"."。

➢ 验证提示信息显示在对应表单元素的后面。例如，若用户名中包含非法字符，则在文本框后进行提示，如图 8.33 所示。

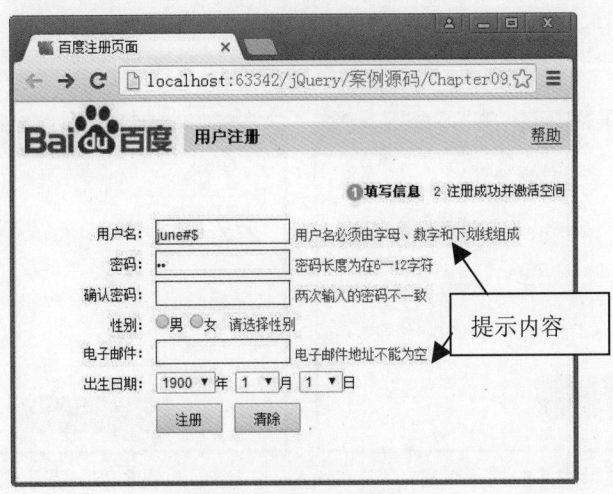

图8.33　输入内容提示

4. 使用正则表达式验证如图 8.34 所示的注册页面，要求如下。

➢ 用户名为 5～16 个字符，包含字母、数字和下划线，首位必须是字母。

➢ Email 地址格式如 web@sohu.com。

➢ 手机号码为 11 位数字，第一位必须是 1。

➢ 密码为 4～10 个字符，包含字母和数字。

➢ 两次输入的密码必须一致。

➢ 光标离开文本框时验证数据的合法性，不合法直接在文本框后进行提示。

➢ 提交表单时，验证输入内容的合法性，不合法直接在文本后进行提示。

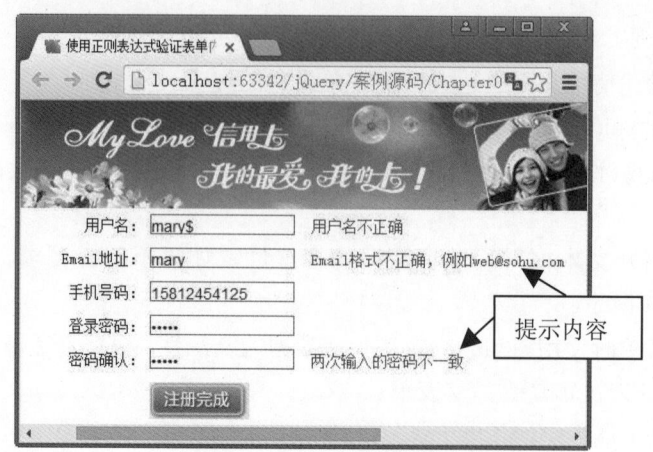

图8.34　用户注册提示

5. 使用正则表达式制作注册页面提示特效，要求如下。

➤ 光标进入用户名文本框时，提示用户名输入要求"首位为字母的 4-16 个数字、字母、下划线"，如图 8.35 所示；光标离开文本框时验证输入用户名的合法性，不合法直接提示，如图 8.36 所示。

➤ 光标进入密码文本框时，提示密码输入要求"4-10 个字母和下划线"；光标离开文本框时验证输入密码的合法性，不合法直接提示。

➤ 提交表单时，验证用户名和密码输入内容的合法性，不合法直接提示。

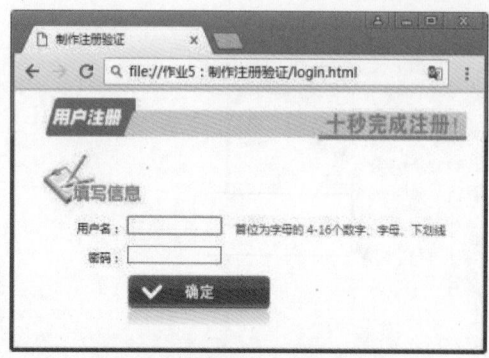

图8.35　显示输入的提示信息

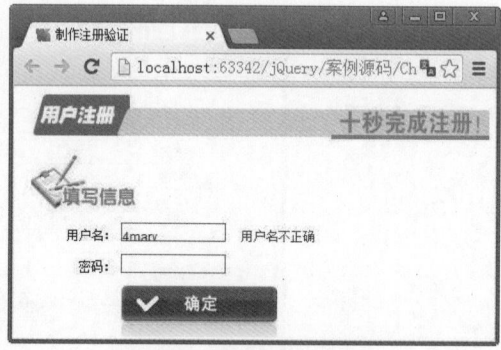

图8.36　提示错误信息

 说明

为了方便读者验证作业答案，提升专业技能，请扫描二维码获取本章作业答案。

jQuery 中的 AJAX

任务 1: 使用 JavaScript 发送 AJAX 请求

任务 2: 使用 jQuery 发送 AJAX 请求

任务 3: 使用 JSON 格式构建响应数据

❖ 了解 AJAX 技术

❖ 掌握 jQuery 的$.ajax( )方法

❖ 掌握 JSON 的使用

本章将介绍使用 AJAX 数据异步交互技术实现数据的及时交互, 以及使用 jQuery 封装的 AJAX 方法来简化 AJAX 操作。学习本章内容, 将培养读者在异步数据交互工作中分析问题和解决问题的能力, 培养读者不怕困难、勇于探索的精神。

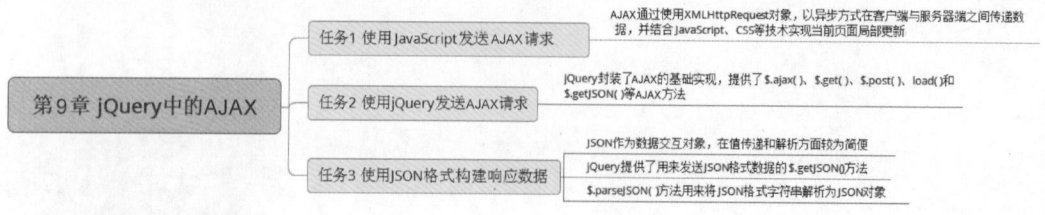

本章知识梳理

本章简介

在网络世界里，数据交换每分每秒都在进行，每一次的数据交换、信息更新不但会增加服务器的负担，而且会增加客户端的等待时间。比如在浏览页面时，有时只需要刷新页面的一小部分却刷新了整个页面，浏览器不得不去请求更多的数据。那该如何解决这种问题呢？本章介绍的 AJAX 技术，就用于解决这种问题。

本章将介绍使用 AJAX 数据异步交互技术实现数据的及时交互，以及使用 jQuery 封装的 AJAX 方法来简化 AJAX 操作，最后介绍一种新的数据格式——JSON。

预习作业

1. 简答题

（1）写出至少两种 AJAX 请求类型。

（2）写出至少三种 jQuery 中的 AJAX 常用属性。

2. 编码题

使用 jQuery 中的 AJAX 技术实现登录界面数据验证，示例代码如下。

```
<form action="success.html" id="myform" method="post" name="myform" >
    <ul>
        <li class="bold">登录</li>
        <li><span>账户：</span><input type="text" /></li>
        <li><span>密码：</span><input type="password" /></li>
        <li><input name="btn" id="btn" type="submit" value="登录" /></li>
    </ul>
</form>
```

要求如下：

使用 jQuery 中的 AJAX 技术发送请求到后端服务器，验证用户名和密码是否正确。如果输入的用户名或密码不正确，使用 alert 弹出"你输入的用户名或密码不正确！"；如果输入的用户名或密码正确，使用 alert 弹出"恭喜您登录成功！"。

任务 1　使用 JavaScript 发送 AJAX 请求

9.1.1　AJAX 应用

随着互联网的广泛应用，基于 B/S 结构的 Web 应用程序越来越受到推崇。但不可否认的是，B/S 架构的应用程序在界面效果及操控性方面比 C/S 架构的应用程序要差很多，这也是 Web 应用程序普遍存在的一个问题。

在传统的 Web 应用中，每次请求服务器都会生成新的页面，用户在提交请求后，总是要等待服务器的响应。如果前一个请求没有得到响应，则后一个请求就不能发送。由于这是一种独占式的请求，如果服务器响应没有结束，用户就只能等待或者不断地刷新页面。在等待期间，由于新的页面没有生成，整个浏览器将是一片空白，而用户只能继续等待。对于用户而言，这是一种不连续的体验，同时，频繁地刷新页面也会使服务器的负担加重。

AJAX（Asynchronous JavaScript And XML）技术正是为了弥补以上不足而诞生的。AJAX 采用异步请求模式，不用每次请求都重新加载页面。用户发送请求后不需要等待服务器响应，而是可以继续原来的操作，在服务器响应完成后，浏览器再将响应展示给用户。

使用 AJAX 技术，从用户发送请求到获得响应，当前用户界面不会受到任何干扰。而且在必要的时候可以只刷新页面的一小部分，不用刷新整个页面，即"无刷新"技术。如图 9.1 所示，新浪微博更新内容就使用了 AJAX 技术，在浏览微博的时候，如果有新消息出现，页面会给出提示，单击刷新后，页面中仅仅加载新的微博内容，已经获取到的微博内容并不会再次请求刷新，这就避免了重复加载、浪费网络资源的现象。这也体现了无刷新技术的第一个优势。

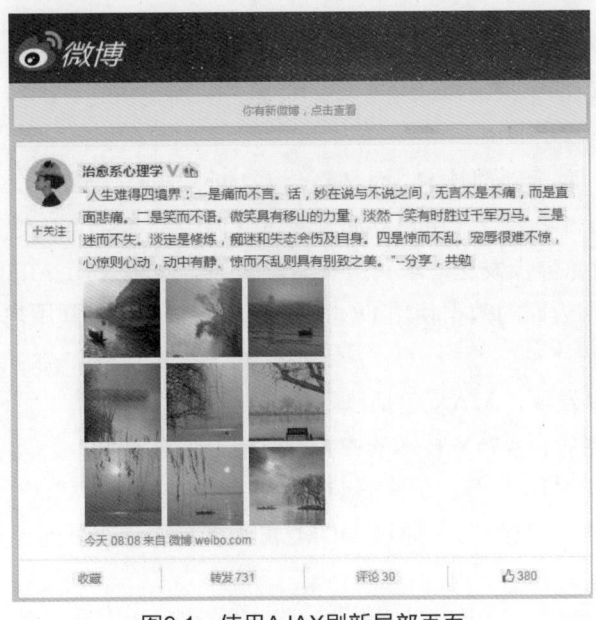

图9.1　使用AJAX刷新局部页面

　　再以土豆网为例，用户在观看视频的时候，可以在页面上单击按钮执行其他操作。由于只是局部刷新，视频可以继续播放，不会受到影响。这体现了无刷新技术的第二个优势：提供连续的用户体验，而不被页面刷新中断。

　　由于采用了无刷新技术，Google 可以实现以往 B/S 程序很难做到的事情，如图 9.2 中 Google 地图提供的拖动、放大、缩小等功能。AJAX 强调的是异步发送用户请求，在一个请求的服务器响应还没返回时，可以再次发送请求。这种发送请求的模式使用户获得了类似桌面程序的用户体验。这体现了无刷新技术的第三个优势：AJAX 异步发送用户请求。

图9.2　类似桌面程序的用户体验

9.1.2　AJAX 工作原理

　　通过前面的介绍已经知道，AJAX 技术通过 JavaScript 发送请求到服务器，在服务器响应结束后，根据返回结果可以只更新局部页面，从而提供连续的客户体验。那么到底什么是 AJAX 呢？

　　AJAX 并不是一种全新的技术，而是整合了 JavaScript、XML、CSS 等几种现有技术而成。AJAX 的执行流程是，在用户界面触发事件调用 JavaScript，通过 AJAX 引擎——XMLHttpRequest 对象异步发送请求到服务器，服务器返回 XML、JSON 或 HTML 等格式的数据，然后利用返回的数据使用 DOM 和 CSS 技术局部更新用户界面。整个工作流程如图 9.3 所示。

　　通过图 9.3 可以发现，AJAX 包括以下关键内容。

➢ JavaScript 语言：AJAX 技术的主要开发语言。

➢ XML /JSON /HTML 等：用来封装请求或响应的数据格式。

➢ DOM（文档对象模型）：通过 DOM 属性或方法修改页面元素，实现页面局部刷新。

➢ CSS：改变样式，美化页面效果，提升用户体验度。

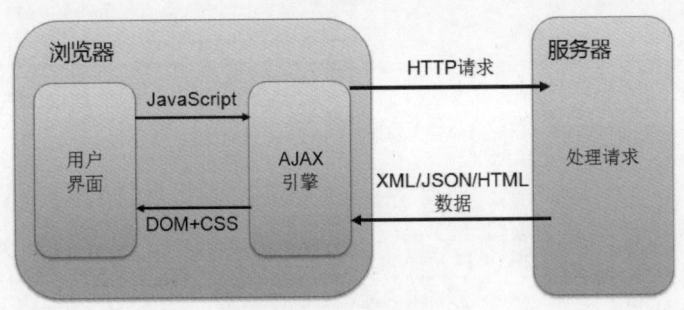

图9.3　AJAX流程

图9.3　AJAX流程

> AJAX 引擎：即 XMLHttpRequest 对象，以异步方式在客户端与服务器端之间传
>   递数据。

通过上述介绍可以发现，AJAX 的大多数技术在之前都已经使用过了，没有接触过
的就是 XMLHttpRequest 和 JSON 格式。

9.1.3　认识 XMLHttpRequest

XMLHttpRequest 对象可以在不刷新当前页面的情况下向服务器端发送异步请求，并接
收服务器端的响应结果，从而实现局部更新当前页面的功能。尽管名为 XMLHttpRequest，
但它并不仅限于和 XML 文档一起使用，还可以接收 JSON 或 HTML 等格式的文档数据。
XMLHttpRequest 得到了目前所有浏览器的较好支持，但它的创建方式在不同浏览器下还
具有一定的差别。

1. 创建 XMLHttpRequest 对象

在旧版本的 IE 浏览器（IE 5 和 IE 6）中创建 XMLHttpRequest 对象的方式与较新版
本的 IE（IE 7 及以上）及其他大部分浏览器中的创建方式是不同的。为了使程序兼容性
更好，需要了解它们的语法区别。

> 旧版本 IE（IE 5 和 IE 6）。

XMLHttpRequest = new ActiveXObject("Microsoft.XMLHTTP");

> 新版本 IE 和其他大部分浏览器(推荐使用)。

XMLHttpRequest = new XMLHttpRequest();

2. XMLHttpRequest 对象常用属性和方法

对于 AJAX 技术而言，主要就是掌握 XMLHttpRequest 对象的使用。XMLHttpRequest
对象的常用方法和属性如表 9-1 和表 9-2 所示。

表 9-1　XMLHttpRequest 对象的常用方法

方　　法	说　　明
open(String method, String url, boolean async, String user, String password)	用于创建一个新的 HTTP 请求 参数 method：设置 HTTP 请求方法，如 POST、GET 等，对大小写不敏感 参数 url：请求的 URL 地址 参数 async：可选，指定此请求是否为异步方法，默认为 true 参数 user：可选，如果服务器需要验证，此处需要指定用户名；否则，会弹出验证窗口 参数 password：可选，验证信息中的密码，如果用户名为空，此值将被忽略

续表

方　　法	说　　明
send(String data)	发送请求到服务器端 参数 data：字符串类型，通过此请求发送的数据。此参数值取决于 open 方法中的 method 参数。如果 method 值为"POST"，可以指定该参数；如果 method 值为"GET"，该参数为 null
abort( )	取消当前请求
setRequestHeader(String header, String value)	单独设置请求的某个 HTTP 头信息 参数 header：要指定的 HTTP 头名称 参数 value：要指定的 HTTP 头名称所对应的值
getResponseHeader(String header)	从响应中获取指定的 HTTP 头信息 参数 header：要获取的指定 HTTP 头
getAllResponseHeaders( )	获取响应的所有 HTTP 头信息

表 9-2　XMLHttpRequest 对象的常用属性

属　　性	说　　明
onreadystatechange	设置回调函数
readyState	返回请求的当前状态 常用值： 0——未初始化 1——开始发送请求 2——请求发送完成 3——开始读取响应 4——读取响应结束
status	返回当前请求的 HTTP 状态码 常用值： 200——正确返回 404——找不到访问对象
statusText	返回当前请求的响应行状态
responseText	以文本形式获取响应值
responseXML	以 XML 形式获取响应值，并且解析成 DOM 对象返回

由于 XMLHttpRequest 对象的属性和方法较多，记住常用的属性和方法即可，其他参数可在需要时再查阅相关资料了解。

了解了 XMLHttpRequest 对象的常用方法和属性后，下面来学习如何使用 XMLHttpRequest 实现 AJAX。

实现 AJAX 的过程分为发送请求和处理响应两个步骤。发送请求可以分为两种方式，即 GET 方式和 POST 方式；处理响应也分为两种方式，即处理文本响应和处理 XML 响应，这里以处理文本响应为例进行讲解。在学习之前需要先搭建后端的服务器环境来提供请求数据，可以扫描二维码查看关于环境搭建的详细步骤。

XMLHttp Request常用属性

9.1.4　AJAX 请求、响应原理

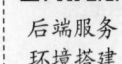

后端服务
环境搭建

使用 XMLHttpRequest 对象发送请求到服务器端，并处理文本方式的响应，需要通过以下四个步骤实现。

（1）创建 XMLHttpRequest 对象。通过 window.XMLHttpRequest 的返回值判断创建 XMLHttpRequest 对象的方式。

（2）设置回调函数。通过 onreadystatechange 属性设置回调函数，回调函数需要自定义。

（3）初始化 XMLHttpRequest 对象。通过 open( )方法设置请求的发送方式和路径。

（4）发送请求。

以上步骤的关键代码如示例 1 所示，在 AJAX 数据请求中，GET 和 POST 请求是最常用的，示例 1 中使用 GET 方法发送数据请求，后面会对比讲解使用 POST 方法发送数据请求。

示例 1

```
//1.创建 XMLHttpRequest 对象
if (window.XMLHttpRequest) {//返回值为 true 时说明是新版本 IE 或其他浏览器
    xmlHttpRequest = new XMLHttpRequest();
} else {//返回值为 false 时说明是旧版本 IE 浏览器（IE 5 和 IE 6）
    xmlHttpRequest = new ActiveXObject("Microsoft.XMLHTTP");
}
//2.设置回调函数
xmlHttpRequest.onreadystatechange = callBack;
//3.初始化 XMLHttpRequest 组件
var url="userServlet?name="+name;//服务器端 URL 地址,name 为用户名文本框获取的值
xmlHttpRequest.open("GET", url, true);
//4.发送请求
xmlHttpRequest.send(null);
//回调函数 callBack()中处理服务器响应的关键代码
function callBack() {
    if (xmlHttpRequest.readyState == 4 && xmlHttpRequest.status == 200) {
        var data = xmlHttpRequest.responseText;
        if (data == "true") {
         alert("用户名已被使用！");//  使用 alert 弹出对应的消息提示
        } else {
            alert("用户名可以使用！");
        }
    }
}
```

步骤 1，通过 window.XMLHttpRequest 的返回值判断当前浏览器创建 XMLHttpRequest 对象的方式。如果为 true，说明是新版本 IE 或其他浏览器，可以使用"new XMLHttpRequest( )"的方式创建 XMLHttpRequest 对象；如果为 false，说明是旧版本 IE 浏览器（IE 5 和 IE 6），需要使用"new ActiveXObject("Microsoft.XMLHTTP")"的方式创建 XMLHttpRequest 对象。

Chapter
9

步骤 2，通过 XMLHttpRequest 对象的 onreadystatechange 属性设置回调函数，监听服务器的响应状态并做出相应处理。

步骤 3，通过 XMLHttpRequest 对象的 open( )方法，传入参数完成初始化 XMLHttpRequest 对象的工作。其中，第一个参数为 HTTP 请求方式，这里选择发送 HTTP GET 请求。第二个参数为要发送的 URL 请求路径，因为采用"GET"方式请求，所以需要将要发送的数据附加到 URL 路径后面。第三个参数可选，指定此请求是否为异步方法，默认为 true。

步骤 4，调用 XMLHttpRequest 对象的 send( )方法，参数为要发送到服务器端的数据，因为采用"GET"方式请求时，参数只能附加到 URL 路径后面，所以这里直接设为 null 即可。需要注意的是，如果 send( )方法不带参数值，在不同的浏览器下可能存在兼容性问题。例如，在 IE 中能够正常运行，但在 Firefox 中却不能，所以，最好设为 null。

执行完步骤 4，异步请求的发送过程就结束了。但要知道这个请求是否发送成功，服务器是否成功返回数据，则需要在步骤 2 设置的回调函数中判断。在回调函数中，使用 XMLHttpRequest 对象的 readyState 属性判断当前请求的状态，使用 status 属性判断当前请求的 HTTP 状态码。当请求状态为"4"，同时 HTTP 状态码为"200"时，表示成功接收到服务器端发送的数据。这时就可以使用 XMLHttpRequest 对象的 responseText 属性去获取服务器端返回的文本格式数据。

以上就是使用 GET 方式发送请求及处理文本方式响应的全过程，下面来看一下使用 POST 方式发送请求有何不同，如表 9-3 所示。

表 9-3　GET 与 POST 方式实现 AJAX 的区别

发送方式	步骤 3：初始化 XMLHttpRequest 对象	步骤 4：发送请求
GET	指定 XMLHttpRequest 对象的 open( )方法中的 method 参数为"GET"	指定 XMLHttpRequest 对象的 send( )方法中的 data 参数为"null"

POST	(1)指定 XMLHttpRequest 对象的 open( )方法中的 method 参数为"POST"
	(2)指定 XMLHttpRequest 对象要请求的 HTTP 头信息，该 HTTP 请求头信息为固定写法。SetRequest Header()方法增加对应的参数信息示例：
	xmlHttpRequest.setRequestHeader("Content-Type","application/x-www-form-urlencoded");
		可以指定 XMLHttpRequest 对象的 send( )方法中的 data 参数的值，即该请求需要携带的具体数据。多个名/值对使用"&"连接，示例：
		var data = "name="+name;//需要发送的数据信息,name 为用户名文本框获取的值
		xmlHttpRequest.send(data);

采用 GET 方式发送请求时，通常会将需要携带的参数附加在 URL 路径后面一起发送，xmlHttpRequest.send( )方法不能传递参数，data 参数设置为 null 即可；而采用 POST 方式发送请求时，则可以在 xmlHttpRequest.send( )方法中指定传递的参数。需要注意的是，GET 请求方式与 POST 请求方式是有一定区别的，如表 9-4 所示。

表 9-4　GET 请求方式与 POST 请求方式的区别

	GET 方式	POST 方式
后退按钮/刷新	无害	数据会被重新提交（浏览器应该告知用户，数据会被重新提交）
书签	可收藏为书签	不可收藏为书签

续表

	GET 方式	POST 方式
缓存	能缓存	不能缓存
编码类型	application/x-www-form-urlencoded	application/x-www-form-urlencoded 或 multipart/form-data，为二进制数据使用多重编码
历史	参数保存在浏览器历史中	参数不会保存在浏览器历史中
对数据长度的限制	有限制。发送数据时，GET 方法向 URL 添加数据；URL 的长度是受限制的（最大长度是 2048 个字符）	无限制
对数据类型的限制	只允许 ASCII 字符	没有限制。也允许二进制数据
安全性	安全性较差，因为发送的数据是 URL 的一部分。 在发送密码或其他敏感信息时，绝不要使用 GET 方式	比 GET 方式更安全，因为参数不会被保存在浏览器历史或 Web 服务器日志中
可见性	数据在 URL 中对所有人都是可见的	数据不会显示在 URL 中

9.1.5　上机训练

上机练习 1——检查用户的注册邮箱是否存在

需求说明

在用户注册页面（见图 9.4）中，当注册邮箱文本框失去焦点时，发送请求到服务器，判断用户是否存在。如果已经存在，则提示"该邮箱已被注册"。分别使用 GET、POST 两种方式发送请求。

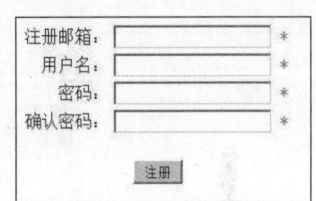

图9.4　注册页面效果

任务 2　使用 jQuery 发送 AJAX 请求

在 jQuery 中已经将 AJAX 相关的操作都进行了封装，使用时只需要在合适的地方调用相关的方法即可。通过这些方法，可以使用 GET 或 POST 方式从服务器远端请求文本、HTML、XML 或 JSON 等形式的数据，同时可以进行信息筛选，获得想要的数据。与 JavaScript 原生方法相比，使用 jQuery 实现 AJAX 更加简洁、方便。

表 9-5 列举了常用的 jQuery AJAX 方法及其使用说明。

表 9-5　jQuery AJAX 常用方法

方法名称	说　明
$.ajax()	执行一个异步 HTTP（Ajax）请求
$.get()	通过 HTTP GET 请求从服务器加载数据
$.post()	通过 HTTP POST 请求从服务器加载数据
load()	从服务器加载数据，并把返回的 HTML 插入到匹配的 DOM 元素中
$.getJSON()	通过 HTTP GET 请求从服务器加载 JSON 编码格式的数据
$.getScript()	通过 HTTP GET 请求从服务器加载 JavaScript 文件并执行该文件

9.2.1 $.get()方法与$.post()方法

jQuery 中的$.get()和$.post()方法分别通过 HTTP GET 和 POST 请求从服务器请求数据。二者都是从服务器获取所需数据，但是各有差别。

$.get()方法通过查询字符串的方式来传递请求信息，也就是说，HTTP GET 的工作方式决定了$.get()的工作方式，从服务器获取（取回）数据时使用$.get()较普遍。$.get()的语法如下：

$.get(url,data,success(response,status,xhr),dataType)

参数说明见表 9-6。

表 9-6　$.get()的参数说明

参　　数	说　　明
url	必需。规定将请求发送到的 URL 地址
data	可选。规定连同请求发送到服务器的数据
success(response,status,xhr)	可选。请求成功时运行的回调函数。其中： response ——包含来自请求的结果数据 status ——包含请求的状态 xhr ——包含 XMLHttpRequest 对象
dataType	可选。服务器返回的数据类型，可能的数据类型有 XML、HTML、JSON、Script、JSONP、Text

接下来看一个简单的示例。在服务器端存在文本文件 test.txt，数据内容如图 9.5 所示。

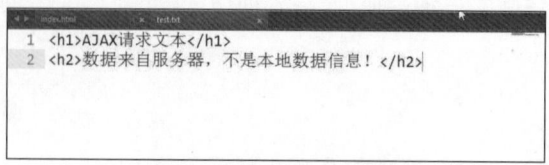

图9.5　服务器端文本内容

客户端单击"获取数据"按钮向服务器请求读取 test.txt 中的文本内容，运行结果如图 9.6 和图 9.7 所示。

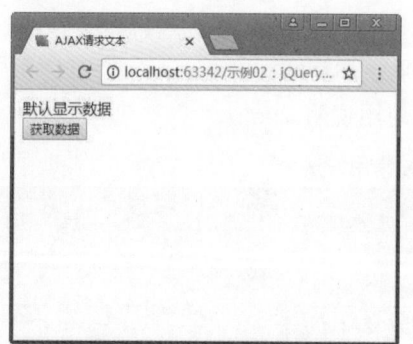

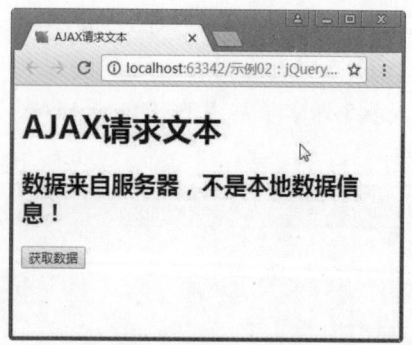

图9.6　客户端请求数据前　　　　　　图9.7　客户端请求数据后

实现上述功能，使用到$.get()方法，代码如示例 2 所示。

示例 2

```
<script>
    $(function(){
        $("#btn1").click(function(){
            $.get("test.txt",function(data){
                $("#showTestMsg").html(data);
            },"text");
        });
    });
</script>
```

在示例 2 中，简化了 $.get()方法的使用，只传递了 URL 和回调函数参数。$.get()方法以异步的方式向服务器发送了请求，然后把响应信息保存在回调函数的参数中，这样就完成了一次异步通信的过程。客户端通过读取回调函数的参数 data，解析之后显示在客户端$("#showTestMsg ").html(data)。

前面已经了解过，GET 和 POST 都是从服务器获取所需数据，但是 POST 请求方式与 GET 请求方式是不同的，POST 方式支持发送任意格式、任意数据长度的数据，而不像 GET 方式仅限于长度有限的字符串，一般来讲传递大数据量或者 XML 等格式的数据使用 POST 方式比较合适。

$.post()的语法如下：

$.post(url, data, success(response,status,xhr),datyType);

其中，各参数的含义、使用方法与$.get()方法是一致的，这里不再赘述。

9.2.2　$.ajax()方法

$.ajax()方法可以通过发送 HTTP 请求加载远程数据，是 jQuery 最底层的 AJAX 实现，具有较高的灵活性。也可以说，$.ajax()方法是$.get()、$.post()等方法的基础。

$.ajax()方法的语法如下：

$.ajax([settings]);

$.ajax()方法只有一个参数 settings，是一个列表结构的对象，用于配置 AJAX 请求的键值对集合。详细配置参数如表 9-7 所示。

表 9-7　$.ajax( )的参数说明

参　　数	说　　明
String url	发送请求的地址，默认为当前页地址
String type	请求方式（POST 或 GET，默认为 GET）
Number timeout	设置请求超时时间
Object data 或 String data	发送到服务器的数据
String dataType	预期服务器返回的数据类型，可用类型有 XML、HTML、Script、JSON、JSONP、Text
function beforeSend(XMLHttpRequest xhr)	发送请求前调用的函数 ➤ 参数 xhr：可选，XMLHttpRequest 对象

续表

参　数	说　明
function complete(XMLHttpRequest xhr, String ts)	请求完成后调用的函数（请求成功或失败时均调用） ➤　参数 xhr：可选，XMLHttpRequest 对象 ➤　参数 ts：可选，描述请求。类型的字符串
function success(Object result,String ts)	请求成功后调用的函数 ➤　参数 result：可选，由服务器返回的数据 ➤　参数 ts：可选，描述请求类型的字符串
function error(XMLHttpRequest xhr, 　String em,Exception e)	请求失败时调用的函数 ➤　参数 xhr：可选，XMLHttpRequest 对象 ➤　参数 em：可选，错误信息 ➤　参数 e：可选，捕获的异常对象
boolean global	默认为 true，表示是否触发全局 AJAX 事件

了解了$.ajax( )方法的常用参数，接下来看一下如何使用$.ajax( )方法实现 AJAX 无刷新远程请求服务器功能。

示例 3 用来简单地模拟验证用户名是否正确的过程。

示例 3

```
$.ajax({
    url :' test.txt',                    //提交的 URL 路径
    type : "GET",                        //发送请求的方式
    data : "name=TOM",                   //发送到服务器的数据
    dataType : "text",                   //指定传输的数据格式
    success : function(result) {         //请求成功后要执行的代码
        $("#showTestMsg").html(result);  //将服务器返回的文本数据显示到页面
    },
    error : function() {                 //请求失败后要执行的代码
        alert("用户名验证时出现错误，请联系管理员！ ");
    }
});
```

其中，test.txt 是服务器端响应文件，用于处理用户提交的数据请求。验证过程如图 9.8和图 9.9 所示。

图9.8　验证用户是否合法

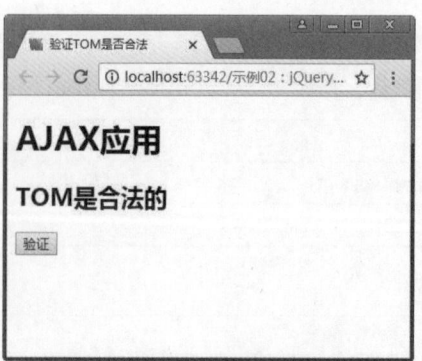

图9.9　验证用户是否合法的结果

读者可能发现，$.ajax()参数列表比较复杂，使用起来没有那么方便，所以如果不是特别需要的话，很多地方都可使用$.get()或者$.post()来完成。

9.2.3　上机训练

上机练习 2——验证注册邮箱是否可用

需求描述

模拟验证注册邮箱是否可用。输入注册信息，如果邮箱为 "tom@163.com"，则认为已被别人注册，给用户以提示。页面注册验证要求如下。

（1）注册名、密码等信息不能为空。

（2）密码必须等于或大于 6 个字符。

（3）两次输入的密码必须一致。

完成效果

运行结果如图 9.10 和图 9.11 所示。

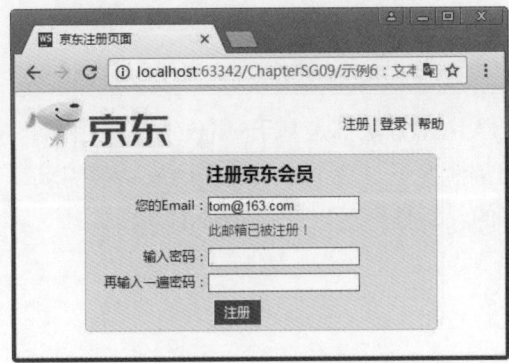

图9.10　已被注册

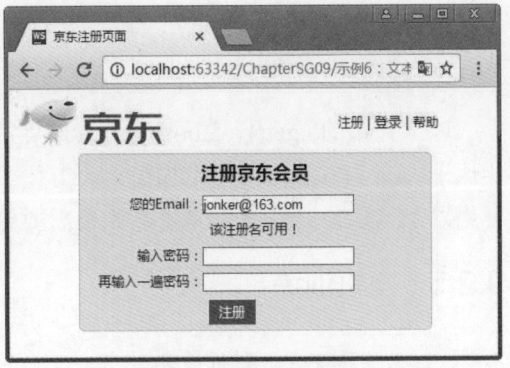

图9.11　注册邮箱可用

技能要点

➢ $.get()和$.post()方法

➢ 表单验证

实现步骤

➢ 下载素材，部署到 IIS 服务器，建立虚拟目录，成功运行网站。

➢ 完成页面信息的有效性验证。

➢ 提交至 resp.asp，进行验证。

➢ 接收返回信息，提示给用户。

9.2.4　jQuery 中的 load()方法

jQuery 中的 load()方法通过发送 AJAX 请求从服务器端加载数据，并把返回的数据放置到指定的元素中。具体语法如下。

$(selector).load(url,data,function(result,status, xhr));

该方法的详细参数说明如表 9-8 所示。

243

表 9-8　load( )方法的参数说明

参　　数	说　　明
String url	必选，规定将请求发送到哪个 URL
Object data 或 String data	可选，规定连同请求发送到服务器的数据
function callback (Object result, String status, XMLHttpRequest xhr)	可选，请求完成后调用的函数 ➢ 参数 result：来自请求的结果数据 ➢ 参数 status：请求的状态 ➢ 参数 xhr：XMLHttpRequest 对象

　　load()方法是最简单的从服务器获取数据的 AJAX 方法。它与$.get()方法类似，不同之处是当请求成功后，load()方法将匹配元素的 HTML 内容设置为返回的数据，并把加载的网页文件附加到指定的网页标签中。

　　请看以下代码：

```
$("#showTestMsg").load(url,data);
```

　　同样实现了发送异步请求到服务器端，并且当服务器端成功返回数据时，将数据隐式地添加到调用 load( )方法的 jQuery 对象中的功能。它等价于以下代码：

```
$.get(url,data,function(result) {
    $("#showTestMsg").html(result);
});
```

　　以上介绍的$.get()、$.post()、load()等常用 AJAX 方法都是基于$.ajax()方法封装的，相比于$.ajax()方法而言，更加简洁、方便。通常情况下，对于一般的 AJAX 功能需求，使用以上 AJAX 方法即可满足，如果需要更多的灵活性，可以使用$.ajax()方法。

9.2.5　上机训练

> 上机练习 3——刷新最新动态

需求描述

模拟异步刷新最新动态功能。当网页中某块内容需要异步刷新时，载入最新数据。

完成效果

原始页面效果如图 9.12 所示，单击"最新动态"按钮后，异步载入信息，如图 9.13 所示。

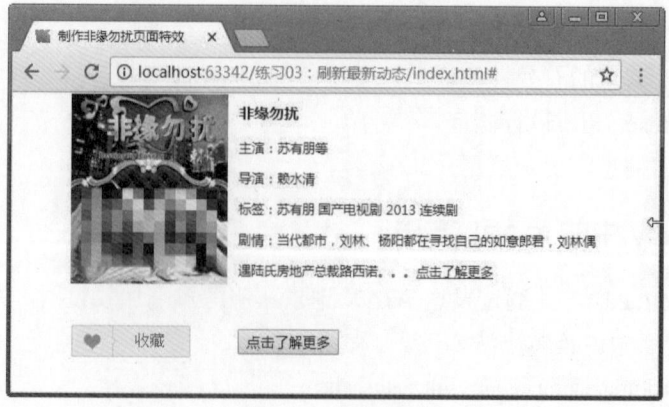

图9.12　原始内容

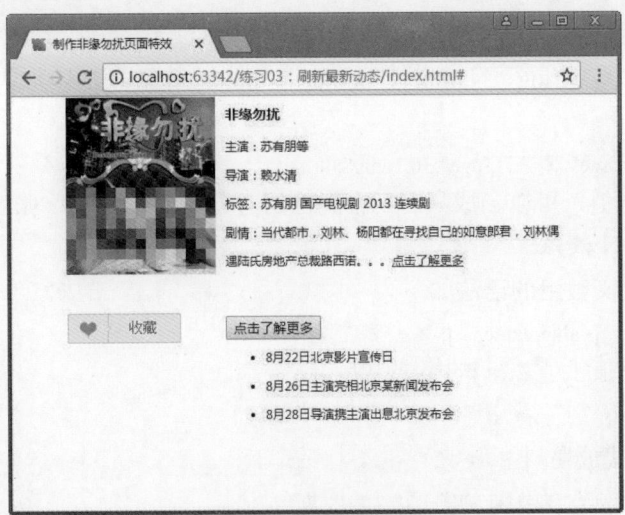

图9.13　刷新后的内容

技能要点

➢　jQuery 中的 load()方法

任务 3　使用 JSON 格式构建响应数据

前面介绍 AJAX 时曾提到过，XMLHttpRequest 对象异步发送请求到服务器，服务器处理后可以返回 XML、JSON 或 HTML 等格式的数据，XML 和 HTML 两种格式在之前已经学习过，接下来了解一下 JSON 格式。

9.3.1　JSON 简介

JSON（JavaScript Object Notation）是一种轻量级的文本数据交换格式，它基于 JavaScript，采用完全独立于语言的文本格式。JSON 通常用于在客户端和服务器之间传递数据。在 AJAX 出现之初，客户端脚本和服务器之间传递数据使用的是 XML，但 XML 不易解析，体积也比较大。在 JSON 出现后，它的轻量级及易于解析的优点，很快受到业界的广泛关注。

JSON 在语法上与创建 JavaScript 对象的代码非常相似，只需掌握如何使用 JSON 定义对象和数组即可，其基本语法如下。

1. 定义 JSON 对象

使用 JSON 定义对象的语法如下。

var JSON 对象 = {key:value,key:value,...};

JSON 对象以{键：值，键：值，...}的格式书写。

➢　键和值之间用 ":" 隔开，键值对之间用 "," 隔开。

➢　表达式放在{ }中。

➢ key 值必须是字符串，用双引号（""）括起来。

➢ value 可以是 String、Number、boolean、null、对象、数组类型。

例如：

var person = {"name":"张三","age":30,"wife":null};

如果只有一个值，可以当成只有一个属性的对象，如{"name":"张三"}。

2. 定义 JSON 数组

使用 JSON 定义数组的语法如下。

var JSON 数组 = [value,value,…];

JSON 数组以[值 1,值 2,…]的格式书写。

➢ 元素之间用","隔开。

➢ 整个表达式放在[ ]中。

字符串数组举例：["中国","美国","俄罗斯"]。

对象数组举例：[{"name":"张三","age":30},{"name":"李四","age":40}]。

了解了 JSON 的基本语法和 JSON 的数据格式，下面就来看一下如何使用 jQuery 处理 JSON 数据。

9.3.2 使用 jQuery 处理 JSON 数据

示例 4 展示了如何以 JSON 对象和数组的形式定义 person 对象，并在页面上的<div>中输出它们。

示例 4

JavaScript 关键代码如下所示。

```
$(document).ready(function() {
    //1. 定义 JSON 格式的 user 对象,并在 id 为 objectDiv 的 DIV 元素中输出
    var user = {"id":1,"name":"张三","pwd":"000" };
    $("#objectDiv").append("ID："+user.id+"<br>")
        .append("用户名："+user.name+"<br>")
        .append("密码："+user.pwd+"<br>");
    //2. 定义 JSON 格式的字符串数组,并在 id 为 ArrayDiv 的 DIV 元素中输出
    var ary = ["中","美","俄"];
    for(var i=0;i<ary.length;i++) {
        $("#ArrayDiv").append(ary[i]+"    ");
    }
    //3. 定义 JSON 格式的 user 对象数组,并在 id 为 objectArrayDiv 的 DIV 元素中
    //使用<table>输出
    var userArray = [
        {"id":2,"name":"admin","pwd":"123"},
        {"id":3,"name":"詹姆斯","pwd":"11111"},
        {"id":4,"name":"梅西","pwd":"6666"}
    ];
    $("#objectArrayDiv").append("<table>")
        .append("<tr>")
```

```
            .append("<td>ID</td>")
            .append("<td>用户名</td>")
            .append("<td>密码</td>")
            .append("</tr>");
        for(var i=0;i<userArray.length;i++) {
            $("#objectArrayDiv").append("<tr>")
                .append("<td>"+userArray[i].id+" </td>")
                .append("<td>"+userArray[i].name+" </td>")
                .append("<td>"+userArray[i].pwd+"</td>")
                .append("</tr>");
        }
        $("#objectArrayDiv").append("</table>");
    });
```

HTML 关键代码如下所示。

```
<body>
    一、JSON 格式的 user 对象:<div id="objectDiv"></div><br>
    二、JSON 格式的字符串数组:<div id="ArrayDiv"></div><br>
    三、JSON 格式的 user 对象数组:<div id="objectArrayDiv"></div>
</body>
```

程序运行结果如图 9.14 所示。

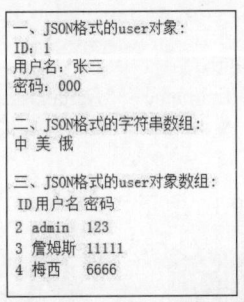

图9.14 定义的JSON数据

9.3.3 $.getJSON()方法

在 jQuery 中除了可以将定义好的对象输出以外,还可以发送 JSON 格式数据到服务器端,或者接收从服务器端返回的 JSON 格式数据。这需要使用 jQuery 提供的$.getJSON()方法来异步发送请求到服务器端,并以 JSON 格式封装客户端与服务器间传递的数据。

$.getJSON()的语法如下:

$.getJSON(url,data,success(result,status, xhr))

该方法的详细参数说明如表 9-9 所示。

表 9-9 $.getJSON()的参数说明

参　　数	说　　明
String url	必选,规定将请求发送到哪个 URL
Object data 或 String data	可选,规定连同请求发送到服务器的数据

续表

参　数	说　明
function success(Object result , String status, XMLHttpRequest xhr)	可选，请求成功后运行的函数 ➢　参数 result：来自请求的结果数据，该数据默认为 JSON 对象 ➢　参数 status：请求的状态 ➢　参数 xhr：XMLHttpRequest 对象

$.getJSON()方法与$.get()方法的用法和功能是完全相同的，只不过$.getJSON()方法请求载入的是 JSON 数据，这意味着$.getJSON()方法仅仅支持$.get()方法的前三个参数，不需要设置第四个参数的数据类型。

下面通过示例 5 来看一下如何从服务器端解析 JSON 数据。

示例 5

服务器中存在模拟的 JSON 数据文件 test.json，其中数据为：

```
{
    "firstname":"bill",
    "lastname":"yooh",
    "old":"50"
}
```

客户端的 jQuery 脚本中的关键代码如下所示。

```
$("#b01").click(function(){
    $.getJSON("test.json",function(data){
        $("#showTestMsg ").html(data.firstname+" "+data.lastname+" "+data.old);
    });
});
```

程序运行结果如图 9.15 和图 9.16 所示。

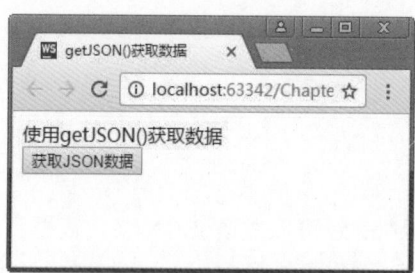

图9.15　获取JSON数据

图9.16　获取到JSON数据后

除此之外，jQuery 还提供了一个解析 JSON 字符串的方法。其语法如下。

```
$.parseJSON(str);
```

该方法接收一个 JSON 格式字符串，返回解析后的 JSON 对象。示例代码如下。

```
//定义对象，并在 id 为 msg 的 DIV 元素中输出
var jsonStr = '{"name":"张三","age":20,"wife":null}';
var person = $.parseJSON(jsonStr);
alert(person);
alert(person.name);
```

程序运行结果如图 9.17 所示。

localhost:63342 显示 : ×	localhost:63342 显示 : ×
[object Object]	张三
☐ 禁止此页再显示对话框。	☐ 禁止此页再显示对话框。
确定	确定

图9.17   JSON对象

以上结果反映了执行"$.parseJSON(jsonStr);"代码后会将传入的 JSON 格式字符串解析为一个 JSON 对象，然后就可以调用该对象的属性进行相关操作了。

9.3.4 $.getScript ()方法

在页面开发过程中常常会遇到加载了过多 JS 文件的情况，但是这些 JS 文件还不能删除，因为都是其他功能依赖的文件，那该怎么办呢？怎样才能实现 JS 文件的按需加载呢？可以使用$.getJSON()或$.parseJSON()方法获取数据后再转译，但是成本太高，操作比较麻烦。接下来就来学习一个新方法——$.getScript()。

$.getScript ()的语法如下所示。

$.getScript (url, callback())

参数说明：

url：载入 JS 文件地址；

callback()：成功载入后的回调函数。

修改示例 5 的代码，改用$.getScript ()方法实现。修改服务器中存在的模拟 JSON 数据文件 test.json 为 test.js，并修改其中的数据。

```
var data = {
    "firstname":"bill",
    "lastname":"yooh",
    "old":"50"
}
```

客户端的 jQuery 脚本中的关键代码如下所示。

```
......//省略修改的 HTML 代码
$("#btn1").click(function(){
    $.getScript("test.js",function(){
        $("#showTestMsg").html(data.firstname+" "+data.lastname+" "+data.old);
        console.log(data);
    },"text");
});
```

程序运行结果如图 9.18 和图 9.19 所示。

$.getScript ()方法加载并执行 test.js 文件，使用 callback 方法实现 JS 文件加载后的回调，因此可以实现 JS 文件的按需加载。根据功能需求对文件进行加载和使用，可以间接地提高页面的加载效率。

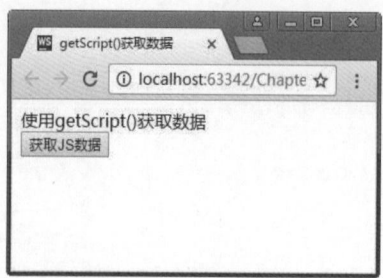

图9.18　获取JS数据

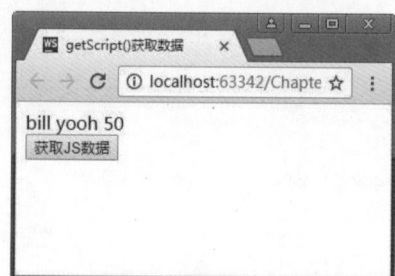

图9.19　获取到JS数据后

9.3.5　上机训练

上机练习 4——制作京东页面轮播图片效果

需求描述

使用特定技术实现轮播图特效，需求如下。

（1）JSON 文件中存储着轮换显示的图片路径、超链接、标题。

（2）使用 AJAX 和 JSON 实现轮播特效。

完成效果

页面效果如图 9.20 所示。

图9.20　轮播图特效

技能要点

➢ JSON 解析

关键代码

➢ AJAX 获取 JSON 数据并解析，关键代码如下。

```
$.ajax({
    type:"post",
    url:"js/json.js",
    async:false,
    success:function(data){
        for( var i=0 ; i<data.length; i++){
            var newHtml = '<li><a href="'+data[i].href+'"><img src="'+data[i].src+'"/></a><div class="
slide-btm"><h2><a href="'+data[i].href+'">'+data[i].title+'</a></h2></div></li>'
```

```
        $(".img-box").append(newHtml);
        $(".page-con").append('<li></li>');
    }
    $(".img-box li").not(":first").hide();
},
    dataType:"json"
});
```

➤ 轮播实现函数的关键代码如下。

```
function slide(){
    if(!stop){
        page++;//当前轮播加 1（下一个图片显示）
        if(page == 4){
            page = 0;//当 page 大于图片长度时，从第一个图片开始播放
        }
        $(".page-con li").removeClass("cur");//所有底部按钮不改变背景
        $(".img-box li").fadeOut(200);//所有 img 隐藏，使用 fadeOut

        $(".page-con li").eq(page).addClass("cur");//相应底部按钮背景改变
        $(".img-box li").eq(page).fadeIn();//相应 img 显示，使用 fadeIn
    }
    setTimeout(slide,3000);
}
```

本章作业

1．写出原始 AJAX 需要用到的相关技术。

2．写出使用原始 AJAX 发送 GET 请求及处理响应的步骤。

3．简述$.ajax( )方法中各属性的类型及作用。

4．制作瀑布流效果的图片展示，即随着鼠标下滑，以不规则的瀑布式排列展示图片，如图 9.21 所示，模拟数据存储为 JSON 格式，如下所示。

图9.21　瀑布流特效

```
var data = [{'src': '1.jpg', 'title': '瀑布流效果 1'},{'src': '2.jpg', 'title': '瀑布流效果 2'},
            {'src': '3.jpg', 'title': '瀑布流效果 3'},{'src': '4.jpg', 'title': '瀑布流效果 4'},
            {'src': '5.jpg', 'title': '瀑布流效果 5'},{'src': '6.jpg', 'title': '瀑布流效果 6'},
            {'src': '7.jpg', 'title': '瀑布流效果 7'},{'src': '8.jpg', 'title': '瀑布流效果 8'},
            {'src': '9.jpg', 'title': '瀑布流效果 9'},
            {'src': '10.jpg', 'title': '瀑布流效果 10'}];
```

说明

为了方便读者验证作业答案，提升专业技能，请扫描二维码获取本章作业答案。

第 10 章

项目案例：制作 1 号店网站网页特效

本章任务

任务 1：项目概述

任务 2：项目技能点及问题分析

任务 3：项目实现

技能目标

❖ 掌握 jQuery 制作页面特效的方法

❖ 掌握使用 HTML5+JavaScript 校验表单的技巧

价值目标

本章通过带领读者制作完成 1 号店的页面效果，让其能够独自完成一个复杂的真实商业项目，并在开发完成后对问题进行归纳，将培养读者自我总结和提升的能力。

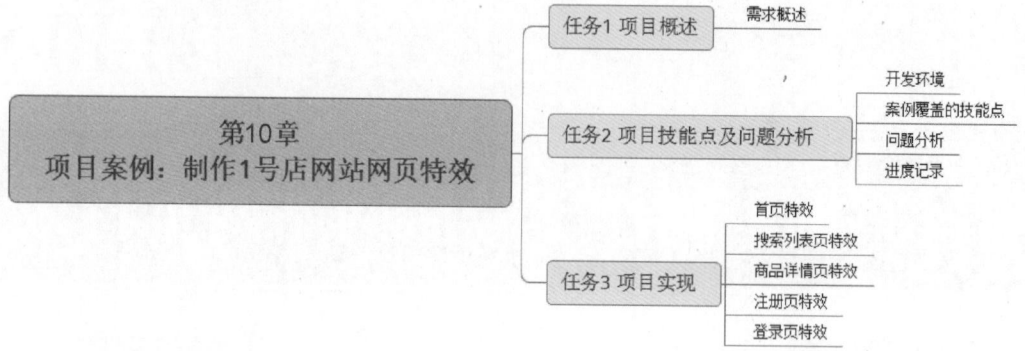

本章知识梳理

本章简介

本项目案例要求读者在静态页面的基础上添加各种 JavaScript 代码及部分 CSS 样式，通过 JavaScript 和 CSS 的交互功能，实现 1 号店网页上的各种特效，读者能掌握使用 JavaScript 和 jQuery 完成常见的客户端网页特效和表单验证功能。

按项目要求完成 1 号店的页面效果后，需要总结项目开发过程中遇到的问题和解决方案，不断增加自身项目开发经验，提高调试代码的能力。

项目素材

预习作业

简答题

（1）使用 jQuery 实现动画效果的方法是什么？

（2）使用 jQuery 的哪个方法可以将元素添加到页面指定位置？至少写出两种。

任务1 项目概述

1. 需求描述

1 号店是一个典型的电商网站，可以根据不同分类选择用户需要的商品，有数百万商品在线热销。本项目要求实现如图 10.1～图 10.5 所示项目案例的页面特效。

2. 开发环境

➤ 开发工具：WebStorm 10.0.3 以上版本

➤ 测试工具：Chrome

图10.1 1号店首页

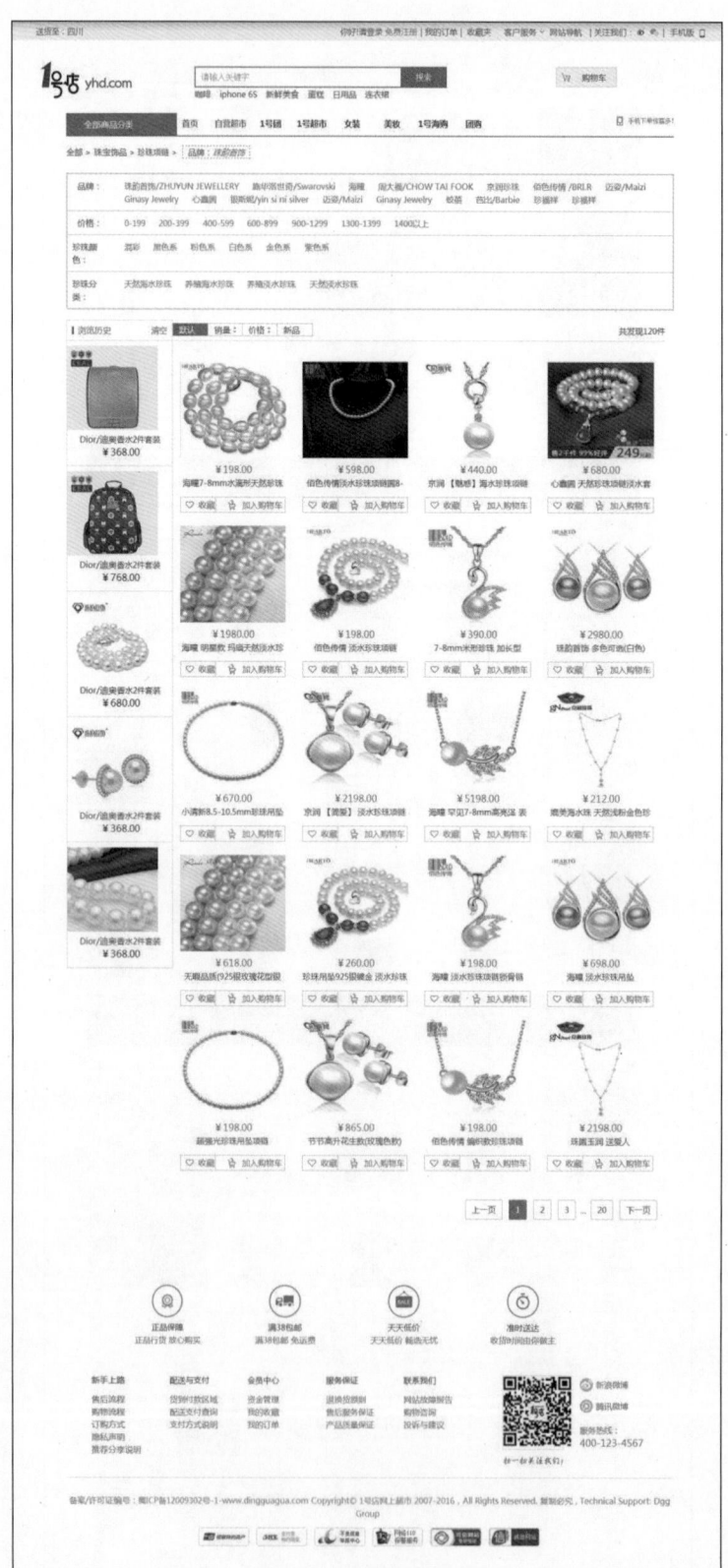

图10.2　搜索列表页

图10.3　商品详情页

图10.4　注册页

图10.5　登录页

任务 2　项目技能点及问题分析

10.2.1　案例覆盖的技能点

- ➢ 使用 jQuery 选择器访问节点。
- ➢ 使用 jQuery 获取页面中的样式属性。
- ➢ 使用 jQuery 动态改变页面元素的样式。
- ➢ 使用 jQuery 动态获取或改变页面的内容。
- ➢ 使用 jQuery 中的显示/隐藏、滑动、动画等实现页面特效。
- ➢ 使用 blur( )和 focus( )事件改变文本框失去焦点和获得焦点时的样式，即时地在层中显示提示内容。

- 使用 HTML5 验证表单内容。
- 使用正则表达式匹配表单。
- 使用 alert( )方法弹出提示信息。
- 使用定时函数 setTimeout( )方法或 setInterval( )方法实现轮换广告和循环滚动效果。
- 使用数组和 jQuery 动态地创建 DOM，实现级联效果。

10.2.2　问题分析

使用 HTML5 新增属性和 validity 属性实现 HTML5 表单验证功能。

实现首页"快讯"商品滚动效果需要用到 animate( )方法，来动态减小 marginTop 属性值。当 marginTop 属性值达到第一条商品信息条目的高度时，将第一条信息条目移动到最后，使用 setInterval( )方法不断地执行该过程，参考代码如下。

```
var interval=setInterval(function(){
  $("#express").children("li").first().animate(
    {"margin-top":marginTop--},0,
    function(){
      var $first=$(this);
      if(!$first.is(":animated")){
        if((-marginTop)>$first.height()){
          $first.css({"margin-top":0}).appendTo($("#express"));
          marginTop=0;
        }
      }
    });
},50);
```

在编写 JavaScript 特效进行调试时，可以使用 alert( )方法和 Chrome 工具两种方法。

10.2.3　进度记录

开发进度记录表如表 10-1 所示，用于记录项目开发使用的时间和项目开发中遇到的问题等，便于后期回顾和统计开发时间等。

表 10-1　开发进度记录表

用　　例	开发完成时间	测试通过时间	备　　注
用例 1：首页特效			
用例 2：搜索列表页特效			
用例 3：商品详情页特效			
用例 4：注册页特效			
用例 5：登录页特效			

项目实现

完成 1 号店网上注册、登录、商品详情页、搜索列表页及 1 号店首页的特效制作和表单验证等功能，需要使用 jQuery 完成五个页面的网页特效制作。

10.3.1　用例 1：首页特效

首页要实现的主要功能包括网站导航部分的树形菜单、购物车的增减、焦点轮播图、快讯信息自动滚动、全部商品分类下的二级菜单，接下来一一讲解每个功能实现的特效。

1. 网站导航部分的树形菜单

当鼠标指针停在"客户服务"链接上时，使用滑动方式慢慢展开下拉树形菜单；当鼠标指针离开"客户服务"链接或树形菜单时，同样使用滑动方式使树形菜单慢慢隐藏，如图 10.6 所示。

图10.6　树形菜单

> **提示**
> ➢ 使用 mouseenter( )、mouseleave( )事件方法实现树形菜单的显示和隐藏效果。
> ➢ 使用 slideDown( )、slideUp( )方法实现通过高度变化来动态显示和隐藏层。
> ➢ 使用 stop(true,true)来阻止连续动画或事件中出现重复累积状况。

2. 购物车的增减

当鼠标指针移入购物车按钮时，出现购物车商品清单；当鼠标指针移开时，商品清单消失，如图 10.7 所示。

单击商品清单中商品件数后面的加号时，输入框中的商品件数随之增加，标题"共 1 件商品"中的件数也会随之变化。商品件数后面的商品单价也会随着件数的变化而变化，总价变为"商品件数×商品单价"，商品清单最下方的"合计"也会随之变化。"立即结算"后面的数字也会变化，变为购买商品的总件数。具体效果如图 10.8 所示。

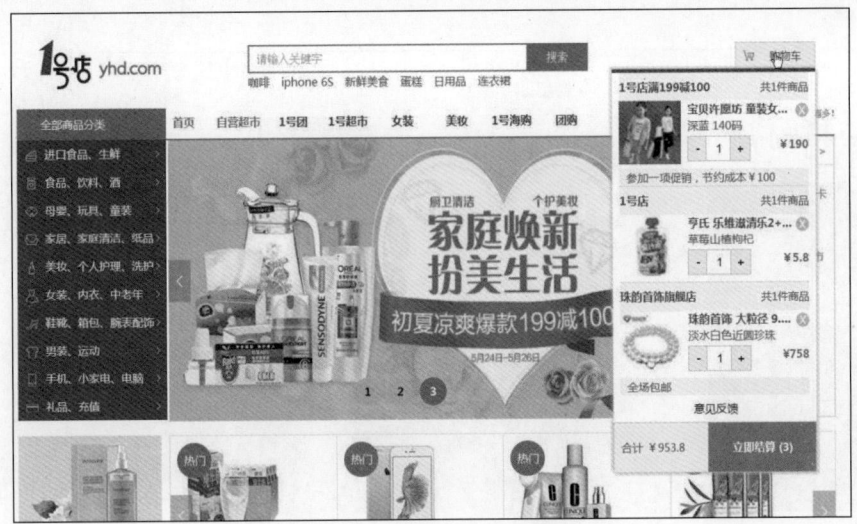

图10.7　购物车商品清单

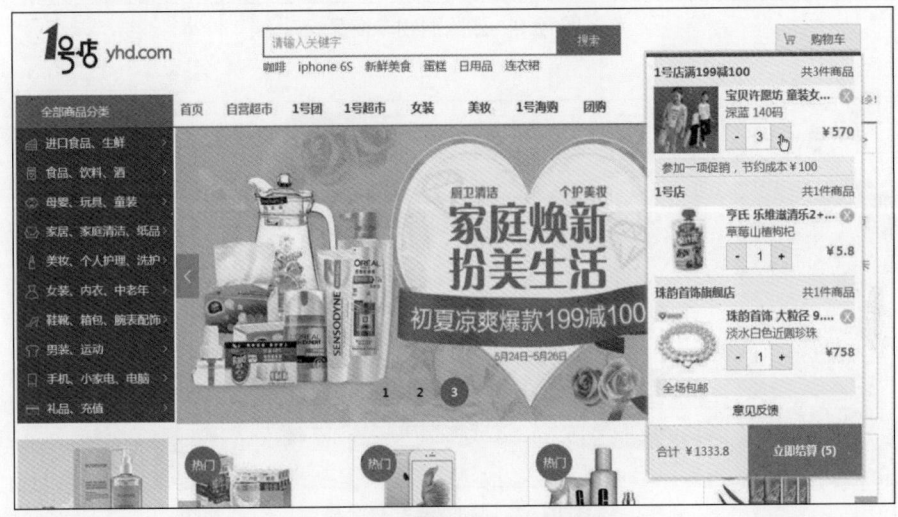

图10.8　购物车添加商品件数

单击商品清单中商品件数前面的减号时，商品件数、商品单价、合计、立即结算等也会随之变化，具体和增加商品同理。不同的地方是，如果当前商品只有一件，用户再单击减号会弹出"确定要删除吗？"提示框（见图10.9），单击"确定"按钮则从商品清单中删除该商品，单击"取消"按钮则不删除。单击商品后面的"叉号"也会弹出同样的提示框，操作同理。如果删除了商品清单中的所有商品，购物车里没有商品时，会提示"你的 1 号店购物车还是空的"，如图 10.10 所示。

3．焦点轮播图

页面中间的特效是带数字按钮的循环显示的图片广告，三张图片按规定的时间间隔循环显示，下方有三个数字按钮，显示的图片与数字按钮一一对应。例如，当显示第三张图片时，数字 3 的背景变为深红色，也即当鼠标指针移到某个数字按钮上时，显示对应的图片，并且数字按钮的背景颜色变为深红色，如图 10.11 所示。

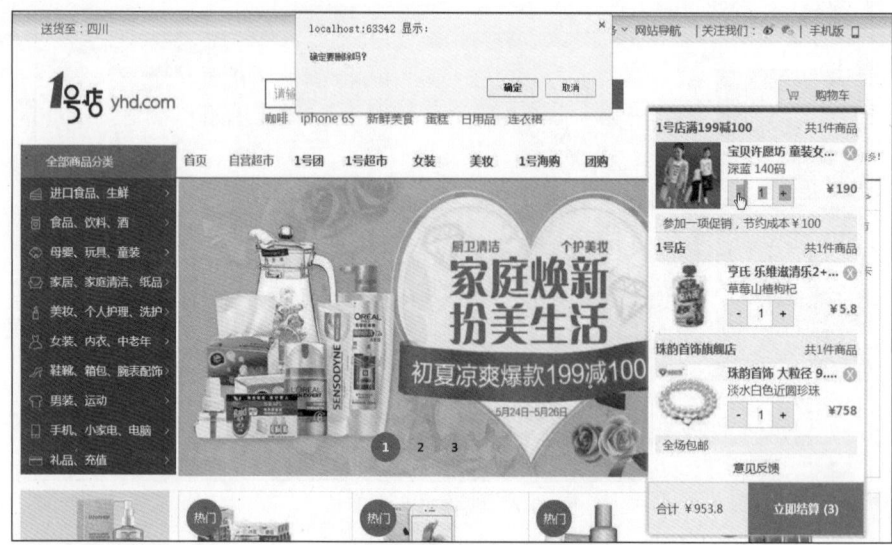

图10.9　删除购物车商品

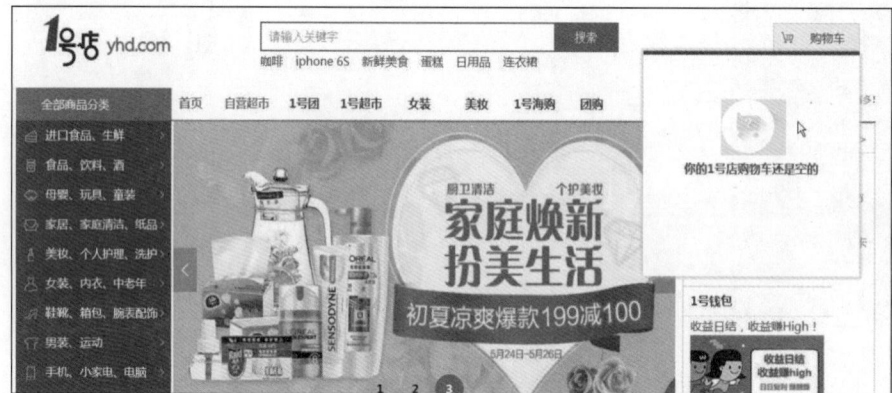

图10.10　购物车没有商品

图10.11　循环显示的广告图片

> ➤ 定义变量 index，使用 setInterval( )函数定时执行，每次执行改变 index 的值。
>
> ➤ 使用 fadeIn( )方法和 fadeOut( )方法实现有效果的淡入和淡出。

4．快讯信息自动滚动

快讯的内容以无缝隙、循环垂直向上滚动的方式向用户展示，鼠标指针移入停止滚动，鼠标指针离开继续滚动，如图 10.12 所示。

5．全部商品分类

在全部商品分类列表部分，当鼠标指针移入左边的商品列表项时，显示对应的二级商品列表菜单，如图 10.13 所示。

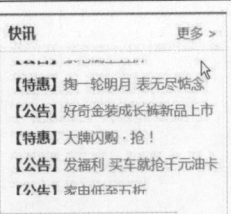

图10.12　快讯列表

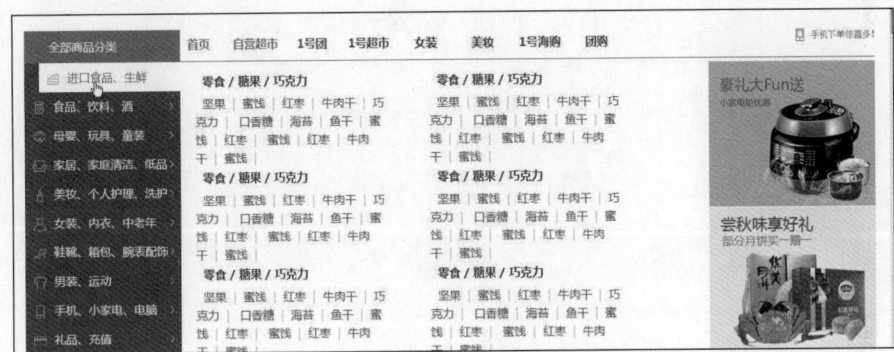

图10.13　全部商品分类下的二级菜单

10.3.2　用例 2：搜索列表页特效

顶部导航栏的"客户服务"和购物车效果除了在首页出现，在搜索列表页也出现。对于相同的功能在不同页面出现，不需要重写一遍，可以模仿 DIV+CSS 布局中把公共代码提出来放在一个公共的文件中，然后分别在不同的网页中调用，如图 10.14 所示。

单击"价格"按钮，可以控制列表按价格升序排列，如图 10.15 所示；再次单击"价格"按钮，可以控制列表按价格降序排列，如图 10.16 所示。

> ➤ 使用布尔变量作为开关，控制是升序还是降序。如果设定 true 代表升序，那么 false 就代表降序。
>
> ➤ 搜索列表页中的销量和新品的排序在实际开发中都是由后台提供的数据来决定的，所以在此就不实现该功能了。

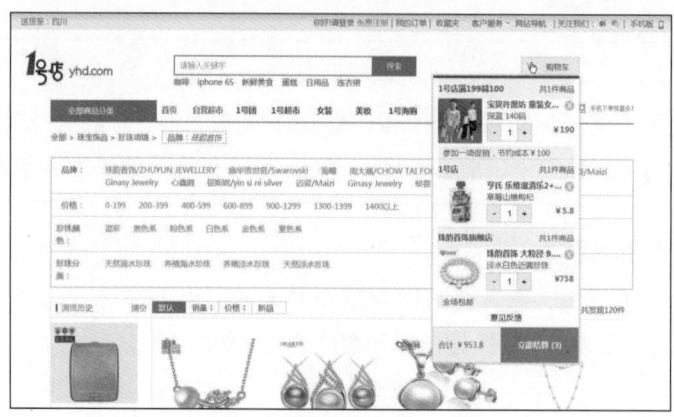

图10.14　搜索列表页公共部分

图10.15　价格升序排列

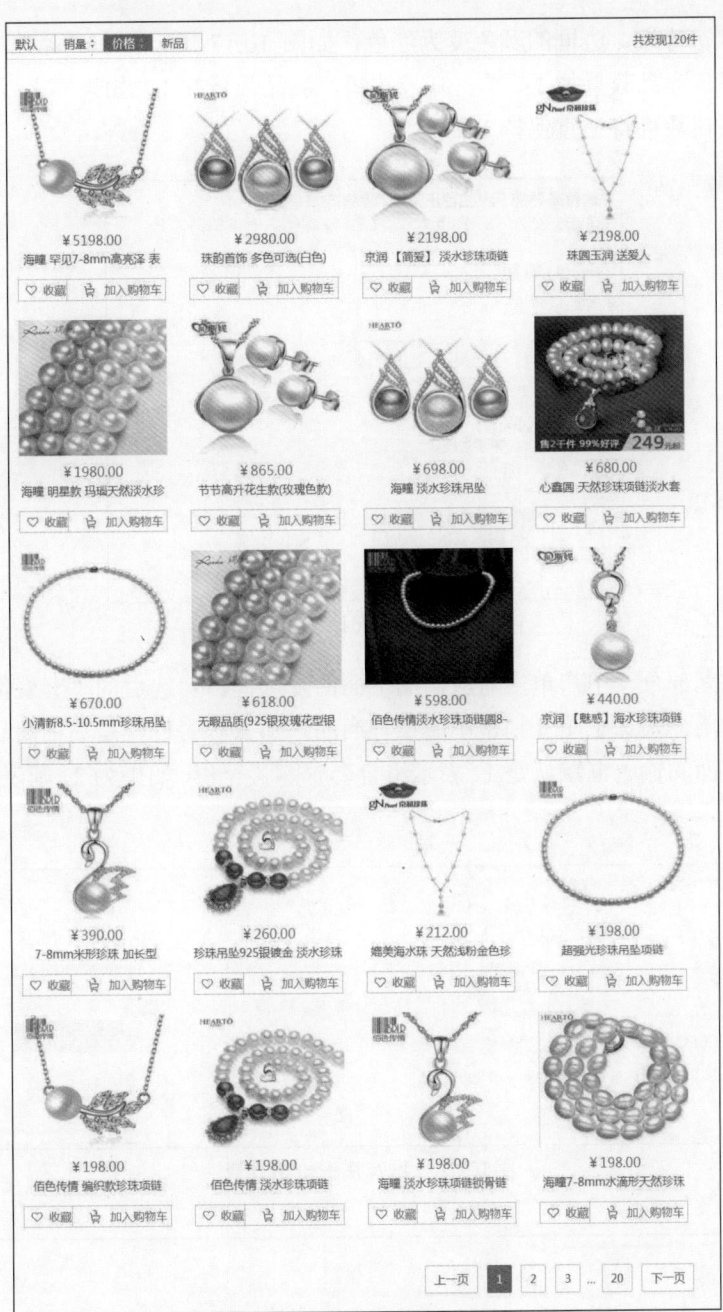

图10.16　价格降序排列

10.3.3　用例 3：商品详情页特效

　　顶部导航栏的"客户服务"和购物车效果除了在首页和搜索列表页中出现，在商品详情页中也出现，因此同样引用包含该功能的 JavaScript 文件即可，具体效果图就不展示了。

　　选择商品尺码和颜色功能实现，用户选择哪个型号，对应的选项框就被选中，右下角多出一个对勾符号，边框的颜色变为红色，如图 10.17 所示。在商品数量选择框中，单击加号按钮，商品数量加 1；单击减号按钮，商品数量减 1。如果本来就是一件商品，再单击减号按钮数量将一直保持 1 不变。

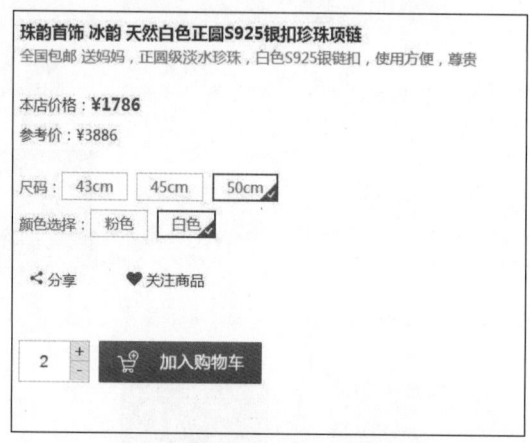

图10.17　商品尺码、颜色选择

在推荐搭配部分，用户单击对应商品下面的复选框，勾选后的"套餐价"就会发生变化。例如，用户勾选了图 10.18 中的三种商品，那么套餐价就是三种商品单价之和，同时套餐价下面的输入框默认是 1，表示组合套餐购买一份，如果为 2，则表示购买两份，以此类推。

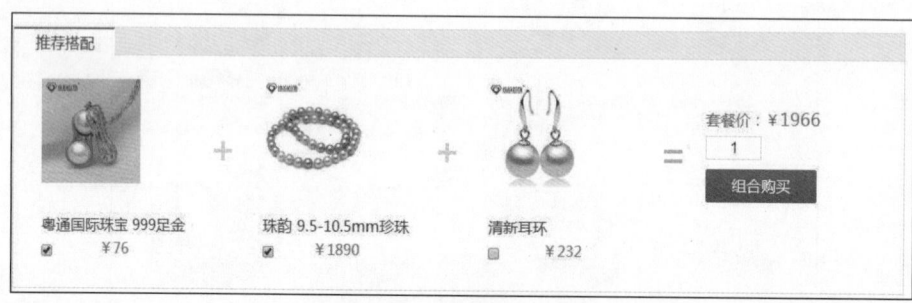

图10.18　推荐搭配价格计算

提示

　　输入框中输入的必须为正数，使用正则表达式匹配。

10.3.4　用例 4：注册页特效

用户注册页面需要验证用户输入内容的有效性，主要功能如下。

➢ 使用 HTML5 验证表单内容的有效性。

➢ 手机号码必须是以 13、15、17、18 开头的 11 位数字。

➢ 手机号码没有输入内容，则提示其为必填项，如图 10.19 所示。

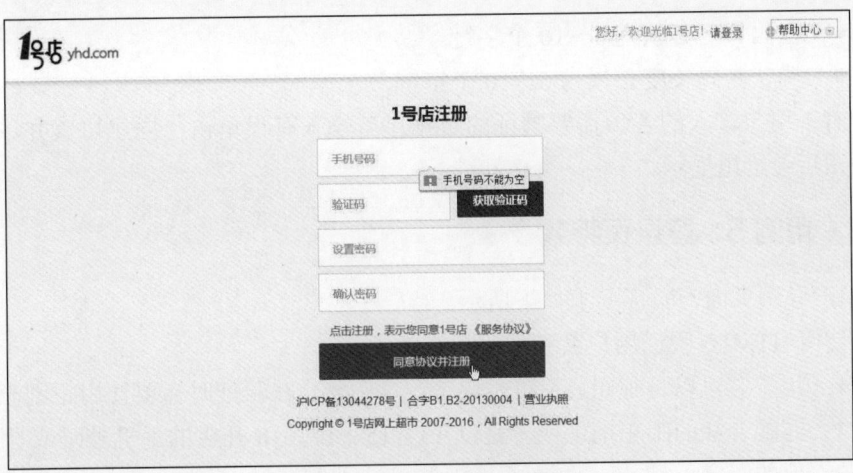

图10.19 手机号码不能为空

➢ 验证码不需要验证，当用户单击"获取验证码"按钮后，会从 59 秒开始倒计时，显示效果如图 10.20 所示。

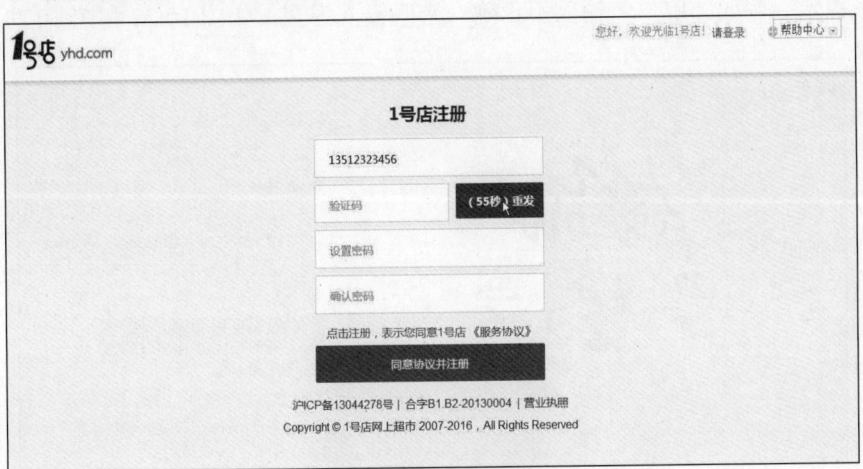

图10.20 验证码重发

➢ 密码输入不正确，则提示格式错误，如图 10.21 所示。

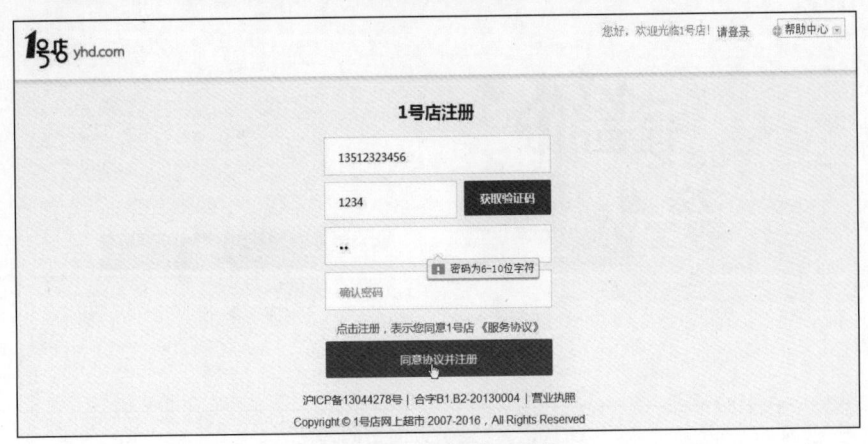

图10.21 密码输入错误

267

◆ 密码长度必须为 6～10 个字符。

◆ 确认密码长度必须为 6～10 个字符。

➤ 对于用户输入的各项需要验证的数据，若输入有误单击"同意协议并注册"按钮后会给出提示。

10.3.5 用例 5：登录页特效

在用户登录页面，验证要求如下所示。

➤ 使用 HTML5 验证用户名和密码的有效性。

◆ 用户名可以是邮箱、手机号码或汉字昵称，在验证时需要使用正则表达式来匹配合法的邮箱地址或者是以 13、15、17、18 开头的手机号码或者是 2～4 位的汉字。

◆ 密码长度为 6～10 个字符。

➤ 对于用户输入的各项需要验证的数据，若输入有误单击"登录"按钮后会给出提示。例如，用户名输入不正确，密码输入为空，如图 10.22 和图 10.23 所示。

图10.22 登录页面用户名输入错误

图10.23 登录页面密码为空

说明

　　为了方便读者验证项目最终演示效果，提升专业技能，请扫描二维码获取制作 1 号店网站网页特效源代码。